全国铁道职业教育教学指导委员会规划教材

高等职业教育铁道工程技术专业"十二五"规划教材

工程材料

梁学忠　主编

闫宏生　副主编

U0350973

中国铁道出版社

2017年·北京

内 容 简 介

　　本书共分八个项目，每个项目有若干个典型工作任务，主要内容有：土木工程材料试验准备、材料基本性能检测、水泥性能检测、混凝土试验检测、砂浆性能检测、钢筋试验检测、沥青试验检测、建筑石材及其他材料检测。

　　本教材突出了高等职业技术教育的特色，紧密结合生产实际，强化学生的能力培养；另一方面，在实用性内容的基础上也做到了一定的深度和广度。

　　本书为土建类专业和其他相关专业的教材，亦可供有关工程技术人员参考。

图书在版编目（CIP）数据

工程材料/梁学忠主编 . —北京：中国铁道出版

社，2012.2（2017.1重印）

高等职业教育铁道工程技术专业"十二五"规划教材

ISBN 978-7-113-14257-5

Ⅰ. ①工… Ⅱ. ①梁… Ⅲ. ①工程材料—高等职业教

育—教材 Ⅳ. ①TB3

中国版本图书馆 CIP 数据核字（2012）第 023988 号

书　　　名：**工 程 材 料**

作　　　者：梁学忠　主编

责任编辑：李丽娟　　电话：010-51873135　　电子信箱：260937719@qq.com

编辑助理：谢宛廷

封面设计：冯龙彬

责任印制：李　佳

出版发行：中国铁道出版社（100054，北京市西城区右安门西街 8 号）

网　　　址：http://www.tdpress.com

印　　　刷：三河市兴达印务有限公司

版　　　次：2012 年 3 月第 1 版　2017 年 1 月第 5 次印刷

开　　　本：787mm×1 092mm　1/16　印张：16　字数：410 千

书　　　号：ISBN 978-7-113-14257-5

定　　　价：35.00 元

前言

高等职业教育作为高等教育的一个类型,在我国加快推进社会主义现代化建设进程中具有不可替代的作用。高等职业教育要培养德智体美全面发展的社会主义建设者和接班人,就要注重提高学生的实践能力、创造能力、就业能力和创业能力。其中,实践能力的提高是关键,有了实践能力,才谈得上创造;有了实践能力,才谈得上就业和创业。为了满足高等职业教育培养面向生产、建设、服务和管理第一线的高技能人才的需要,中国铁道出版社组织铁道职业技术学院教师与行业企业技术人员共同开发编写了本教材。

本教材编写的指导思想是:学习目标明确,实践能力培养突出。

教材内容的设计从易于高职学生学习的角度出发,在分析土木工程专业能力的基础上,以工作过程为导向,工作任务为载体,将土木工程材料知识分为"土木工程材料试验准备"、"材料基本性能检测"、"水泥性能检测"、"混凝土试验检测"、"砂浆性能检测"、"钢筋试验检测"、"沥青试验检测"和"建筑石材及其他材料检测"八个项目,再将每个项目分解为若干个典型工作任务,使学生通过对几个项目的掌握,完成该门课程的学习任务。

本书由天津铁道职业技术学院梁学忠任主编、包头铁道职业技术学院闫宏生任副主编。参加编写的人员有:天津铁道职业技术学院梁学忠(项目1、项目2、项目3)、周庆东(项目4:典型工作任务1~3)、王虎妹(项目4:典型工作任务4)、包头铁道职业技术学院闫宏生(项目5),天津铁道职业技术学院张红梅(项目6)、张鹏飞(项目7),柳州铁路工程质量检测公司黄学敏和柳州铁道职业技术学院梁斌(项目8)。

本教材的编写突出了高等职业教育的特点,注重学生实践技能的培养,及独立思考、分析、解决问题能力的培养。教材内容能满足学生毕业后在施工或设计单位从事材料相关工作的岗位需求,以项目教学为主线,每一个项目都有明确的知识、技能和素质培养目标;注重学生试验操作能力的培养,使学生通过试验的过程学习到有关材料的基本知识和扩展知识。

本书适用于铁道职业技术学院铁道工程、高速铁路工程、城市轨道交通工程、道路桥梁工程、地下工程与隧道工程、工程测量、高速铁路工程及维护等土建类专业教学。

限于编者水平,书中难免有不足之处,敬请读者批评指正。

编者
2011 年 12 月

目录

项目1 土木工程材料试验准备

 项目描述

做好充分的试验准备工作是保证土木工程材料试验正确进行的关键环节。本项目主要讲述土木工程材料的分类及发展方向、材料试验的过程和试验数据的分析方法。通过对该项目的学习，掌握材料试验的基本过程，能够对试验数据进行分析。

 拟实现的教学目标

1. 能力目标
(1)能根据国家标准进行试验前的准备工作。
(2)能根据国家标准进行试验数据的分析。
2. 知识目标
(1)了解土木工程材料试验的基本过程。
(2)了解试验数据的误差原理。
(3)掌握试验数据统计分析的一般方法。
3. 素质目标
(1)具有良好的职业道德，勤奋学习，勇于进取。
(2)具有科学严谨、实事求是的工作作风。
(3)具有较强的身体素质和良好的心理素质。

典型工作任务1 土木工程材料试验过程认识

1.1.1 土木工程材料的分类

土木工程所用的各种材料及其制品，统称为土木工程材料，或称为建筑材料。如水泥、钢筋、混凝土、木材、砌墙砖、石灰、沥青、瓷砖等是我们常见的土木工程材料，实际上土木工程材料远不只这些，其品种达数千种之多。

土木工程材料品种繁多，为了方便使用和研究，常按一定的原则对其进行分类。最常见的分类是按照材料的化学成分来分类，分为无机材料、有机材料和复合材料三大类，各大类中又可细分，如表1-1所示。

表1-1 土木工程材料分类

无机材料	金属材料	黑色金属	钢、铁、不锈钢等
		有色金属	铝、铜及其合金等

续上表

		天然石材	石灰石、大理石、花岗岩等
无机材料	非金属材料	烧土制品	烧结砖、玻璃、陶瓷、瓦等
		胶凝材料	石灰、石膏、水玻璃、水泥等
		混凝土、砂浆	普通混凝土、轻骨料混凝土、特种混凝土、水泥砂浆等
		硅酸盐制品	灰砂砖、加气混凝土、混凝土砌块等
有机材料	植物材料		木材、竹材等
	沥青材料		石油沥青、煤沥青、沥青制品
	高分子材料		塑料、涂料、胶粘剂、合成橡胶等
复合材料	金属与非金属复合		钢筋混凝土、钢纤维混凝土、轻质金属夹芯板等
	有机与无机复合		玻璃纤维增强塑料、聚合物混凝土、沥青混凝土等

1.1.2 土木工程材料在土木工程建设中的地位

1. 不可缺少的物质基础

任何一种建筑物或构筑物都是用土木工程材料按某种方式组合而成的,没有土木工程材料,就没有土木工程,因此土木工程材料是一切土木工程的物质基础。例如,修建一条Ⅰ级铁路干线,在平原地区每一延长公里,约需要各种材料 6 000 余吨,在山岳地区则需要约 15 000 余吨。

2. 决定工程造价和经济效益

土木工程材料在土木工程中应用量巨大,材料费用在工程总造价中占有 40%～70%,如何从品种门类繁多的材料中,选择物优价廉的材料,对降低工程造价具有重要意义。

3. 直接影响工程质量

土木工程材料的性能影响到土木工程的坚固、耐久和适用,不难想象木结构、砌体结构、钢筋混凝土结构和砖混结构的建筑物性能之间的明显差异。例如砖混结构的建筑物,其坚固性一般优于木结构和砌体结构建筑物,而舒适性不及后者。对于同类材料,性能也会有较大差异,例如用矿渣水泥制作的污水管较普通水泥制作的污水管耐久性好。因此选用性能相适应的材料是土木工程质量的重要保证。

4. 新型材料的研制和发展促进结构和施工技术的进步

任何一个土木工程都由建筑、材料、结构、施工四个方面组成,这里的"建筑"指建筑物(构筑物),它是人类从事土木工程活动的目的,"材料"、"结构"、"施工"是实现这一目的的手段。其中,材料决定了结构形式,如木结构、钢结构、钢筋混凝土结构等,结构形式一经确定,施工方法也随之而定。土木工程中许多技术问题的突破,往往依赖于土木工程材料问题的解决,新材料的出现,将促使建筑设计、结构设计和施工技术发生革命性的变化。

在人类历史发展过程中,土木工程材料的重大突破,带来了土木工程技术的大飞跃。例如黏土砖的出现,产生了砖木结构;水泥和钢筋的出现,产生了钢筋混凝土结构;轻质高强材料的出现,推动了现代建筑向高层和大跨度方向发展;轻质材料和保温材料的出现对减轻建筑物的自重、提高建筑物的抗震能力、改善工作与居住环境条件等起到了十分有益的作用,并推动了节能建筑的发展;新型装饰材料的出现使得建筑物的造型及建筑物的内外装饰焕然一新,生气勃勃。总之,新材料的出现远比通过结构设计与计算和采用先进施工技术对土木工程的影响大,土木工程归根到底是围绕着土木工程材料来开展的生产活动,土木工程材料是土木工程的基础和核心。

1.1.3 土木工程材料的发展方向

随着社会的进步、环境保护和节能降耗的需要,对土木工程材料提出了更高、更多的要求。因而,今后一段时间内,土木工程材料将向以下几个方向发展。

1. 轻质高强

现今钢筋混凝土结构材料自重大(每立方米重约 2 500 kg),限制了建筑物向高层、大跨度方向进一步发展。通过减轻材料自重,以尽量减轻结构物自重,可提高经济效益。目前,世界各国都在大力发展高强混凝土、加气混凝土、轻骨料混凝土、空心砖、石膏板等材料,以适应土木工程发展的需要。

2. 节约能源

土木工程材料的生产能耗和建筑物使用能耗,在国家总能耗中一般占 20%～35%,研制和生产低能耗的新型节能土木工程材料,是构建节约型社会的需要。

3. 利用废渣

充分利用工业废渣、生活废渣、建筑垃圾生产土木工程材料,将各种废渣尽可能资源化,以保护环境、节约自然资源,使人类社会可持续发展。

4. 智能化

所谓智能化材料,是指材料本身具有自我诊断和预告破坏、自我修复的功能,以及可重复利用性。土木工程材料向智能化方向发展,是人类社会向智能化社会发展过程中降低成本的需要。

5. 多功能化

利用复合技术生产多功能材料、特殊性能材料及高性能材料,这对提高建筑物的使用功能、经济性及加快施工速度等有着十分重要的作用。

6. 绿色化

产品的设计是以改善生产环境,提高生活质量为宗旨;产品具有多功能,不仅无损而且有益于人的健康;产品可循环或回收再利用,或形成无污染环境的废弃物。因此,生产材料所用的原料应尽可能少用天然资源,而大量使用尾矿、废渣、垃圾、废液等废弃物;采用低能耗制造工艺和对环境无污染的生产技术;产品配制和生产过程中,不使用对人体和环境有害的污染物质。

1.1.4 土木工程材料试验

土木工程材料试验是一门与生产密切联系的科学技术,作为工程技术人员,必须具备一定的土木工程材料试验知识和技能,才能正确评价材料质量,合理而经济地选择和使用材料。

通过材料试验,不仅可以对主要土木工程材料的技术要求、试验基本原理和操作技能有所了解和掌握,同时还可以巩固和丰富理论知识,提高分析和解决问题的能力,培养严肃认真、实事求是的工作作风。

进行材料试验的一般步骤如下。

1. 确定试验的标准

在进行试验之前,首先要确定材料试验的标准。目前我国绝大多数土木工程材料都有相应的技术标准,这些技术标准涉及产品规格、分类、技术要求、验收规则、代号与标志、运输与贮存及抽样方法等内容。

土木工程材料的技术标准是保证产品质量的技术依据。对于生产企业,必须严格按照标准生产,控制其质量,同时它也可促进企业改善管理,提高生产技术和生产效率。对于使用部门,则须按照标准选用、设计、施工,并按标准验收产品。

土木工程的技术标准分为国家标准、行业标准、企业标准和地方标准,各级标准分别由相应的标准化管理部门批准并颁布。技术标准代号按标准名称、部门代号、编号和批准年份的顺序编写,按要求执行的程度分为强制性标准和推荐标准(在部门代号后加"/T"表示"推荐")。

与土木工程材料技术标准有关的部门代号有:GB——国家标准,GBJ——建筑工程国家标准,JGJ——建设部行业标准(曾用 BJG),JG——建筑工业行业标准,JC——国家建材局标准(曾用"建标"),TBJ——铁道部建筑工程技术标准,SH——石油化学工业部或中国石油化学总公司标准(曾用 SY),YB——冶金部标准,HG——化工部标准,ZB——国家级专业标准,CECS——中国工程建设标准化协会标准,DB——地方性标准,Q——企业标准等。

例如,国家标准《通用硅酸盐水泥》GB 175—2007。部门代号为 GB,编号为 175,批准年份为 2007 年,为强制性标准。

例如,国家标准《碳素结构钢》GB/T 700—88。部门代号为 GB,编号为 700,批准年份为 1988 年,为推荐性标准。

有时部分行业标准有 2 个年份,第一个年份为批准年份,随后括号中的年份为重新校对年份,如《粉煤灰砖》JC 239—1991(1996)。

技术标准是根据一定时期的技术水平制订的,因而随着技术的发展与使用要求的不断提高,需要对标准进行修订,修订标准实施后,旧标准自动废除。如国家标准《硅酸盐水泥、普通硅酸盐水泥》GB 175—1999 已废除。

工程中使用的土木工程材料除必须满足产品标准外,有时还必须满足有关的设计规范、施工及验收规范或规程等的规定。这些规范或规程对土木工程材料的选用、使用、质量要求及验收等还有专门的规定(其中有些规范或规程的规定与土木工程材料产品标准的要求相同)。如混凝土用砂,除满足《建设用砂》GB/T 14684—2011,还须满足《普通混凝土用砂、石质量及检验方法标准》JGJ 52—2006 的规定。

无论是国家标准还是部门行业标准,都是全国通用标准,属国家指令性技术文件,均必须严格遵照执行,尤其是强制性标准。在学习有关标准时应注意到黑体字标志的条文为强制性条文。

2. 取样

取样是按有关技术标准、规范的规定,从检验(测)对象中抽取试验样品的过程;是工程质量检测的首要环节,其真实性和代表性直接影响检测数据的公正性。

在进行试验之前,要选取有代表性样品,取样原则为随机抽样,取样方法视不同材料而异。如散粒材料可采用缩分法(四分法),成形材料可采用不同部位切取、随机数码表、双方协定等方法。不论采取何种方法,所抽取的试样必须具有代表性,能反映批量材料的总体质量。

3. 选择适当的仪器设备

不同试验所需设备差异很大,但每一项试验都会涉及从仪器上读数(如长度、面积、体积、质量、拉力、压力、强度等)的问题,而每一项试验都要求读数在一定的精确度内,因此在仪器设备选择上应具有相应的精度(即感量),如称量精度为 0.5 g,则选择如混凝土抗压强度试验用试验机的精度应在±2％，量程一般为全量程的 20％～80％（即试验机指针停在试验机度盘的第二、三象限）。

4. 按规定的标准方法进行试验操作，作出试验记录

各项试验必须按规定的方法和规则进行，一般分两种情况，一是作为质量检测，在试验操作过程中，必须使仪器设备、试件制备、测试技术等严格符合标准规定的规则和方法，保证试验条件的可靠性，才能获得准确的试验数据，得到正确的结论。二是作为新材料研制开发，则可以按试验设计的方案进行。

5. 注意试验条件

每项试验可能处在不同的试验条件下，而同一材料在不同试验条件下其试验结果也会不同，试验条件是影响试验数据准确性的因素之一，试验条件包括试验时的温度、湿度、速率，试件制作情况等。例如对温度敏感性大的沥青，温度对其测试结果影响非常大，必须严格控制温度；混凝土试件尺寸的大小、试验机加荷速度对强度也造成很大程度的影响，所以，试验须规定标准尺寸、加荷速率、试件表面的平整度等。

6. 对试验数据计算整理、分析，得出试验结论，写出试验报告

每一项试验结果都需按规定的方法或规则进行数据处理（包括计算方法，数字精度确定，有效数字取舍等），经计算处理后进行综合分析，对结果给予评定（包括结果是否有效，等级评定，是否满足标准的要求等）。

典型工作任务 2　土木工程材料试验数据的统计分析

1.2.1　试验数据误差的概念及分类

做任何一项试验，总是在一定的环境（温度、湿度等）和仪器条件下进行的，由于测量条件（环境、温度、湿度等）的变化以及仪器精度的不同，在任何测量中，测量结果 N 与待测量客观存在的真值 N' 之间总存在着一定的差异。测量值 N 与真值 N' 的差值叫做测量误差 ΔN，简称误差，即

$$\Delta N = N - N' \tag{1-1}$$

任何测量都不可避免地存在误差，所以，一个完整的测量结果应该包括测量值和误差两个部分。真值是理想的概念，一般说来是不可能确切知道的。既然测量不能得到真值，那么怎样才能最大限度地减小测量误差，并估算出误差的范围呢？要回答这些问题，首先要了解误差产生的原因及其性质。误差主要来源于：仪器误差，环境误差，人员误差，方法误差。为了便于分析，根据误差的性质把它们归纳为系统误差和随机误差两大类。

1. 系统误差

系统误差是：在同一条件下，多次测量同一量值时误差绝对值和符号保持不变或在条件改变时，按一定规律变化的误差。

1）系统误差产生的原因

系统误差是由固定不变的或按确定规律变化的因素所造成的，这些误差一般是可以掌握的。

（1）测量装置方面的因素

由于仪器设计制造方面的缺陷（例如尺子刻度偏大、表盘刻度不均匀等），仪器安装、调整不当等因素产生的误差。

（2）测量方法方面的因素

测量所依据的理论和公式的近似性引起的误差；测量条件或测量方法不能满足理论公式所要求的条件等引起的误差。

（3）环境方面的因素

测量时实际温度与所要求的温度有偏差，测量过程中温度、湿度、气压等按一定规律变化的因素引起的误差。

（4）测量人员方面的因素

由于测量者本身的生理特点或固有习惯所引起的误差，例如某些人在进行动态测量记录某一信息时有滞后的倾向等。

2）系统误差服从的规律

根据系统误差产生的原因可以确信它不具有抵偿性，它是固定的或服从一定的规律。

（1）不变系统的误差

在整个测量过程中，误差的符号和大小都固定不变的系统误差，叫做不变系统误差。例如，某尺子的公称尺寸为 100 mm，实际尺寸为 100.001 mm，误差为 -0.001 mm，若按公称尺寸使用，始终会存在 -0.001 mm 的系统误差。

（2）线性变化的系统误差

在测量过程中，误差值随某些因素作线性变化的系统误差，叫做线性变化的系统误差。例如，刻度值为 1 mm 的标准刻度尺，由于存在刻画误差 Δl(mm)，每一刻度间距实际为 $(1+\Delta l)$(mm)，若用它测量某一物体，得到的值为 k，则被测长度的实际值为 $L=k(1+\Delta l)$(mm)，这样就产生了随测量值 k 的大小而变化的线性系统误差 $(-k\Delta l)$。

（3）周期性变化的系统误差

测量值随某些因素按周期性变化的误差，称为周期性变化的系统误差。典型的例子如仪表指针的回转中心与刻度盘中心有偏心值 e 时，指针在任一转角 φ 下由于偏心引起的读数误差 ΔL 即为周期性系统误差 $\Delta L=e\sin\varphi$。ΔL 的变化规律符合正弦曲线，指针在 0° 和 180° 时误差为零，而在 90° 和 270° 时误差最大为 $\pm e$。

（4）复杂规律变化的系统误差

在整个测量过程中，若误差是按确定的且复杂规律变化的，叫做复杂规律变化的系统误差。

3）系统误差的发现

提高测量精度，首要问题是发现系统误差，然而在测量过程中形成系统误差的因素是复杂的，目前还没有能够适用于发现各种系统误差的普遍方法，只有根据具体测量过程和测量仪器进行全面的仔细分析，针对不同情况合理选择一种或几种方法加以校验，才能最终确定有无系统误差。下面简单介绍几种适用于发现某些系统误差的常用方法。

（1）实验对比法

这种方法主要适用于发现固定系统误差，其基本思想是改变产生系统误差的条件，进行不同条件的测量。例如，采用不同方法测同一物理量，若其结果不一致，表明至少有一种方法存在系统误差。还可采用仪器对比法、参量改变对比法、改变实验条件对比法、改变实验操作人员对比法等，测量时可根据具体实验情况选用。

（2）理论分析法

主要进行定性分析来判断是否有系统误差。如分析仪器所要求的工作条件是否满足，试验所依据的理论公式所要求的条件在测量过程中是否满足，如果这些要求没有满足，则试验必有系统误差。

（3）数据分析法

主要进行定量分析来判断是否有系统误差。一般可采用残余误差观察法、残余误差校验法、不同公式计算标准差比较法、计算数据比较法、t检验法、秩和检验法等方法。

4）系统误差的减小和消除

在实际测量中，如果判断出有系统误差存在，就必须进一步分析可能产生系统误差的因素，想方设法减小和消除系统误差。由于测量方法、测量对象、测量环境及测量人员不尽相同，因而没有一个普遍适用的方法可以用来减小或消除系统误差。下面简单介绍几种减小和消除系统误差的方法和途径。

（1）从产生系统误差的根源上消除

从产生系统误差的根源上消除误差是最根本的方法，通过对试验过程中的各个环节进行认真仔细分析，发现产生系统误差的各种因素。可以从下面几个方面采取措施从根源上消除或减小误差：采用近似性较好又比较切合实际的理论公式，尽可能满足理论公式所要求的试验条件；选用能满足测量误差所要求的试验仪器装置，严格保证仪器设备所要求的测量条件；采用多人合作，重复试验的方法。

（2）引入修正项消除系统误差

通过预先对仪器设备将要产生的系统误差进行分析计算，找出误差规律，从而找出修正公式或修正值，对测量结果进行修正。

（3）采用能消除系统误差的方法进行测量

对于某种固定的或有规律变化的系统误差，可以采用交换法、抵消法、补偿法、对称测量法、半周期偶数次测量法等特殊方法进行清除。采用什么方法要根据具体的试验情况及试验者的经验来决定。

无论采用哪种方法都不可能完全将系统误差消除，只要将系统误差减小到测量误差要求允许的范围内，或者系统误差对测量结果的影响小到可以忽略不计，就可以认为系统误差已被消除。

2. 随机误差（又称偶然误差）

该种误差是由于感官灵敏度和仪器精密程度的限制，周围环境的干扰以及伴随着测量而来的不可预料的随机因素的影响而造成的。它的特点是大小无定值，一切都是随机发生的，因而把它叫做随机误差。但它的出现服从以下统计规律。

（1）单峰性

测量值与真值相差越小，其可能性越大；与真值相差很大，其可能性较小。

（2）对称性

测量值与真值相比，大于或小于某量的可能性是相等的。

（3）有界性

在一定的测量条件下，误差的绝对值不会超过一定的限度。

（4）抵偿性

随机误差的算术平均值随测量次数的增加越来越小。

根据上述特性，通过多次测量求平均值的方法，可以使随机误差相互抵消。算术平均值与真值较为接近，一般作为测量的结果。

随机误差用误差范围来表示，它可由误差理论估算出来，其表示方法有标准误差、平均误差和极限误差等。它们的区别仅在于概率大小的不同。

在测量中还可能出现错误，如读数错误、记录错误、操作错误、计算错误等等。错误已不属于正常的测量工作范畴，应当尽量避免。避免错误的方法，除端正工作态度、操作方法无误外，可用与另一次测量结果相比较的办法发现并纠正。

1.2.2　误差的表示形式

误差的表示形式有绝对误差和相对误差两种。绝对误差 $\pm \Delta N$ 表示测量结果 N 与真值 N' 间的相差范围，正负号"$\pm$"表示 N 可能比 N' 大或小。由测量结果 N 及其绝对误差 ΔN 可以看出真值所在的可能范围为 $N - \Delta N \leqslant N' \leqslant N + \Delta N$，或简写为 $N' = N \pm \Delta N$。仅仅根据绝对误差的大小还难以评价一个测量结果的可靠程度，还需要看测定值本身的大小，为此引入相对误差的概念。相对误差 $E = \dfrac{\Delta N}{N'} \times 100\%$，表示绝对误差在所测物理量中所占的比重，一般用百分比表示。例如，测量一长度时得 1 000 m，而绝对误差为 1 m，测另一长度时得 100 cm，而绝对误差为 1 cm，后者的相对误差为 1%，而前者为 0.1%，所以我们认为前者较后者更可靠。

由于误差的存在，任何测量值 N 都只能在一定近似程度上表示真值 N' 的大小，而误差范围大致说明这种近似程度。完整的测量结果，不仅要说明所得数值 N 及其单位，还必须说明相应的误差，用以下的标准形式表示：

$$N' = (N \pm \Delta N) \quad \text{（单位）} \tag{1-2}$$

$$E = \frac{\Delta N}{N'} \times 100\% \tag{1-3}$$

不标明误差的测量结果，在科学上是没有价值的。

1.2.3　试验数据统计分析的一般方法

在土木工程施工中，要对大量的原材料和半成品进行试验，取得大量数据，对这些数据进行科学的分析，能更好地评价原材料或工程质量，提出改进工程质量，节约原材料的意见，现简要介绍常用的数理统计方法。

1. 平均值

（1）算术平均值

这是最常用的一种方法，用来了解一批数据的平均水平，度量这些数据的中间位置。

$$\overline{X} = \frac{X_1 + X_2 + \cdots + X_n}{n} = \frac{\sum X}{n} \tag{1-4}$$

式中　　　　$\overline{X}$——算术平均值；

$X_1, X_2, \cdots, X_n$——各个试验数据值；

　　　　　$\sum X$——各试验数据的总和；

　　　　　　n——试验数据个数。

（2）均方根平均值

均方根平均值对数据大小跳动反映较为灵敏，计算公式如下：

$$S = \sqrt{\frac{X_1^2 + X_2^2 + \cdots + X_n^2}{n}} = \sqrt{\frac{\sum X_n^2}{n}} \tag{1-5}$$

式中　　　　S——各试验数据的均方根平均值；

$X_1, X_2, \cdots, X_n$——各个试验数据值；

$\sum X^2$——各试验数据平方的总和；

n——试验数据个数。

（3）加权平均值

加权平均值是各个试验数据和它的对应数的算术平均值。计算水泥平均标号采用加权平均值。计算公式如下：

$$m=\frac{X_1 g_1+X_2 g_2+\cdots+X_n g_n}{g_1+g_2+\cdots+g_n}=\frac{\sum X_g}{\sum g} \tag{1-6}$$

式中　　　　　m——加权平均值；

$X_1,X_2,\cdots,X_n$——各试验数据值；

$g_1,g_2,\cdots,g_n$——各试验数据对应的权值；

$\sum X_g$——各试验数据值和它的对应数乘积的总和；

$\sum g$——各对应数的总和。

2. 误差计算

（1）范围误差

范围误差也叫极差，是试验值中最大值和最小值之差。

例如：三块砂浆试件抗压强度分别为 5.21 MPa、5.63 MPa、5.72 MPa，则这组试件的极差或范围误差为 5.72－5.21＝0.51 MPa。

（2）算术平均误差

算术平均误差的计算公式为

$$\delta=\frac{|X_1-\overline{X}|+|X_2-\overline{X}|+|X_3-\overline{X}|+\cdots+|X_n-\overline{X}|}{n}=\frac{\sum|X-\overline{X}|}{n} \tag{1-7}$$

式中　　　　　δ——算术平均误差；

$X_1,X_2,\cdots,X_n$——各试验数据值；

$\overline{X}$——试验数据值的算术平均值；

n——试验数据个数。

【例 1-1】　三块砂浆试块的抗压强度为 5.21 MPa、5.63 MPa、5.72 MPa，求算术平均误差。

【解】　这组试件的平均抗压强度为 5.52 MPa，其算术平均误差为

$$\delta=\frac{|5.21-5.52|+|5.63-5.52|+|5.72-5.52|}{3}=0.2 \text{ MPa}$$

（3）均方根误差（标准离差、均方差）

只知试件的平均水平是不够的，还要了解数据的波动情况及其带来的危险性，标准离差（均方差）是衡量波动性（离散性大小）的指标。标准离差的计算公式为

$$S=\sqrt{\frac{(X_1-\overline{X})^2+(X_2-\overline{X})^2+(X_3-\overline{X})^2+\cdots+(X_n-\overline{X})^2}{n-1}}=\sqrt{\frac{\sum(X-\overline{X})^2}{n-1}} \tag{1-8}$$

式中　　　　　S——标准离差（均方差）；

$X_1,X_2,\cdots,X_n$——各试验数据值；

$\overline{X}$——试验数据值的算术平均值；

n——试验数据个数。

【例 1-2】　某厂某月生产 325 矿渣水泥，28 d 抗压强度为 37.5 MPa、35.0 MPa、

38.4 MPa、35.8 MPa、36.7 MPa、37.4 MPa、38.1 MPa、37.8 MPa、36.2 MPa、34.8 MPa,求标准离差。

【解】 10 个编号水泥的算术平均强度

$$\overline{X}=\frac{\sum X}{n}=\frac{367.5}{10}=36.8 \text{ MPa}$$

	X_1	X_2	X_3	X_4	X_5	X_6	X_7	X_8	X_9	X_{10}
	37.5	35.0	38.4	35.8	36.7	37.4	38.1	37.8	36.2	34.8
$X-\overline{X}$	0.5	1.8	1.6	−1.0	−0.1	0.6	1.3	1.0	−0.6	−2.0
$(X-\overline{X})^2$	0.25	3.24	2.56	1.0	0.01	0.36	1.69	1.0	0.36	4.0

$$\sum(X-\overline{X})^2=14.47$$

标准离差 $$S=\sqrt{\frac{\sum(X-\overline{X})^2}{n-1}}\sqrt{\frac{14.47}{9}}=1.27 \text{ MPa}$$

1.2.4 数值修约规则

试验数据和计算结果都有一定的精度要求,对精度范围以外的数字,应按《数值修约规则》GB 817—1987 进行修约。简单概括为:"四舍六入五考虑,五后非零应进一,五后皆零视奇偶,五前为偶应舍去,五前为奇则进一"。

(1)在拟舍弃的数字中,保留数后边(右边)第一个数小于5(不包括5)时,则舍去。保留数的末位数字不变。

例如:将 14.243 2 修约到保留一位小数,则修约后为 14.2。

(2)在拟舍弃的数字中保留数后边(右边)第一个数字大于5(不包括5)时,则进一。保留数的末位数字加一。

例如:将 26.484 3 修约到保留一位小数。修约前 26.484 3,修约后 26.5。

(3)在拟舍弃数字中保留数后边(右边)第一个数字等于5,5 后边的数字并非全部为零时,则进一。即保留数末位数字加一。

例如:将 1.050 1 修约到保留小数一位。修约前 1.050 1,修约后 1.1。

(4)在拟舍弃的数字中,保留数后边(右边)第一个数字等于5,5 后边的数字全部为零时,保留数的末位数字为奇数时则进一,若保留数的末位数字为偶数(包括"0")则不进。

例如:将下列数字修约到保留一位小数。修约前 0.350 0,修约后 0.4;修约前 0.450 0,修约后 0.4;修约前 1.050 0,修约后 1.0。

(5)所拟舍弃的数字,若为两位以上数字,不得连续进行多次(包括二次)修约。应根据保留数后边(右边)第一个数字的大小,按上述规定一次修约出结果。

例如:将 15.454 6 修约成整数。正确的修约是:修约前 15.454 6,修约后 15。

不正确的修约是:

修约前	一次修约	二次修约	三次修约	四次修约(结果)
15.4546	15.455	15.46	15.5	16

1.2.5 可疑数据的取舍

在一组条件完全相同的重复试验中,当发现有某个过大或过小的可疑数据时,按数理统计

方法进行鉴别并决定取舍。最常用的方法是"三倍标准离差法"。其准则是$|X_1-\overline{X}|>3S$。另外还有规定$|X_1-\overline{X}|>2S$时则保留,但需存疑,如发现试件制作、养护、试验过程中有可疑的变异时,该试件强度值应予舍弃。

 知识拓展

目前世界各国通行的国际单位制(Le Systéme International d'unites 或称 SI unit system 简称 SI),是由国际法制计量组织制定,1960 年由第 11 届国际计量大会通过后,即在物理与化学等专业开展应用,1973~1974 年开始用于临床医学检验报告。目前世界各国正在积极推广应用,我国亦于 1977 年参加该项国际计量公约。我国政府为贯彻对外开放政策,对内搞活经济的方针,适应我国国民经济、文化教育事业的发展,以及推进科学技术进步和扩大国际经济、文化交流的需要,决定在采用先进的国际单位制的基础上,进一步统一我国的计量单位。国务院于 1984 年 2 月 27 日发布了在我国统一实行法定计量单位的命令,要求自 1986 年起,除古籍和文字书籍和文学书籍外,必须使用法定计量单位。

国际单位制由国际制单位和国际制词头组成。国际制单位包括 7 个基本单位(表 1-2)、2 个辅助单位(表 1-3)和 19 个有专门名称的导出单位(表 1-4),国际制词头共有 16 个(表 1-5),用以构成 SI 单位的十进倍数和分数单位。我国法定计量单位还包括 15 个非国际单位(表 1-6)。

表 1-2 国际单位制的基本单位

量的名称	单位名称	单位符号	量的名称	单位名称	单位符号
长度	米	m	热力学温度	开[尔文]	K
质量	千克(公斤)	kg	物质的量	摩[尔]	mol
时间	秒	s	发光强度	坎[德拉]	cd
电流	安[培]	A			

表 1-3 国际单位制的辅助单位

量的名称	单位名称	单位符号	量的名称	单位名称	单位符号
平面角	弧度	rad	立体角	球面度	sr

表 1-4 国际单位制中具有专门名称的导出单位

量的名称	单位名称	单位符号	其他表示实例	量的名称	单位名称	单位符号	其他表示实例
频率	赫[兹]	Hz	s^{-1}	磁通量	韦[伯]	Wb	$V \cdot s$
力;重力	牛[顿]	N	$kg \cdot m/s^2$	磁通量密度;磁感应强度	特[斯拉]	T	Wb/m^2
压力,压强;应力	帕[斯卡]	Pa	N/m^2	电感	亨[利]	H	Wb/A
能量;功;热量	焦[尔]	J	$N \cdot m$	摄氏温度	摄氏度	℃	
功率;辐射通量	瓦[特]	W	J/s	光通量	流[明]	lm	$cd \cdot sr$
电荷量	库[仑]	C	$A \cdot s$	光照度	勒[g斯]	lx	lm/m^2
电位;电压;电动势	伏[特]	V	W/A	放射性活度	贝可[勒尔]	Bq	s^{-1}

量的名称	单位名称	单位符号	其他表示实例	量的名称	单位名称	单位符号	其他表示实例
电容	法[拉]	F	C/V	吸收剂量	戈[瑞]	Gy	J/kg
电阻	欧[姆]	Ω	V/A	剂量当量	希[沃特]	Sv	J/kg
电导	西[门子]	S	A/V				

表 1-5　用于构成十进倍数和分数单位的词头

所表示的因数	词头名称	词头符号
10^{18}	艾[可萨]	E
10^{15}	拍[它]	P
10^{12}	太[拉]	T
10^{9}	吉[咖]	G
10^{6}	兆	M
10^{3}	千	k
10^{2}	百	h
10^{1}	十	da
10^{-1}	分	d
10^{-2}	厘	c
10^{-3}	毫	m
10^{-6}	微	μ
10^{-9}	纳[诺]	n
10^{-12}	皮[可]	p
10^{-15}	飞[母托]	f
10^{-18}	阿[托]	a

表 1-6　国家选定的非国际单位制单位

量的名称	单位名称	单位符号	换算关系和说明
时　间	分	min	1 min=60 s
	[小]时	h	1 h=60 min=3 600 s
	天(日)	d	1 d=24 h=86 400 s
平面角	[角]秒	(″)	$1''=(\pi/648\ 000)$ rad（π 为圆周率）
	[角]分	(′)	$1'=60''=(\pi/10\ 800)$ rad
	度	(°)	$1°=60'=(\pi/180)$ rad
旋转速度	转每分	r/min	1 r/min$=(1/60)$ s^{-1}
长　度	海里	n mile	1 n mile=1 852 m (只用于航程)

续上表

量的名称	单位名称	单位符号	换算关系和说明
速　度	节	kn	1 kn=1 n mile/h 　　=(1 852/3 600) m/s（只用于航程）
质　量	吨 原子质量单位	t u	1 t=10³ kg 1 u≈1.660 565 5×10⁻²⁷ kg
体　积	升	L,(l)	1 L=1 dm³=10⁻³ m³
能	电子伏	eV	1 eV≈1.602 189 2×10⁻¹⁹J
级　差	分贝	dB	
线密度	特[克斯]	tex	1 tex=1 g/km

说明：以上表中[　]内的字，是在不致混淆的情况下，可以省略的字；(　)内的字为前者的同义语；角度单位度、分、秒的符号不处于数字后时，用括号；L 的符号中，小写字母 l 为备用符号；r 为"转"的符号；人民生活和贸易中，习惯称质量为重量；公里为千米的俗称，符号为 km；10^4 称为万，10^8 称为亿，10^{12} 称为万亿，这类数词的使用不受词头名称的影响，但不应与词头混淆。

 项目小结

在学习本项目时应重点掌握土木工程材料的技术标准、材料试验的一般步骤和试验数据统计分析的一般方法，能熟练应用所学知识在工程实践中，根据不同的试验要求合理分析试验数据。

 复习思考题

1．土木工程材料如何分类？每类包括哪些主要材料？

2．土木工程材料在工程建设中的重要性表现在哪些方面？其发展方向如何？

3．材料的技术标准在土木工程中有何重要意义？

4．土木工程材料试验的过程有哪些？需注意哪些事项？

5．试验数据的误差产生原因有哪些？试验中如何尽量减少误差？

6．现有一组试验数据如下：30.5,30.3,29.6,28.9,31.2,35.1,28.7,29.8,30.0。该组数据中是否存在可疑数据？如何处理？

项目 2　材料基本性能检测

项目描述

材料的性质与质量很大程度上决定了工程的性能与质量。本项目主要介绍工程材料的基本性质及其检测方法。通过该项目的学习,能够对普通混凝土用砂石的表观密度、堆积密度、吸水率和含水率进行检测。

拟实现的教学目标

1. 能力目标
(1)能正确使用试验仪器对普通混凝土用砂石的基本物理性质进行检测。
(2)能阅读普通混凝土用砂石的质量检测报告。

2. 知识目标
(1)了解材料的体积组成、材料的基本性质。
(2)掌握普通混凝土用砂石的基本物理性质的检测方法。

3. 素质目标
(1)具有良好的职业道德,勤奋学习,勇于进取。
(2)具有科学严谨的工作作风。
(3)具有较强的身体素质和良好的心理素质。

相关案例——彩虹桥垮塌

1999 年 1 月 4 日晚 6 时 50 分,重庆市綦江县城区一座步行桥(彩虹桥)突然整体垮塌,数十名过桥者随大桥坠入桥下的綦河,造成了严重伤亡事故。这次因工程质量导致的重大责任事故,共造成 40 人死亡(其中 18 名武警战士、22 名群众),直接经济损失 628 万余元。

1999 年 1 月 7 日晚,"綦江 1·4 事故"专家组初步认定虹桥整体垮塌是一起人为责任事故,其中违法设计、无证施工、管理混乱、未经验收等,是导致事故发生的重要原因。其中,綦江彩虹大桥的建设过程严重违反了基本建设程序,是典型的无立项及计划审批手续、无规划国土手续、无设计审查、无招投标、无建筑施工许可手续、无工程验收的"六无工程"。专家组调查人员说,"彩虹大桥建成即是一座危桥,垮塌是必然的"。

1999 年 1 月 8 日,经 9 名专家四天的鉴定,綦江县彩虹桥垮塌事故原因系重大责任事故。垮塌的原因包括:(1)吊杆锁锚方法错误,不能保证钢绞线有效锁定及均匀受力,钢绞线部分或全部滑出使吊杆锚固失效是导致桥面板垮塌的直接原因。(2)虹桥主拱钢管对接焊缝普遍存在裂纹、未焊透、未熔合、气孔、夹渣及陈旧性裂纹等严重缺陷,质量达不到施工及验收规范二级焊缝检验标准要求,故钢管对接焊缝的质量低劣是导致主拱垮塌的直接原因。(3)主拱钢管内混凝土强度达不到设计要求,局部有漏灌现象,拱肋板处甚至出现一米多长的空洞。吊杆灌浆防护也存在严重问题。(4)设计粗糙,更改随意,构造也有不当之处。事故调查组没有找到工程设计专用章,设计手续不全,实际上是私人设计。另外,设计对主拱钢结构的焊接质量、接头位置及锁锚质量均无明确要求。在成桥增设花台等附加荷载后,主拱承载力不能满足相应的规范要求。

通过该案例说明为了满足土木工程的安全性要求和良好的使用性能,组成土木工程的材料应该具有一定的力学性能、物理性能和耐久性等,本案例中钢管的可焊性、混凝土的强度等材料的性能对工程的质量起到了决定性作用。

典型工作任务 1　材料的密度试验

土木工程材料是土木工程的物质基础,材料的性质与质量很大程度上决定了工程的性能与质量。在工程实践中,选择、使用、分析和评价材料,通常是以其性质为基本依据的。土木工程材料的性质,可分为基本性质和特殊性质两大部分。材料的基本性质是指土木工程中通常必须考虑的最基本的、共有的性质;材料的特殊性质则是指材料本身的不同于别的材料的性质,是材料的具体使用特点的体现。

土木工程材料的基本性质主要有以下几种。

1. 材料的基本物理性质

(1)材料与质量有关的性质:密度、表观密度、堆积密度、孔隙率与空隙率等;

(2)材料与水有关的性质:亲水性与憎水性、吸水性、吸湿性、耐水性、抗渗性、抗冻性等;

(3)材料与热有关的性质:热容量、比热容、导热性、耐火性、耐燃性等。

2. 材料的力学性质

强度、比强度、弹性与塑性、脆性与韧性、硬度与耐磨性等。

3. 材料的耐久性

2.1.1　材料与质量有关的性质

1. 材料的体积组成

大多数土木工程材料的内部都含有孔隙,孔隙的多少和孔隙的特征对材料的性能均产生影响,掌握含孔材料的体积组成是正确理解和掌握材料物理性质的起点。

孔隙特征指孔尺寸大小、孔与外界是否连通两个内容。孔隙与外界相连通的叫开口孔,与外界不相连通的叫闭口孔。

含孔材料的体积包括以下三种。

(1)材料绝对密实体积。用 V 表示,是指不包括材料内部孔隙的固体物质本身的体积。

(2)材料的孔体积。用 V_P 表示, $V_P = V_K + V_B$,指材料所含孔隙的体积,分为开口孔体积(记为 V_K)和闭口孔体积(记为 V_B)。

(3)材料在自然状态下的体积。用 V_0 表示, $V_0 = V + V_P$,是指材料的实体积与材料所含全部孔隙体积之和。

散粒状材料的体积由颗粒的固体物质、颗粒的闭口孔隙、颗粒的开口孔隙和颗粒间的间隙组成。其中 V_0' 表示材料堆积体积,是指在堆积状态下的材料颗粒体积和颗粒之间的间隙体积之和，V_j 表示颗粒与颗粒之间的间隙体积，则：$V_0' = V_0 + V_j = V + V_P + V_j$。

2. 材料的密度、表观密度和堆积密度

（1）密度

材料在绝对密实状态下单位体积的质量，称为材料的密度。其计算式如下：

$$\rho = \frac{m}{V} \tag{2-1}$$

式中　ρ——材料的密度（g/cm^3）；

m——材料的质量（干燥至恒重）（g）；

V——材料的绝对密实体积（cm^3）。

密度的单位在 SI 制中为 kg/m^3，我国建设工程中一般用 g/cm^3，也用 kg/L，忽略不写时，隐含的单位为 g/cm^3，如 4 ℃时水的密度为 1。

多孔材料的密度测定，关键是测出绝对密实体积。在常用的土木工程材料中，除钢、玻璃、沥青等可近似认为不含孔隙外，绝大多数含有孔隙。测定含孔材料绝对密实体积的简单方法是将该材料磨成细粉，干燥后用排液法测得的粉末体积即为绝对密实体积。由于磨得越细，内部孔隙消除得越完全，测得的体积也就越精确，因此，一般要求细粉的粒径至少小于 0.2 mm。

对于砂石，因其孔隙率很小，$V \approx V_0$，常不经磨细，直接用排水法测定其密度。对于本身不绝对密实，而用排液法测得的密度叫视密度或叫视比重。

（2）表观密度

材料在自然状态下单位体积的质量，称为材料的表观密度（原称容重）。其计算式如下：

$$\rho_0 = \frac{m}{V_0} \tag{2-2}$$

式中　ρ_0——材料的表观密度（kg/m^3）；

m——材料的质量（kg）；

V_0——材料在自然状态下的体积（m^3）。

测定材料在自然状态下的体积的方法较简单，若材料外观形状规则，可直接度量外形尺寸，按几何公式计算；若外观形状不规则，可用排液法测得，为了防止液体由孔隙渗入材料内部而影响测定值，应在材料表面涂蜡。对于砂石，由于孔隙率很小，常把视密度叫做表观密度，如果要测定砂石真正意义上的表观密度，应蜡封开口孔后用排水法测定。

当材料含水时，重量增大，体积也会发生变化，所以测定表观密度时须同时测定其含水率，注明含水状态。材料的含水状态有风干（气干）状态、烘干状态、饱和面干状态和湿润状态四种。一般为风干状态，烘干状态下的表观密度叫干表观密度。

（3）堆积密度

散粒材料在堆积状态下单位堆积体积的质量，称为材料的堆积密度（原称松散容重）。

其计算式如下：

$$\rho_0' = \frac{m}{V_0'} \tag{2-3}$$

式中　ρ_0'——散粒材料的堆积密度（kg/m^3）；

m——材料的质量（kg）。

V_0'——散粒材料的堆积体积（m^3）。

材料的堆积密度定义中亦未注明材料的含水状态。根据散粒材料的堆积状态，堆积体积分为自然堆积体积和紧密堆积体积（人工捣实后）。由紧密堆积测得的堆积密度称为紧密堆积密度。

常用土木工程材料的密度、表观密度和堆积密度如表 2-1 所示。

表 2-1　常用土木工程材料的密度、表观密度和堆积密度

材料名称	密度/(g·cm^{-3})	表观密度/(kg·m^{-3})	堆积密度/(kg·m^{-3})
石灰岩	2.6～2.8	1 800～2 600	-
花岗岩	2.7～3.0	2 000～2 850	-
水泥	2.8～3.1		900～1 300(松散堆积) 1 400～1 700(紧密堆积)
混凝土用砂	2.5～2.6	-	1 450～1 650
混凝土用石	2.6～2.9	-	1 400～1 700
普通混凝土	-	2 100～2 500	-
黏土	2.5～2.7	-	1 600～1 800
钢材	7.85	7 850	-
铝合金	2.7～2.9	2 700～2 900	-
烧结普通砖	2.5～2.7 1	500～1 800	-
建筑陶瓷	2.5～2.7 1	800～2 500	-
红松木	1.55～1.60	400～800	-
玻璃	2.45～2.55	2 450～2 550	-
泡沫塑料	-	10～50	-

3. 材料的孔隙率与空隙率

(1)孔隙率和密实度

材料中孔隙体积占材料总体积的百分率,称为材料的孔隙率(P)。其计算式如下:

$$P=\frac{V_0-V}{V_0}\times100\%=(1-\frac{\rho_0}{\rho})\times100\%　\qquad(2\text{-}4)$$

材料的固体物质体积占自然状态下体积的百分率,称为材料的密实度(D),其计算式如下:

$$D=\frac{V}{V_0}\times100\%=\frac{\rho_0}{\rho}\times100\%　\qquad(2\text{-}5)$$

材料孔隙率和密实度的大小反映了材料的密实程度,孔隙率大,则密实度小。工程中对保温隔热材料和吸声材料,要求其孔隙率大,而高强度的材料,则要求孔隙率小。

工程上,一般通过测定材料的密度和表观密度来计算材料的孔隙率。

密实度与孔隙率之间的关系为

$$P+D=1　\qquad(2\text{-}6)$$

(2)空隙率和填充率

散粒材料在堆积状态下,颗粒间的空隙体积占堆积体积的百分率,称为材料的空隙率(P')。其计算式如下:

$$P'=\frac{V_0'-V_0}{V_0'}\times100\%=(1-\frac{\rho_0'}{\rho_0})\times100\%　\qquad(2\text{-}7)$$

散粒材料在堆积体积中被其颗粒填充的程度,用填充率(D')来表示,其计算式如下:

$$D'=\frac{V_0}{V_0'}\times100\%=\frac{\rho_0'}{\rho_0}\times100\% \tag{2-8}$$

空隙率和填充率的大小反映了散粒材料堆积时的致密程度,与颗粒的堆积状态密切相关,可以通过压实或振实的方法获得较小的空隙率,以满足不同工程的需要。

空隙率与填充率之间的关系为

$$P'+D'=1 \tag{2-9}$$

2.1.2　砂的表观密度试验(标准法)——《普通混凝土用砂、石质量及检验方法标准》JGJ 52—2006

1. 仪器设备

(1)天平——称量 1 000 g,感量 1 g;

(2)容量瓶——500 mL;

(3)干燥器、浅盘、铝制料勺、温度计等;

(4)烘箱——能使温度控制在(105±5)℃;

(5)烧杯——500 mL。

2. 试样制备

经缩分后不少于 650 g 的试样装入浅盘,在温度为(105±5)℃的烘箱中烘干至恒重,并在干燥器内冷却至室温。

3. 试验步骤

(1)称取烘干的试样 300 g(m_0),装入盛有半瓶冷开水的容量瓶中。

(2)摇转容量瓶,使试样在水中充分搅动以排除气泡,塞紧瓶塞,静置 24 h 左右。然后用滴管添水,使水面与瓶颈刻度线平齐,再塞紧瓶塞,擦干瓶外水分,称其重量(m_1)。

(3)倒出瓶中的水和试样,将瓶的内外表面洗净,再向瓶内注入与上一步骤水温相差不超过 2 ℃的冷开水至瓶颈刻度线。塞紧瓶塞,擦干瓶外水分,称其重量(m_2)。

注:在砂的表观密度试验过程中应测量并控制水的温度,试验的各项称量可以在 15～25 ℃的温度范围内进行。从试样加水静置的最后 2 h 起直至试验结束,其温度相差不应超过 2 ℃。

4. 结果整理

表观密度 ρ_0 应按下式计算(精确至 10 kg/m³):

$$\rho_0=\left(\frac{m_0}{m_0+m_2-m_1}-\alpha_t\right)\times1\,000 \tag{2-10}$$

式中　ρ_0——表观密度(kg/m³);

m_0——试样的烘干质量(g);

m_1——试样、水及容量瓶总质量(g);

m_2——水及容量瓶总质量(g);

α_t——水温对砂的表观密度影响的修正系数,如表 2-2 所示。

表 2-2　不同水温对砂的表观密度影响的修正系数

水温 / ℃	15	16	17	18	19	20	21	22	23	24	25
α_t	0.002	0.003	0.003	0.004	0.004	0.005	0.005	0.006	0.006	0.007	0.008

以两次试验结果的算术平均值作为测定值,如两次结果之差大于 20 kg/m³ 时,应重新取样进行试验。

2.1.3 砂的表观密度试验(简易法)——JGJ 52—2006

1. 仪器设备

(1)天平——称量 1 000 g,感量 1 g;

(2)李氏瓶——容量 250 mL;

(3)烘箱——能使温度控制在(105±5)℃;

(4)其他仪器设备参照标准法。

2. 试样制备

将样品缩分至不少于 120 g 左右,在(105±5)℃的烘箱中烘干至恒重,并在干燥器中冷却至室温,分成大致相等的两份备用。

3. 试验步骤

(1)向李氏瓶中注入冷开水至一定刻度处,擦干瓶颈内部附着水,记录水的体积(V_1)。

(2)称取烘干试样 50 g(m_0),徐徐装入盛水的李氏瓶中。

(3)试样全部倒入瓶中后,用瓶内的水将黏附在瓶颈和瓶壁的试样洗入水中,摇转李氏瓶以排除气泡,静置约 24 h 后,记录瓶中水面升高后的体积(V_2)。

注:在砂的表观密度试验过程中应测量并控制水的温度,允许在 15～25 ℃的温度范围内进行体积测定,但两次体积测定(指 V_1 和 V_2)的温差不得大于 2 ℃。从试样加水静置的最后 2 h 起,直至记录完瓶中水面高度时止,其温度相差不应超过 2 ℃。

4. 结果整理

表观密度 ρ_0 应按下式计算(精确至 10 kg/m³):

$$\rho_0 = \left(\frac{m_0}{V_2 - V_1} - \alpha_t \right) \times 1\,000 \tag{2-11}$$

式中 ρ_0——表观密度(kg/m³);

m_0——试样的烘干质量(g);

V_1——水的原有体积(mL);

V_2——倒入试样后的水和试样的体积(mL);

α_t——水温对砂的表观密度影响的修正系数,如表 2-2 所示。

以两次试验结果的算术平均值作为测定值,如两次结果之差大于 20 kg/m³ 时,应重新取样进行试验。

2.1.4 砂的堆积密度和紧密密度试验——JGJ 52—2006

本方法适用于测定砂的堆积密度、紧密密度及空隙率。

1. 仪器设备

(1)秤——称量 5 000 g,感量 5 g;

(2)容量筒——金属制、圆柱形、内径 108 mm,净高 109 mm,筒壁厚 2 mm,容积约为 1 L,筒底厚为 5 mm;

(3)漏斗或铝制料勺;

(4)烘箱——能使温度控制在(105±5)℃;

(5)直尺、浅盘等。

2. 试样制备

(1)先用 5 mm 孔径的筛子过筛,然后取经缩分后的样品不少于约 3 L,装入浅盘;

(2)在温度为(105±5)℃烘箱中烘干至恒重,取出并冷却至室温,分成大致相等的两份备用。

注:试样烘干后如有结块,应在试验前先予捏碎。

3. 试验步骤

(1)堆积密度:取试样一份,用漏斗或铝制料勺,将它徐徐装入容量筒(漏斗出料口或料勺距容量筒筒口不应超过 50 mm)直至试样装满并超出容量筒筒口。然后用直尺将多余的试样沿筒口中心线向两个相反方向刮平,称其重量(m_2)。

(2)紧密密度:取试样一份,分两层装入容量筒。装完一层后,在筒底垫放一根直径为 10 mm 的钢筋,将筒按住,左右交替颠击地面各 25 下,然后再装入第二层;第二层装满后用同样方法颠实(筒底所垫钢筋的方向应与第一层放置方向垂直);二层装完并颠实后,加料直至试样超出容量筒筒口,然后用直尺将多余的试样沿筒口中心线向两个相反方向刮平,称其重量(m_2)。

4. 结果整理

堆积密度(ρ_L)及紧密密度(ρ_c),按下式计算(精确至 10 kg/m³):

$$\rho_L(\rho_c) = \frac{m_2 - m_1}{V} \times 1\,000 \qquad (2\text{-}12)$$

式中　$\rho_L(\rho_c)$——堆积密度(紧密密度)(kg/m³);

　　　　m_1——容量筒的重量(kg);

　　　　m_2——容量筒和砂总重量(kg);

　　　　V——容量筒容积(L)。

以两次试验结果的算术平均值作为测定值。

空隙率按下式计算(精确至 1%):

$$v_L = \left(1 - \frac{\rho_L}{\rho_0}\right) \times 100\% \qquad (2\text{-}13)$$

$$v_c = \left(1 - \frac{\rho_c}{\rho_0}\right) \times 100\% \qquad (2\text{-}14)$$

式中　v_L——堆积密度的空隙率(%);

　　　　v_c——紧密密度的空隙率(%);

　　　　ρ_L——砂的堆积密度(kg/m³);

　　　　ρ_0——砂的表观密度(kg/m³);

　　　　ρ_c——砂的紧密密度(kg/m³)。

5. 容量筒容积的校正

以温度为(20±2)℃的饮用水装满容量筒,用玻璃板沿筒口滑移,使其紧贴水面。擦干筒外壁水分,然后称重。用下式计算筒的容积:

$$V = m'_2 - m'_1 \qquad (2\text{-}15)$$

式中　V——容量筒容积(L);

　　　　m'_1——容量筒和玻璃板质量(kg);

m_2'——容量筒、玻璃板和水总质量（kg）。

2.1.5　碎石或卵石的表观密度试验（标准法）——JGJ 52—2006

1. 仪器设备

（1）液体天平——称量 5 kg，感量 5 g，其型号及尺寸应能允许在臂上悬挂盛试样的吊篮，并在水中称重；

（2）吊篮——直径和高度均为 150 mm，由孔径为 1～2 mm 的筛网或钻有孔径为 2～3 mm 孔洞的耐锈蚀金属板制成；

（3）盛水容器——有溢流孔；

（4）烘箱——温度控制范围为（105±5）℃；

（5）试验筛——筛孔公称直径为 5.00 mm 的方孔筛一只；

（6）温度计——0～100 ℃；

（7）带盖容器、浅盘、刷子和毛巾等。

2. 试样制备

试验前，将样品筛除公称粒径 5.00 mm 以下的颗粒，并缩分至略大于两倍于表 2-3 所规定的最小质量，冲洗干净后分成两份备用。

表 2-3　表观密度试验所需的试样最少质量

最大公称粒径／mm	10.0	16.0	20.0	25.0	31.5	40.0	63.0	80.0
试样最少质量／kg	2.0	2.0	2.0	2.0	3.0	4.0	6.0	6.0

3. 试验步骤

（1）按表 2-3 的规定称取试样。

（2）取试样一份装入吊篮，并浸入盛水的容器中，水面至少高出试样 50 mm。

（3）浸水 24 h 后，移放到称量用的盛水容器中，并用上下升降吊篮的方法排除气泡（试样不得露出水面）。吊篮每升降一次约为 1 s，升降高度为 30～50 mm。

（4）测定水温（此时吊篮应全浸在水中），用天平称取吊篮及试样在水中的质量（m_2）。称量时盛水容器中水面的高度由容器的溢流孔控制。

（5）提起吊篮，将试样置于浅盘中，放入烘箱中烘干至恒重；取出来放在带盖的容器中冷却至室温后，称重（m_0）。

注：恒重是指相邻两次称量间隔时间不小于 3 h 的情况下，其前后两次称量之差小于该项试验所要求的称量精度。

（6）称取吊篮在同样温度的水中质量（m_1），称量时盛水容器的水面高度仍应由溢流口控制。

注：试验的各项称重可以在 15～25 ℃ 的温度范围内进行，但从试样加水静置 2 h 起直至试验结束，其温度相差不应超过 2 ℃。

4. 结果整理

表观密度 ρ_0 应按下式计算（精确至 10 kg/m³）：

$$\rho_0 = \left(\frac{m_0}{m_0 + m_1 - m_2} - \alpha_t \right) \times 1\,000 \tag{2-16}$$

式中　ρ_0——表观密度（kg/m³）；

m_0——试样的烘干质量(g);

m_1——吊篮在水中的质量(g);

m_2——吊篮及试样在水中的质量(g);

α_t——水温对砂的表观密度影响的修正系数,如表 2-2 所示。

以两次试验结果的算术平均值作为测定值,如两次结果之差大于 20 kg/m³ 时,应重新取样进行试验。对颗粒材质不均匀的试样,两次试验结果之差大于 20 kg/m³ 时,可取四次测定结果的算术平均值作为测定值。

注:试验的各项称重可以在 15～25 ℃ 的温度范围内进行,但从试样加水静置 2 h 起直至试验结束,其温度相差不应超过 2 ℃。

2.1.6　碎石或卵石的表观密度试验(简易法)——JGJ 52—2006

本方法适用于测定碎石或卵石的表观密度,不宜用于测定最大公称粒径超过 40 mm 的碎石或卵石的表观密度。

1. 仪器设备

(1)烘箱——温度控制范围为(105±5)℃;

(2)秤——称量 20 kg,感量 20 g;

(3)广口瓶——容量 1 000 mL,磨口,并带玻璃片;

(4)试验筛——筛孔公称直径为 5.00 mm 的方孔筛一只;

(5)毛巾、刷子等。

2. 试样制备

试验前,筛除样品中公称粒径为 5.00 mm 以下的颗粒,缩分至略大于表 2-3 所规定的最少质量,冲洗干净后分成两份备用。

3. 试验步骤

(1)按表 2-3 的规定称取试样。

(2)将试样浸水饱和,然后装入广口瓶中。装试样时,广口瓶应倾斜放置,注入饮用水,用玻璃片覆盖瓶口,以上下左右摇晃的方法排除气泡。

(3)气泡排尽后沿瓶口迅速滑行,使其紧贴瓶口水面。擦干瓶外水分后,称取试样、水、瓶和玻璃片总质量(m_1)。

(4)将瓶中的试样倒入浅盘中,放在烘箱中烘干至恒重;取出,放在带盖的容器中冷却至室温后称取质量(m_0)。

(5)将瓶洗净,重新注入饮用水,用玻璃片紧贴瓶口水面,擦干瓶外水分后称取质量(m_2)。

注:试验的各项称重可以在 15～25 ℃ 的温度范围内进行,但从试样加水静置 2 h 起直至试验结束,其温度相差不应超过 2 ℃。

4. 结果整理

表观密度 ρ_0 应按下式计算(精确至 10 kg/m³):

$$\rho_0 = \left(\frac{m_0}{m_0 + m_2 - m_1} - \alpha_t \right) \times 1\,000 \qquad (2\text{-}17)$$

式中　ρ_0——表观密度(kg/m³);

m_0——试样的烘干质量(g);

m_1——试样、水、瓶和玻璃片的总质量(g);

m_2——水、瓶和玻璃片的总质量(g);

a_t——水温对砂的表观密度影响的修正系数,如表 2-2 所示。

以两次试验结果的算术平均值作为测定值,如两次结果之差大于 20 kg/m³ 时,应重新取样进行试验。对颗粒材质不均匀的试样,两次试验结果之差大于 20 kg/m³ 时,可取四次测定结果的算术平均值作为测定值。

2.1.7 碎石或卵石的堆积密度和紧密密度试验——JGJ 52—2006

本方法适用于测定碎石或卵石的堆积密度、紧密密度及空隙率。

1. 仪器设备

(1)秤——称量 100 kg,感量 100 g;

(2)容量筒——金属制,其规格如表 2-4 所示;

(3)平头铁锹;

(4)烘箱——能使温度控制在(105±5)℃。

表 2-4　容量筒的规格要求

碎石或卵石的最大公称粒径 / mm	容量筒容积 / L	容量筒规格 / mm		筒壁厚度 / mm
		内 径	净 高	
10.0、16.0、20.0、25.0	10	208	294	2
31.5、40.0	20	294	294	3
63.0、80.0	30	360	294	4

注:测定紧密密度时,对最大公称粒径为 31.5 mm、40.0 mm 的骨料,可采用 10 L 的容量筒。对最大公称粒径为 63.0 mm、80.0 mm 的骨料,可采用 20 L 容量筒。

2. 试样制备

按表 2-5 称取试样,放入浅盘,在烘箱中烘干,也可摊在清洁的地面上风干,搅拌均匀后分成两份备用。

表 2-5　碎石或卵石堆积密度、紧密密度的最小取样质量

最大公称粒径 / mm	10.0	16.0	20.0	25.0	31.5	40.0	63.0	80.0
最小取样质量 / kg	40	40	40	40	80	80	120	120

3. 试验步骤

(1)堆积密度

取试样一份,置于平整干净的地板(或铁板)上,用平头铁锹铲起试样,使石子自由落入容量筒内。此时,从铁锹的齐口至容量筒上口的距离应保持为 50 mm 左右,装满容量筒并除去凸出筒口表面的颗粒,并以合适的颗粒填入凹陷部分,使表面稍凸起部分和凹陷部分的体积大致相等,称取试样和容量筒总质量(m_2)。

(2)紧密密度

取试样一份,分三层装入容量筒:装完一层后,在筒底垫放一根直径为 25 mm 的钢筋,将筒按住,左右交替颠击地面各 25 下,然后装入第二层;用同样的方法颠实(筒底所垫钢筋的方向应与第一层放置方向垂直);然后再装入第三层,用同样的方法颠实。待三层试样装填完毕后,加料填到试样超出容量筒口,用钢筋沿筒口边缘滚转,刮下高出筒口的颗粒,用

合适的颗粒填平凹处,使表面稍凸起部分和凹陷部分的体积大致相等,称取试样和容量筒总质量(m_2)。

4. 结果整理

堆积密度(ρ_L)及紧密密度(ρ_c),按下式计算(精确至 10 kg/m³):

$$\rho_L(\rho_c) = \frac{m_2 - m_1}{V} \times 1\ 000 \tag{2-18}$$

式中　$\rho_L(\rho_c)$——堆积密度(紧密密度)(kg/m³);

　　　　m_1——容量筒的质量(kg);

　　　　m_2——容量筒和试样总质量(kg);

　　　　V——容量筒容积(L)。

以两次试验结果的算术平均值值作为测定值。

空隙率按下式计算(精确至 1%):

$$v_L = \left(1 - \frac{\rho_L}{\rho_0}\right) \times 100\% \tag{2-19}$$

$$v_c = \left(1 - \frac{\rho_c}{\rho_0}\right) \times 100\% \tag{2-20}$$

式中　v_L——堆积密度的空隙率(%);

　　　　v_c——紧密密度的空隙率(%);

　　　　ρ_L——碎石或卵石的堆积密度(kg/m³);

　　　　ρ_0——碎石或卵石的表观密度(kg/m³);

　　　　ρ_c——碎石或卵石的紧密密度(kg/m³)。

5. 容量筒容积的校正

以温度为(20±2)℃的饮用水装满容量筒,用玻璃板沿筒口滑移,使其紧贴水面。擦干筒外壁水分,然后称重。用下式计算筒的容积:

$$V = m_2' - m_1' \tag{2-21}$$

式中　V——容量筒容积(L);

　　　　m_1'——容量筒和玻璃板质量(kg);

　　　　m_2'——容量筒、玻璃板和水总质量(kg)。

 知识拓展

1. 热容量与比热容

热容量是指材料在温度变化时吸收或放出热量的能力;比热容也叫比热,指单位质量的材料在温度每变化 1K 时所吸收或放出的热量,用"C"表示,其计算式如下:

$$Q = Cm(t_1 - t_2) \tag{2-22}$$

$$C = \frac{Q}{m(t_1 - t_2)} \tag{2-23}$$

式中　Q——材料的热容量(kJ);

　　　　C——材料的比热容[kJ/(kg·K)];

　　　　m——材料的质量(kg);

　　　　$t_1 - t_2$——材料受热或冷却前后的温差(K)。

比热容与材料质量的积称为材料的热容量值,即材料温度上升 1 K 需吸收的热量或温度降低 1 K 所放出的热量。材料的热容量值对于保持室内温度稳定作用很大,热容量值大的材料能在热流变化、采暖、空调不均衡时,缓和室内温度的波动;屋面材料也宜选用热容量值大的材料。

2. 导热性

指材料传导热量的能力。导热性可用导热系数来表示,其物理意义是厚度为 1 m 的材料,当其相对表面的温度差为 1 K 时,1 s 时间内通过 1 m² 面积的热量。导热系数的计算式如下:

$$\lambda = \frac{Qa}{AT(t_1 - t_2)} \tag{2-24}$$

式中　λ——材料的导热系数[W/(m·K)];

　　　Q——传导的热量(J);

　　　a——材料的厚度(m);

　　　A——材料传热的面积(m²);

　　　T——传热时间(s);

　　$t_1 - t_2$——材料两侧的温度差(K)。

材料的导热系数越小,其热传导能力越差,绝热性能越好。工程上把 $\lambda < 0.23$ W/(m·K) 的材料称为绝热材料。常用材料的热工性质指标如表 2-6 所示。

表 2-6　常用材料的热工性质指标

材料名称	导热系数/[W·(m·K)⁻¹]	比热容/[kJ·(kg·K)⁻¹]	线膨胀系数/(10⁻⁶K⁻¹)
铜	370	0.38	18.6
钢	55	0.46	10~12
石灰岩	2.66~3.23	0.749~0.846	6.75~6.77
花岗岩	2.91~3.45	0.716~0.92	5.60~7.34
大理岩	2.45	0.875	6.50~10.12
普通混凝土	1.8	0.88	5.8~15
烧结普通砖	0.4~0.7	-	5~7
松木	0.17~0.35	2.51	
玻璃	2.7~3.26	0.83	8~10
泡沫塑料	0.03	1.30	-
水	0.60	4.187	
密闭空气	0.023	1	

材料的导热系数与材料内部的孔隙构造密切相关。由于密闭空气的导热系数仅为 0.023 W/(m·K),所以,当材料中含有较多闭口孔隙时,其导热系数较小,材料的隔热绝热性较好;当材料内部含有较多粗大、连通的孔隙时,空气则会产生对流作用,使其传热性大大提高。水的导热系数远大于空气,当材料吸水或吸湿后,其导热系数增加,导热性提高,隔热绝热性降低。

3. 耐火性

指材料在长期高温作用下,保持其结构和工作性能的基本稳定而不损坏的性能,用耐火度表示。工程上用于高温环境的材料和热工设备等都要使用耐火材料。根据材料耐火度的不同,可分为三大类。

①耐火材料:耐火度不低于 1 580 ℃的材料,如各类耐火砖等。

②难熔材料:耐火度为 1 350～1 580 ℃的材料,如难熔黏土砖、耐火混凝土等。

③易熔材料:耐火度低于 1 350 ℃的材料,如普通黏土砖、玻璃等。

4. 耐燃性

指材料能经受火焰和高温的作用而不破坏,强度也不显著降低的性能,是影响建筑物防火、结构耐火等级的重要因素。根据材料耐燃性的不同,可分为三大类。

①不燃材料

遇火或高温作用时,不起火、不燃烧、不碳化的材料,如混凝土、天然石材、砖、玻璃和金属等。需要注意的是玻璃、钢铁和铝等材料,虽然不燃烧,但在火烧或高温下会发生较大的变形或熔融,因而是不耐火的。

②难燃材料

遇火或高温作用时,难起火、难燃烧、难碳化,只有在火源持续存在时才能继续燃烧,火源消除燃烧即停止的材料,如沥青混凝土和经防火处理的木材等。

③易燃材料

指遇火或高温作用时,容易引燃起火或微燃,火源消除后仍能继续燃烧的材料,如木材、沥青等。用可燃材料制作的构件,一般应作防燃处理。

5. 温度变形

指材料在温度变化时产生的体积变化,多数材料在温度升高时体积膨胀,温度下降时体积收缩。温度变形在单向尺寸上的变化称为线膨胀或线收缩,一般用线膨胀系数来衡量,线膨胀系数用"α"表示,其计算式如下:

$$\alpha = \frac{\Delta L}{(t_2 - t_1)L} \tag{2-25}$$

式中 α——材料在常温下的平均线膨胀系数(1/K);

ΔL——材料的线膨胀或线收缩量(mm);

$t_2 - t_1$——温度差(K);

L——材料原长(mm)。

材料的线膨胀系数一般都较小,但由于土木工程结构的尺寸较大,温度变形引起的结构体积变化仍是关系其安全与稳定的重要因素。工程上常用预留伸缩缝的办法来解决温度变形问题。

典型工作任务 2 材料的吸水率和含水率试验

2.2.1 材料与水有关的性质

1. 亲水性与憎水性

当水与材料表面相接触时,不同的材料被水所润湿的情况各不相同,这种现象是由于材料与水和空气三相接触时的表面能不同而产生的,如图 2-1 所示。

材料、水和空气三相接触的交点处,沿水表面的切线与水和固体接触面所成的夹角 θ 称为润湿角。当水分子间的内聚力小于材料与水分子间的分子亲合力时，$\theta < 90°$，这种材料能被水润湿，表现为亲水性。当水分子间的内聚力大于材料与水分子间的分子亲合力时，$\theta > 90°$，这种材料不能被水润湿，表现为憎水性。土木工程材料中石材、金属、水泥制品、陶瓷等无机材料和部

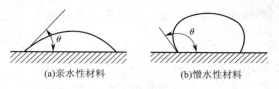

图 2-1 材料的润湿角

分木材为亲水性材料；沥青、塑料、橡胶和油漆等为憎水性材料，工程上多利用材料的憎水性来制造防水材料。

2. 吸水性

材料在水中吸收水分的性质称为吸水性。材料的吸水性用吸水率表示，材料的吸水率有质量吸水率和体积吸水率两种表达形式。

（1）质量吸水率

指材料吸水饱和时，所吸收水量占材料干质量的百分率，其计算式如下：

$$w_m = \frac{m_b - m_g}{m_g} \times 100\% \qquad (2-26)$$

式中 w_m——材料的质量吸水率（%）；

m_b——材料在吸水饱和状态下的质量（g）；

m_g——材料在干燥状态下的质量（g）。

（2）体积吸水率

指材料吸水饱和时，所吸收水分的体积占材料自然体积的百分率，其计算式如下：

$$w_v = \frac{m_b - m_g}{V_0} \times \frac{1}{\rho_w} \times 100\% \qquad (2-27)$$

式中 w_v——材料的体积吸水率（%）；

m_b——材料在吸水饱和状态下的质量（g）；

m_g——材料在干燥状态下的质量（g）；

V_0——材料的自然体积（cm³）；

ρ_w——水的密度，常温下取 1.0 g/cm³。

材料的吸水率一般用质量吸水率表示。体积吸水率与质量吸水率之间存在以下关系：

$$w_v = w_m \times \rho_0 \qquad (2-28)$$

材料吸水率的大小主要取决于它的孔隙率和孔隙特征。水分通过材料的开口孔隙吸入，通过连通孔隙渗入其内部，通过润湿作用和毛细管作用等因素将水分存留住。因此，具有较多细微连通孔隙的材料，其吸水率较大；而具有粗大孔隙的材料，虽水分容易渗入，但也仅能润湿孔壁表面，不易在孔内存留，其吸水率并不高；致密材料和仅有闭口孔隙的材料是不吸水的。

3. 吸湿性

材料在潮湿空气中吸收水分的性质称为吸湿性。材料的吸湿性用含水率表示，材料的吸湿性是可逆的。当较干燥材料处于较潮湿空气中时，会从空气中吸收水分；当较潮湿材料处于较干燥空气中时，材料就会向空气中放出水分。

材料的吸湿性受所处环境的影响，随环境的温度、湿度的变化而变化。当空气的湿度保持稳定时，材料的湿度会与空气的湿度达到平衡，也即材料的吸湿与干燥达到平衡，这时的含水

率称为平衡含水率。含水率计算式如下：

$$w_h = \frac{m_s - m_g}{m_g} \times 100\%$$ (2-29)

式中　　w_h——材料的含水率(%)；

　　　　m_s——材料吸湿后的质量(g)；

　　　　m_g——材料在干燥状态下的质量(g)。

4. 耐水性

材料长期在水的作用下不破坏，强度也不显著降低的性质称耐水性。材料的耐水性用软化系数来衡量，其计算式如下：

$$K_R = \frac{f_b}{f_g}$$ (2-30)

式中　　K_R——材料的软化系数；

　　　　f_b——材料在吸水饱和状态下的抗压强度(MPa)；

　　　　f_g——材料在干燥状态下的抗压强度(MPa)。

材料吸水后，水分会吸附到材料内物质微粒的表面，减弱微粒间的结合力，从而致使其强度下降，这是吸水材料性质变化的重要特征之一，软化系数反映了这一变化的程度。

软化系数 K_R 的范围在 0～1 之间，它是选择使用材料的重要参数。工程中通常将 $K_R >$ 0.85 的材料看作是耐水材料，可以用于水中或潮湿环境中的重要结构；用于受潮较轻或次要结构时，材料的 K_R 值也不得低于 0.75。

5. 抗渗性

材料抵抗压力水渗透的能力称为抗渗性。材料中含有孔隙、孔洞或其他缺陷，当材料两侧受水压差的作用时，水可能会从高压一侧向低压一侧渗透。水的渗透会对材料的性质和使用带来不利的影响；尤其当材料处于压力水中时，材料的抗渗性是决定其工程使用寿命的重要因素。材料的抗渗性常用渗透系数或抗渗等级来表示。

渗透系数计算式如下：

$$K_s = \frac{Qd}{AtH}$$ (2-31)

式中　　K_s——材料的渗透系数(cm/h)；

　　　　Q——时间 t 内的渗水总量(cm³)；

　　　　d——材料试件的厚度(cm)；

　　　　A——材料垂直于渗水方向的渗水面积(cm²)；

　　　　t——渗水时间(h)；

　　　　H——材料两侧的水头高度(cm)。

渗透系数 K_s 的物理意义是一定时间内，在一定水压力作用下，单位厚度的材料，单位渗水面积上的渗水量。材料的 K_s 越小，说明材料的抗渗性越好。

材料的抗渗性也可用抗渗等级表示。抗渗等级用标准方法进行渗水性试验，测得材料能承受的最大水压力，并依此划分成不同的等级，常用"Pn"表示，其中 n 表示材料所能承受的最大水压力兆帕数的 10 倍值，如 P6 表示材料最大能承受 0.6 MPa 的水压力而不渗水。材料的抗渗等级越高，其抗渗性越好。

材料的抗渗性与其孔隙多少和孔隙特征关系密切，开口并连通的孔隙是材料渗水的主要渠道。材料越密实、闭口孔越多、孔径越小，水越难渗透；孔隙率越大、孔径越大、开口并连通的孔隙越多的材料,其抗渗性越差。此外,材料的亲水性、裂缝缺陷等也是影响抗渗性的重要因素。工程上常采用提高材料内部密实度、提高闭口孔隙比例、减少裂缝或进行憎水处理等方法来提高材料的抗渗性。

6. 抗冻性

材料在吸水饱和状态下,能经受多次冻融循环而不破坏,强度也不显著降低的性质称为抗冻性。当温度下降到负温时,材料内的水分会由表及里地冻结,内部水分不能外溢,水结冰后体积膨胀约 9%,产生强大的冻胀压力,使材料内毛细管壁胀裂,造成材料局部破坏,随着温度交替变化,冻结与融化循环反复,冰冻的破坏作用逐渐加剧,最终导致材料破坏。

材料的抗冻性用抗冻等级表示。抗冻等级是用标准方法进行冻融循环试验,测得材料强度降低不超过规定值,且无明显损坏和剥落时所能承受的冻融循环次数来确定,常用"Fn"表示,其中 n 表示材料能承受的最大冻融循环次数,如 F100 表示材料在一定试验条件下能承受 100 次冻融循环。

材料的抗冻性与材料的孔隙率、孔隙特征、充水程度和冷冻速度等因素有关。材料的强度越高,其抵抗冰冻破坏的能力也越强,抗冻性越好;材料的孔隙率及孔隙特征对抗冻性影响较大,其影响与抗渗性相似。

2.2.2　砂的吸水率试验——JGJ 52—2006

本方法适用于测定砂的吸水率,即测定以烘干重量为基准的饱和面干吸水率。

1. 仪器设备

(1)天平——称量 1 000 g,感量 1 g;

(2)饱和面干试模及重量约(340±15)g 的钢制捣棒;

(3)干燥器、吹风机(手提式)、浅盘、铝制料勺、玻璃棒、温度计等;

(4)烧杯——容量 500 mL;

(5)烘箱——能使温度控制在(105±5)℃。

2. 试样制备

(1)将样品在潮湿状态下用四分法缩分至约 1 000 g。

(2)拌匀后分成两份,分别装于浅盘或其他合适的容器中,注入清水,使水面高出试样表面 20 mm 左右[水温控制在(20±5)℃]。

(3)用玻璃棒连续搅拌 5 min,以排除气泡。

(4)静置 24 h 以后,细心地倒去试样上的水,并用吸管吸去多余水。

(5)再将试样在盘中摊开,用手提吹风机缓缓吹入暖风,并不断翻拌试样,使砂表面的水分在各部位均匀蒸发。

(6)然后将试样松散地一次装满饱和面干试模中,捣 25 次,捣棒端面距试样表面不超过 10 mm,任其自由落下,捣完后,留下的空隙不用再装满,从垂直方向徐徐提起试模。

(7)如试模呈图 2-2(a)所示的形状时,则说明砂中尚含有表面水,应继续按上述方法用暖风干燥,并按上述方法进行试验,直至试模提起后试样呈图 2-2(b)所示的形状为止。

如试模提起后,试样呈图 2-2(c)所示的形状,则说明试样已干燥过分,此时应将试样洒水约 55 mL,充分拌匀,并静置于加盖容器中 30 min 后,再按上述方法进行试验,直至试样达到如图 2-2(b)所示的形状为止。

图 2-2 试样的塌陷情况

3. 试验步骤

(1)立即称取饱和面干试样 500 g;

(2)放入已知重量 m_1 的烧杯中;

(3)于温度为(105±5)℃的烘箱中烘干至恒重,并在干燥器内冷却至室温后,称取干样与烧杯的总重 m_2。

4. 结果整理

吸水率w_m 应按下式计算(精确至 0.1%):

$$w_m = \frac{500-(m_2-m_1)}{m_2-m_1} \times 100\% \tag{2-32}$$

式中　w_m——吸水率(%);

　　　m_1——烧杯重量(g);

　　　m_2——烘干的试样与烧杯的总重量(g)。

以两次试验结果的算术平均值作为测定值,如两次结果之差值大于 0.2%,应重新取样进行试验。

2.2.3　砂的含水率试验(标准方法)——JGJ 52—2006

1. 仪器设备

(1)烘箱——能使温度控制在(105±5)℃;

(2)天平——称量 1 000 g,感量 1 g;

(3)容器——如浅盘等。

2. 试验步骤

(1)由样品中取各重约 500 g 的试样两份,分别放入已知重量的干燥容器(m_1)中称重,记下每盘试样与容器的总重(m_2)。

(2)将容器连同试样放入温度为(105±5)℃的烘箱中烘干至恒重,称量烘干后的试样与容器的总重(m_3)。

3. 结果整理

砂的含水率w_h 按下式计算,精确至 0.1%:

$$w_h = \frac{m_2-m_3}{m_3-m_1} \times 100\% \tag{2-33}$$

式中　w_h——砂的含水率(%);

　　　m_1——容器质量(g);

　　　m_2——未烘干的试样与容器的总质量(g);

　　　m_3——烘干后的试样与容器的总质量(g)。

以两次试验结果的算术平均值作为测定值。

2.2.4　砂的含水率试验（快速方法）——JGJ 52—2006

本方法适用于快速测定砂的含水率。对含泥量过大及有机杂质含量较多的砂不宜采用。

1. 仪器设备

（1）电炉（或火炉）；

（2）天平——称量 1 000 g，感量 1 g；

（3）炒盘（铁制或铝制）；

（4）油灰铲、毛刷等。

2. 试验步骤

（1）向干净的炒盘中加入约 500 g 试样，称取试样与炒盘的总重（m_2）；

（2）置炒盘于电炉（或火炉）上，用小铲不断地翻拌试样，到试样表面全部干燥后，切断电流（或移出火外），再继续翻拌 1 min，稍予冷却（以免损坏天平）后，称干样与炒盘的总重（m_3）。

3. 结果整理

砂的含水率 w_h 按下式计算，精确至 0.1%：

$$w_h = \frac{m_2 - m_3}{m_3 - m_1} \times 100\%　　　　　　　　　　（2\text{-}34）$$

式中　w_h——砂的含水率（%）；

　　　m_1——炒盘质量（g）；

　　　m_2——未烘干的试样与炒盘的总质量（g）；

　　　m_3——烘干后的试样与炒盘的总质量（g）。

以两次试验结果的算术平均值作为测定值。

2.2.5　碎石或卵石的吸水率试验——JGJ 52—2006

本方法适用于测定碎石或卵石的吸水率，即测定以烘干质量为基准的饱和面干吸水率。

1. 仪器设备

（1）烘箱——能使温度控制在（105±5）℃；

（2）秤——称量 20 kg，感量 20 g；

（3）试验筛——筛孔公称直径为 5.00 mm 的方孔筛一只；

（4）容器、浅盘、金属丝刷和毛巾等。

2. 试样制备

试验前，筛除样品中公称粒径为 5.00 mm 以下的颗粒，然后缩分至两倍于表 2-7 所规定的质量，分成两份，用金属丝刷刷洗干净后备用。

表 2-7　碎石或卵石吸水率试验所需的试样最少质量

最大公称粒径/mm	10.0	16.0	20.0	25.0	31.5	40.0	63.0	80.0
试样最少质量/kg	2	2	4	4	4	6	6	8

3. 试验步骤

（1）取试样一份置于盛水的容器中，使水面高出试样表面 5 mm 左右，24 h 后从水中取出试样，并用拧干的湿毛巾将颗粒表面的水分擦干，即成为饱和面干试样。然后，立即将试样放在浅盘中称取质量(m_2),在整个试验过程中,水温必须保持在$(20\pm5)℃$。

(2)将饱和面干试样连同浅盘置于$(105\pm5)℃$的烘箱中烘干至恒重。然后取出,放入带盖的容器中冷却 $0.5\sim1$ h,称取烘干试样与浅盘的总质量(m_1),称取浅盘的质量(m_3)。

4. 结果整理

吸水率w_m应按下式计算(精确至 0.01%):

$$w_m=\frac{m_2-m_1}{m_1-m_3}\times100\%$$ 　　　(2-35)

式中　　w_m——吸水率(%);

　　　　m_1——烘干后试样与浅盘的总质量(g);

　　　　m_2——烘干前饱和面干试样与浅盘的总质量(g);

　　　　m_3——浅盘的质量(g)。

以两次试验结果的算术平均值作为测定值。

2.2.6　碎石或卵石的含水率试验——JGJ 52—2006

1. 仪器设备

(1)烘箱——能使温度控制在$(105\pm5)℃$;

(2)秤——称量 20 kg,感量 20 g;

(3)容器——如浅盘等。

2. 试验步骤

(1)按表 2-8 的要求称取试样,分成两份备用;

表 2-8　碎石或卵石含水率试验所需的试样最少质量

最大公称粒径/mm	10.0	16.0	20.0	25.0	31.5	40.0	63.0	80.0
试样最少质量/kg	2	2	2	2	3	3	4	6

(2)将试样置于干净的容器中,称取试样和容器的总质量(m_1),并在烘箱中烘干至恒重;

(3)取出试样,冷却后称取试样与容器的总质量(m_2),并称取容器的质量(m_3)。

3. 结果整理

含水率w_h按下式计算,精确至 0.1%:

$$w_h=\frac{m_1-m_2}{m_2-m_3}\times100\%$$ 　　　(2-36)

式中　　w_h——含水率(%);

　　　　m_1——烘干前的试样与容器的总质量(g);

　　　　m_2——烘干后的试样与容器的总质量(g);

　　　　m_3——容器质量(g)。

以两次试验结果的算术平均值作为测定值。

 知识拓展

1. 材料的力学性质

1)材料受力状态

材料在受外力作用时，由于作用力的方向和作用线（点）的不同，表现为不同的受力状态，典型的受力情况如图 2-3 所示。

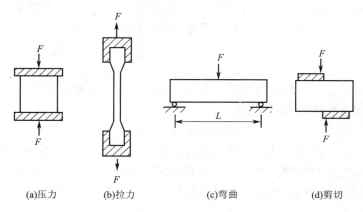

　　　　(a)压力　　　　(b)拉力　　　　　　(c)弯曲　　　　　　(d)剪切

图 2-3　材料的受力状态

2)材料的强度

(1)强度

材料在外力作用下抵抗破坏的能力称为材料的强度，并以单位面积上所能承受的荷载大小来衡量。

材料的强度本质上是材料内部质点间结合力的表现。当材料受外力作用时，其内部便产生应力相抗衡，应力随外力的增大而增大。当应力（外力）超过材料内部质点间的结合力所能承受的极限时，便导致内部质点的断裂或错位，使材料破坏。此时的应力为极限应力，通常用来表示材料强度的大小。

根据材料的受力状态，材料的强度可分为抗压强度、抗拉强度、抗弯（折）强度和抗剪强度。

抗压强度、抗拉强度、抗剪强度的计算式如下：

$$f = \frac{F}{A} \tag{2-37}$$

式中　f——材料的抗压、抗拉、抗剪强度（MPa）；

　　　F——材料承受的最大荷载（N）；

　　　A——材料的受力面积（mm^2）。

抗弯（折）强度在图 1.4(c)受力状态时的计算式如下：

$$f = \frac{3FL}{2bh^2} \tag{2-38}$$

式中　f——材料的抗弯（折）强度（MPa）；

　　　F——材料承受的最大荷载（N）；

　　　b——材料受力截面的宽度（mm）；

　　　h——材料受力截面的高度（mm）。

材料的强度与其组成和构造有关。不同种类的材料抵抗外力的能力不同；同类材料当其内部构造不同时，其强度也不同。致密度越高的材料，强度越高。同类材料抵抗不同外力作用的能力也不相同；尤其是内部构造非匀质的材料，其不同外力作用下的强度差别很大。如混凝土、砂浆、砖、石和铸铁等，其抗压强度较高，而抗拉、弯（折）强度较低；钢材的抗拉、抗压强度都较高。

为了掌握材料性能、便于分类管理、合理选用材料、正确进行设计、控制工程质量,常将材料按其强度的大小,划分成不同的等级,称为强度等级,它是衡量材料力学性质的主要技术指标。脆性材料如混凝土、砂浆、砖和石等,主要用于承受压力,其强度等级用抗压强度来划分;韧性材料如建筑钢材,主要用于承受拉力,其强度等级就用抗拉时的屈服强度来划分。

（2）比强度

指单位体积质量材料所具有的强度,即材料的强度与其表观密度的比值（f/ρ_0）。比强度是衡量材料轻质高强特性的技术指标。

土木工程中结构材料主要用于承受结构荷载。多数传统结构材料的自重都较大,其强度相当一部分要用于抵抗自身和其上部结构材料的自重荷载,而影响了材料承受外荷载的能力,使结构的尺度受到很大的限制。随着高层建筑、大跨度结构的发展,要求材料不仅要有较高的强度,而且要尽量减轻其自重,即要求材料具有较高的比强度。轻质高强性能已经成为材料发展的一个重要方向。

（3）弹性与塑性

①弹性与弹性变形

弹性指材料在外力作用下产生变形,当外力去除后,能完全恢复原来形状的性质,这种变形称为弹性变形。弹性变形的大小与所受应力的大小成正比,所受应力与应变的比值称为弹性模量,用"E"表示,它是衡量材料抵抗变形能力的指标。在材料的弹性范围内,E 是一个常数,按下式计算:

$$E = \frac{\sigma}{\varepsilon} \tag{2-39}$$

式中　E——材料的弹性模量（MPa）;

　　　σ——材料所受的应力（MPa）;

　　　ε——材料在应力作用下产生的应变,无量纲。

弹性模量越大,材料抵抗变形能力越强,在外力作用下的变形越小。材料的弹性模量是工程结构设计和变形验算的主要依据之一。

②塑性与塑性变形

塑性指材料在外力作用下产生变形,当外力去除后,仍保持变形后的形状和尺寸的性质。这种不可恢复的变形称为塑性变形。材料的塑性变形是其内部的剪应力作用,致使部分质点间产生相对滑移的结果。

完全的弹性材料或塑性材料是没有的,大多数材料在受力变形时,既有弹性变形,也有塑性变形,只是在不同的受力阶段,变形的主要表现形式不同。当外力去除后,弹性变形部分可以恢复,塑性变形部分不能恢复。有的材料如钢材,在受力不大的情况下,表现为弹性变形,而在受力超过一定限度后,就表现为塑性变形;有的材料如混凝土,受力后弹性变形和塑性变形几乎同时产生。

（4）脆性与韧性

①脆性

指材料在外力作用下,无明显塑性变形而发生突然破坏的性质,具有这种性质的材料称为脆性材料,如普通混凝土、砖、陶瓷、玻璃、石材和铸铁等。一般脆性材料的抗压强度比其抗拉、抗弯强度高很多倍,其抵抗冲击和振动的能力较差,不宜用于承受振动和冲击的结构。

②韧性

指材料在振动或冲击荷载作用下,能吸收较多的能量,并产生较大的变形而不破坏的性质,具有这种性质的材料称为韧性材料,如低碳钢、低合金钢、铝合金、塑料、橡胶、木材和玻璃钢等。材料的韧性用冲击试验来检验,又称为冲击韧性,用冲击韧性值即材料受冲击破坏时单位断面所吸收的能量来衡量。冲击韧性值用"α_k"表示,其计算式如下:

$$\alpha_k = \frac{A_k}{A} \tag{2-40}$$

式中　α_k——材料的冲击韧性值(J/mm^2);

　　　A_k——材料破坏时所吸收的能量(J);

　　　A——材料受力截面积(mm^2)。

韧性材料在外力作用下,会产生明显的变形,变形随外力的增大而增大,外力所做的功转化为变形能被材料所吸收,以抵抗冲击的影响。材料在破坏前所产生的变形越大,所能承受的应力越大,其所吸收的能量就越多,材料的韧性就越强。用于道路、桥梁、轨道、吊车梁及其他受振动影响的结构,应选用韧性较好的材料。

(5)硬度与耐磨性

①硬度

指材料表面抵抗其他硬物压入或刻划的能力。为保持较好表面使用性质和外观质量,要求材料必须具有足够的硬度。非金属材料的硬度用莫氏硬度表示,它是用系列标准硬度的矿物块对材料表面进行划擦,根据划痕确定硬度等级。莫氏硬度等级如表2-9所示。

表 2-9　莫氏硬度等级表

标准矿物	滑石	石膏	方解石	萤石	磷灰岩	长石	石英	黄玉	刚玉	金刚石
硬度等级	1	2	3	4	5	6	7	8	9	10

金属材料的硬度等级常用压入法测定,主要有布氏硬度(HB),是以淬火的钢珠压入材料表面产生的球形凹痕单位面积上所受压力来表示;洛氏硬度(HR),是用金刚石圆锥或淬火的钢球制成的压头压入材料表面,以压痕的深度来表示。硬度大的材料其强度也高,工程上常用材料的硬度来推算其强度,如用回弹法测定混凝土强度,即是用回弹仪测得混凝土表面硬度,再间接推算出混凝土的强度的。

②耐磨性

指材料表面抵抗磨损的能力。耐磨性常以磨损率衡量,以"G"表示,其计算式为

$$G = \frac{m_1 - m_2}{A} \tag{2-41}$$

式中　G——材料的磨损率(g/cm^2);

　$m_1 - m_2$——材料磨损前后的质量损失(g);

　　　A——材料受磨面积(cm^2)。

材料的耐磨性与材料的组成结构、构造、材料强度和硬度等因素有关。材料的硬度越高、越致密,耐磨性越好。路面、地面等受磨损的部位,要求使用耐磨性好的材料。

2.　材料的耐久性

材料的耐久性是指其在长期的使用过程中,能抵抗环境的破坏作用,并保持原有性质不变、不破坏的一项综合性质。由于环境作用因素复杂,耐久性也难以用一个参数来衡量。工程

上通常用材料抵抗使用环境中主要影响因素的能力来评价耐久性,如抗渗性、抗冻性、抗老化和抗碳化等性质。

　　环境对材料的破坏作用,可分为物理作用、化学作用和生物作用,不同材料受到的环境作用及作用程度也不相同。影响材料耐久性的内在因素很多,除了材料本身的组成结构、强度等因素外,材料的致密程度、表面状态和孔隙特征对耐久性影响很大。一般来说,材料的内在结构密实、强度高、孔隙率小、连通孔隙少、表面致密,则抵抗环境破坏能力强,材料的耐久性好。工程上常用提高密实度、改善表面状态和孔隙结构的方法来提高耐久性。土木工程中材料的耐久性与破坏因素的关系如表 2-10 所示。

表 2-10　材料的耐久性与破坏因素的关系

破坏原因	破坏作用	破坏因素	评定指标	常用材料
渗透	物理	压力水	渗透系数、抗渗等级	混凝土、砂浆
冻融	物理	水、冻融作用	抗冻等级	混凝土、砖
磨损	物理	机械力、流水、泥砂	磨蚀率	混凝土、石材
热环境	物理、化学	冷热交替、晶型转变	*	耐火砖
燃烧	物理、化学	高温、火焰	*	防火板
碳化	化学	CO_2、H_2O	碳化深度	混凝土
化学侵蚀	化学	酸、碱、盐	*	混凝土
老化	化学	阳光、空气、水、温度	*	塑料、沥青
锈蚀	物理、化学	H_2O、O_2、Cl^-	电位锈蚀率	钢材
腐朽	生物	H_2O、O_2、菌类	*	木材、棉、毛
虫蛀	生物	昆虫	*	木材、棉、毛
碱—骨料反应	物理、化学	R_2O、H_2O、SiO_2	膨胀率	混凝土

　　注:*表示可参考强度变化率、开裂情况、变形情况等进行评定。

项目小结

　　在学习本项目时应重点掌握材料与质量有关的性质和材料与水有关的性质,能熟练、准确阅读普通混凝土用砂石的质量检测报告,能熟练应用所学知识在工程实践中,对普通混凝土用砂石的基本物理性质进行检测。

复习思考题

　　1. 材料的密度、表观密度及堆积密度有什么区别?怎么测定?它们是否受含水的影响?

　　2. 材料的孔隙率与空隙率有何区别?它们如何计算?对较密实的材料和多孔材料在计算上是否相同?

　　3. 为什么说材料的表观密度是一项重要的基本性质?

　　4. 材料与水有关的性质除了亲水性和憎水性外,还有哪些?各用什么表示?

　　5. 材料的力学性质主要体现在哪些方面?

　　6. 含孔材料吸水后对其性能有何影响?

7. 材料受冻破坏的原因是什么？抗冻性大小如何表示？为什么通过水饱和度可以看出材料的抗冻性能的好坏？

8. 已知某材料的密度为 2.50 g/cm³，视密度为 2.20 g/cm³，表观密度为 2.00 g/cm³。试求该材料的孔隙率、开口孔隙率和闭口孔隙率。

9. 某材料的密度为 2.68 g/cm³，表观密度为 2.34 g/cm³，720 g 绝干的该材料浸水饱和后擦干表面并测得质量为 740 g。求该材料的孔隙率、质量吸水率、体积吸水率、开口孔隙率、闭口孔隙率和视密度(近似密度)。(假定开口孔全可充满水)

10. 破碎的岩石试样经完全干燥后，其质量为 482 g，将其放入盛有水的量筒中，经一定时间石子吸水饱和后，量筒中的水面由原来的 452 mL 刻度上升至 630 mL 刻度。取出石子，擦干表面水分后称得质量为 487 g。试求该岩石的表观密度、体积密度及吸水率。

11. 有一个 1.5 L 的容器，平装满碎石后，碎石重 2.55 kg。为测其碎石的表观密度，将所有碎石倒入一个 7.78 L 的量器中，向量器中加满水后称重为 9.36 kg，试求碎石的表观密度。若在碎石的空隙中又填以砂子，问可填多少升的砂子？

12. 某一块状材料，完全干燥时的质量为 120 g，自然状态下的体积为 50 cm³，绝对密实状态下的体积为 30 cm³。(1)试计算其密度、表观密度和孔隙率。(2)若体积受到压缩，其表观密度为 3.0 g/cm³，其孔隙率减少多少？

13. 何谓材料的弹性变形与塑性变形？何谓塑性材料与脆性材料？

14. 比强度在工程中有何意义？

项目3 水泥性能检测

 项目描述

水泥已成为土木工程中重要的建筑材料,正确合理地选择选用水泥将对保证工程质量和降低工程造价起到重要的作用。本项目主要介绍常用水泥的基本性质及其检测方法。通过该项目的学习,能够对常用水泥的细度、标准稠度用水量、凝结时间、体积安定性和强度进行检测。

 拟实现的教学目标

1. 能力目标

(1)能正确使用试验仪器对通用硅酸盐水泥的基本技术指标进行检测。

(2)能阅读通用硅酸盐水泥的质量检测报告。

2. 知识目标

(1)了解水泥的成分、水泥石的腐蚀与防止、特性水泥等。

(2)掌握通用硅酸盐水泥的技术性质、使用特点和基本技术指标的检测方法。

3. 素质目标

(1)具有良好的职业道德,勤奋学习,勇于进取。

(2)具有科学严谨的工作作风。

(3)具有较强的身体素质和良好的心理素质。

典型工作任务1 水泥细度的筛析试验

水泥是一种粉状矿物胶凝材料,它与水混合后形成浆体,经过一系列物理化学变化,由可塑性浆体变成坚硬的石状体,并能将砂石等散粒材料胶结成为整体。水泥浆体不仅能在空气中凝结硬化,更能在水中凝结硬化,是一种水硬性胶凝材料。

水泥是土木工程最重要的材料之一,也是用量最大的材料,广泛应用于建筑、铁路、公路、水利、海港、国防等工程。作为胶凝材料可与骨料及增强材料制成混凝土、钢筋混凝土、预应力混凝土构件,也可配制砌筑砂浆、装饰、抹面、防水砂浆用于建筑物砌筑、抹面、装饰等。水泥混凝土已经成为了现代社会的基石,在经济社会发展中发挥着重要作用。

土木工程中应用的水泥品种众多,按其主要水硬性物质可分为硅酸盐系水泥、铝酸盐系水泥、硫铝酸盐系水泥、铁铝酸盐系水泥、磷酸盐系水泥、氟铝酸盐系水泥等系列。按水泥的性能及用途可分为三大类,即用于一般土木工程的通用硅酸盐水泥,主要包括硅酸盐水泥、普通硅酸盐水泥、矿渣硅酸盐水泥、火山灰质硅酸盐水泥、粉煤灰硅酸盐水泥和复合硅酸盐水泥等六大硅酸盐系水泥;具有专门用途的专用水泥,如道路水泥、砌筑水泥等;具有某种比较突出性能的特性水泥,如快硬硅酸盐水泥、白色硅酸盐水泥、抗硫酸盐硅酸盐水泥、低热硅酸盐水泥和膨胀水泥等。

本任务将重点介绍用途最广、用量最大的通用硅酸盐水泥试验。水泥性能检验的一般规定如下。

(1)取样

①水泥试验应采用同一水泥厂、同强度等级、同品种、同一生产时间、同一进厂日期的水泥,400 t 为验收批。不足 400 t 时,亦按一验收批计算。

②每一验收批取样一组,数量为 20 kg。

③取样要有代表性,一般可以从 20 个以上的不同部位或 20 袋中取等量样品,总数至少20 kg,拌和均匀后分成两等份,一份由试验室按标准进行试验,一份密封保存备校验用。

④应分别按单位工程取样。

⑤构件厂、搅拌站应在水泥进厂时取样。并根据储存、使用情况定期复验。

(2)试验条件

①试体成型试验室的温度应保持在(20±2)℃,相对湿度应不低于50%。

②试体带模养护的养护箱或雾室温度保持在(20±1)℃,相对湿度不低于90%。

③试体养护池水温度应在(20±1)℃范围内。

④试验室空气温度和相对湿度及养护池水温在工作期间每天至少记录一次。

⑤养护箱或雾室的温度与相对湿度至少每 4 h 记录一次,在自动控制的情况下记录次数可以酌减至一天记录两次。在温度给定范围内,所设定的控制温度应为此范围中值。

3.1.1　基本知识

1. 通用硅酸盐水泥的定义

按国家标准 GB 175—2007《通用硅酸盐水泥》规定,通用硅酸盐水泥是以硅酸盐水泥熟料和适量的石膏及规定的混合材料制成的水硬性胶凝材料。

通用硅酸盐水泥按混合材料的品种和掺量分为硅酸盐水泥、普通硅酸盐水泥、矿渣硅酸盐水泥、火山灰质硅酸盐水泥、粉煤灰硅酸盐水泥和复合硅酸盐水泥。各品种的组分和代号应符合表 3-1 的规定。

表 3-1　通用硅酸盐水泥的组分(%)

品种	代号	组　分				
		熟料+石膏	粒化高炉矿渣	火山灰质混合材料	粉煤灰	石灰石
硅酸盐水泥	P·Ⅰ	100	-	-	-	-
	P·Ⅱ	≥95	≤5	-	-	-
		≥95	-	-	-	≤5
普通硅酸盐水泥	P·O	≥80 且<95	>5 且≤20			-
矿渣硅酸盐水泥	P·S·A	≥50 且<80	>20 且≤50	-	-	-
	P·S·B	≥30 且<50	>50 且≤70	-	-	-
火山灰质硅酸盐水泥	P·P	≥60 且<80	-	>20 且≤40	-	-
粉煤灰硅酸盐水泥	P·F	≥60 且<80	-	-	>20 且≤40	-
复合硅酸盐水泥	P·C	≥50 且<80	>20 且≤50			

普通硅酸盐水泥、矿渣硅酸盐水泥、火山灰质硅酸盐水泥、粉煤灰硅酸盐水泥和复合硅酸盐水泥的组分材料为活性混合材料,允许用不超过水泥质量8%的非活性混合材料或不超过水泥质量5%的窑灰代替。

2. 通用硅酸盐水泥的凝结硬化的概念

水泥用适量的水调和后,最初形成具有可塑性的浆体——水泥浆,然后逐渐变稠失去可塑性,这一过程称为凝结。然后强度逐渐提高,最后变成坚硬的石状物——水泥石,这一过程称为硬化。水泥的凝结和硬化是人为划分的,实际上它是一个连续、复杂的物理化学变化过程,这些变化决定了水泥石的某些性质,对水泥石的应用有着重要意义。

3. 通用硅酸盐水泥的细度

细度是指水泥颗粒的粗细程度。颗粒越细,比表面积(单位质量水泥粉末所具有的总表面积)就越大,与水的接触面也越大,水化速度快且深入,因而凝结硬化速度快,早期强度和后期强度较高。若颗粒粗则相反。一般认为水泥颗粒的粒径小于 40 μm 时才具有较高和活性,而大于 90 μm 的颗粒几乎接近于惰性物质。但若水泥颗粒过细,则磨细过程耗能大,水泥成本高,且会使水泥石的硬化收缩增大,也是不利的。所以水泥的细度宜掌握一个适宜的程度。水泥颗粒粒径一般在 7~200 μm 范围内。

国家标准 GB 175—2007《通用硅酸盐水泥》规定,水泥的细度可用比表面积或 0.08 mm(或 0.045 mm)方孔筛的筛余量(未通过部分占试样总量的百分率)来表示。其筛余量不得超过规定的限值。比表面积是指单位质量的水泥粉末所具有的表面积的总和(cm^2/g 或 m^2/kg),一般为 317~350 m^2/kg。

硅酸盐水泥和普通硅酸盐水泥以比表面积表示,不小于 300 m^2/kg;矿渣硅酸盐水泥、火山灰质硅酸盐水泥、粉煤灰硅酸盐水泥和复合硅酸盐水泥以筛余量表示,80 μm 方孔筛筛余不大于 10%或 45 μm 方孔筛筛余不大于 30%。其中比表面积按 GB/T 8074《水泥比表面积测定方法(勃氏法)》进行试验。80 μm 和 45 μm 筛余按 GB/T 1345《水泥细度检验方法(筛析法)》进行试验。

3.1.2　试验准备工作

1. 仪器设备

1)分类

根据 GB/T 1345《水泥细度检验方法(筛析法)》的规定,按筛析试验方法的不同水泥标准筛分负压筛、水筛和手工干筛三种,其中每种筛又分为方孔边长 0.045 mm 和 0.080 mm 两种规格。

负压筛析法是利用负压筛析仪,通过负压源产生的恒定气流,在规定筛析时间内使试验筛内的水泥达到筛分。

水筛法是将试验筛放在水筛座上,用规定压力的水流,在规定时间内使试验筛内的水泥达到筛分。

手工筛析法是将试验筛放在接料盘(底盘)上,手工按照规定的拍打速度和转动角度,对水泥进行筛析试验。

2)试验筛

试验前所用试验筛应保持清洁,负压筛和手工筛应保持干燥。

(1)试验筛由圆形筛框和筛网组成,筛网符合 GB/T 6005《试验筛　金属丝编织网、穿孔板和电成型薄板、筛孔的基本尺寸》中 80 μm 和 45 μm 的要求,分负压筛、水筛和手工筛三种,负压筛和水筛的结构尺寸如图 3-1 和图 3-2 所示,负压筛应附有透明筛盖,筛盖与筛上口应有良好的密封性。手工筛结构符合 GB/T 6003.1《金属丝编织网试验筛》,其中筛框高度为 50 mm,筛子的直径为 150 mm。

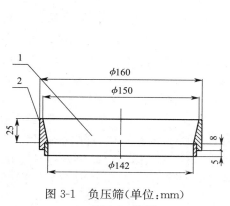

图 3-1　负压筛(单位:mm)

1—筛网;2—筛框

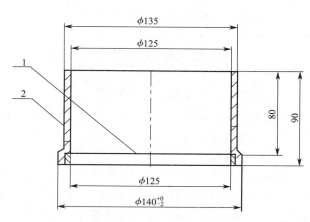

图 3-2　水筛(单位:mm)

1—筛网;2—筛框

(2)筛网应紧绷在筛框上,筛网和筛框接触处,应用防水胶密封,防止水泥嵌入。

(3)筛孔尺寸的检验方法按 GB/T 6003.1《金属丝编织网试验筛》进行。由于物料会对筛网产生磨损,试验筛每使用 100 次后需重新标定。

3)负压筛析仪

(1)负压筛析仪由旋风筒、负压源、收尘系统、筛座、控制指示仪表和负压筛盖等组成,其中筛座由转速为(30±2)r/min 的喷气嘴、负压表、控制板、微电机及壳体构成,如图 3-3 所示。

(2)筛析仪负压可调范围为 4 000～6 000 Pa。

(3)喷气嘴上口平面与筛网之间距离为 2～8 mm。

(4)喷气嘴的上开口尺寸如图 3-4 所示。

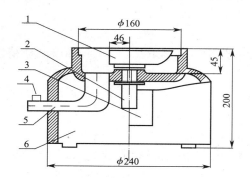

图 3-3　负压筛析仪筛座示意图(单位:mm)

1—喷气嘴;2—微电机;3—控制板开口;
4—负压表接口;5—负压源及收尘器接口;6—壳体

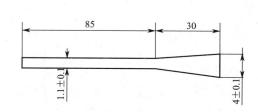

图 3-4　喷气嘴上开口(单位:mm)

(5)负压源和收尘器,由功率≥600 W 的工业吸尘器和小型旋风收尘筒组成。

4)水筛架和喷头

水筛架和喷头的结构尺寸应符合 JC/T 728《水泥物理检验仪器　标准筛规定》，其中水筛架上筛座内径为 140_{-3}^{+0} mm。

5）天平

最小分度值不大于 0.01 g。

2. 水泥试验筛的标定

1）原理

用标准样品在试验筛上的测量值，与标准样品的标准值的比值来反映试验筛筛孔的准确度。

水泥细度标准样品应符合 GSB 14-1511—2009《水泥细度和比表面积标准样》要求，或相同等级的标准。有争议时以 GSB 14-1511—2009 标准样品为准。

被标定试验筛应事先经过清洗，去污，干燥（水筛除外），并和标定试验室温度一致。

2）标定操作

将标准样装入干燥洁净的密闭广口瓶中，盖上盖子摇动 2 min，消除结块。静置 2 min 后，用一根干燥洁净的搅拌棒搅匀样品。称量标准样品精确至 0.01 g，将标准样品倒进被标定试验筛，中途不得有任何损失。接着进行筛析试验操作。每个试验筛的标定应称取两个标准样品连续进行，中间不得插做其他样品试验。

3）标定结果

两个样品结果的算术平均值为最终值，但当两个样品筛余结果相差大于 0.3% 时应称取第三个样品进行试验，并取接近的两个结果进行平均作为最终结果。

修正系数按下式计算：

$$C = F_s / F_t \qquad\qquad (3\text{-}1)$$

式中　C——试验筛修正系数，精确至 0.01；

　　　F_s——标准样品的筛余标准值（%）；

　　　F_t——标准样品在试验筛上的筛余值（%）。

4）合格判定

（1）当 C 值在 0.80~1.20 范围内时，试验筛可继续使用，C 可作为结果修正系数。

（2）当 C 值超出 0.80~1.20 范围时，试验筛应予以淘汰。

3. 材料的准备

试验时，80 μm 筛析试验称取试样 25 g，45 μm 筛析试验称取试样 10 g，称取试样精确至 0.01 g。

3.1.3　试验过程

1. 负压筛析法

（1）筛析试验前应把负压筛放在筛座上，盖上筛盖，接通电源，检查控制系统，调节负压至 4 000~6 000 Pa 范围内。

（2）将称取试样置于洁净的负压筛中，放在筛座上，盖上筛盖，接通电源，开动筛析仪连续筛析 2 min，在此期间如有试样附着在筛盖上，可轻轻地敲击筛盖使试样落下。筛毕，用天平称量全部筛余物。

2. 水筛法

（1）筛析试验前，应检查水中是否无泥、砂，调整好水压及水筛架的位置，使其能正常运转，并控制喷头底面和筛网之间距离为 35~75 mm。

(2)将称取试样置于洁净的水筛中,用淡水冲洗至大部分细粉通过后,放在水筛架上,用水压为(0.05±0.02)MPa 的喷头连续冲洗 3 min。筛毕,用少量水把筛余物冲至蒸发皿中,等水泥颗粒全部沉淀后,小心倒出清水,烘干并用天平称量全部筛余物。

3. 手工筛析法

(1)将称取水泥试样倒入手工筛内。

(2)用一只手持筛往复摇动,另一只手轻轻拍打,往复摇动和拍打过程应保持近于水平的状态。拍打速度每分钟约 120 次,每 40 次向同一方向转动 60°,使试样均匀分布在筛网上,直至每分钟通过的试样量不超过 0.03 g 为止。称量全部筛余物。

4. 注意事项

对其他粉状物料,或采用 45~80 μm 以外规格方孔筛进行筛析试验时,应指明筛子的规格、称样量、筛析时间等相关参数。

5. 试验筛的清洗

试验筛必须经常保持洁净,筛孔通畅,使用 10 次后要进行清洗。金属框筛、铜丝网筛清洗时应用专门的清洗剂,不可用弱酸浸泡。

3.1.4　试验结果计算及处理

1. 计算

水泥试样筛余百分数按下式计算:

$$F = 100R_t/W \tag{3-2}$$

式中　F——水泥试样的筛余百分数(%);

　　　R_t——水泥筛余物的质量(g);

　　　W——水泥试样的质量(g)。

结果计算至 0.1%。

2. 筛余结果的修正

试验筛的筛网会在试验中磨损,因此筛析结果应进行修正。将式(3-2)计算结果乘以该试验筛经标定后得到的有效修正系数即为最终结果。例如用 A 号试验筛对某水泥样的筛余值为 5.0%,而 A 号试验筛的修正系数为 1.10,则该水泥样的最终结果为 5.0%×1.10=5.5%。

合格评定时,每个样品应称取两个试样分别筛析,取筛余平均值为筛析结果。若两次筛余结果绝对误差大于 0.3%时(筛余值大于 5.0%时可放至 1.0%)应再做一次试验,取两次相近结果的算术平均值,作为最终结果。

3. 试验结果

负压筛析法、水筛法和手工筛析法测定的结果发生争议时,以负压筛析法为准。

知识拓展

1. 硅酸盐系水泥的生产

生产硅酸盐系水泥的原料主要是石灰石、黏土和铁矿石粉,煅烧一般用煤作燃料。石灰石主要提供 CaO,黏土主要提供 SiO_2、Al_2O_3 和 Fe_2O_3,铁矿石粉主要是补充 Fe_2O_3 的不足。

硅酸盐水泥的生产工艺流程可用图 3-5 表示。

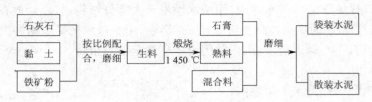

图 3-5 硅酸盐系水泥的生产工艺流程

硅酸盐系水泥的生产有三大主要环节,即生料制备、熟料烧成和水泥制成,这三大环节的主要设备是生料粉磨机、水泥熟料煅烧窑和水泥粉磨机,其生产过程常形象地概括为"两磨一烧"。水泥生产工艺按生料制备时加水制成料浆的称为湿法生产,干磨成粉料的称为干法生产;由于生料煅烧成熟料是水泥生产的关键环节,因此,水泥的生产工艺也常以煅烧窑的类型来划分。生料在煅烧过程中要经过干燥、预热、分解、烧成和冷却五个环节,通过一系列物理、化学变化,生成水泥矿物,形成水泥熟料,为使生料能充分反应,窑内烧成温度要达到 1 450 ℃。目前,我国水泥熟料的煅烧主要有以悬浮预热和窑外分解技术为核心的新型干法生产工艺、回转窑生产工艺和立窑生产工艺等几种。由于新型干法生产工艺具有规模大、质量好、消耗低、效率高的特点,已经成为发展方向和主流,而传统的回转窑和立窑生产工艺由于技术落后、消耗高、效率低正逐渐被淘汰。

硅酸盐系水泥生产中,须加入适量石膏和混合材料,加入石膏的作用是延缓水泥的凝结时间,以满足使用的要求;加入混合材料则是为了改善其品种和性能,扩大其使用范围。

2. 硅酸盐系水泥的成分

1)硅酸盐水泥熟料

在煅烧过程中,配成生料的各种原料首先要分解,然后在更高的温度下形成各种新的矿物。硅酸盐类水泥熟料的主要矿物有硅酸三钙(C_3S)、硅酸二钙(C_2S),铝酸三钙(C_3A),铁铝酸四钙(C_4AF),水化硬化特性见表 3-2。水泥熟料是以上四种矿物的混合物,其中每种矿物单独水化都具有一定的特点。如果改变熟料中矿物成分的比例,水泥的性质也将随着改变。因水泥强度随时间不断发展,研究其强度时,一般划分为早期强度和后期强度。

表 3-2 熟料矿物的水化硬化特性

矿物名称	水化速率	28 d 水化热	凝结硬化速率	强度		耐化学侵蚀性
				早期	后期	
C_3S	快	多	快	高	高	中
C_2S	慢	少	慢	低	高	良
C_3A	最快	最多	最快	低	低	差
C_4AF	快	中	快	低	低	优

(1)硅酸三钙

硅酸三钙的化学成分为 $3CaO \cdot SiO_2$,其简写为 C_3S。它是硅酸盐水泥熟料中最主要的矿物成分,约占水泥熟料总量的 $36\% \sim 60\%$。

在常温下硅酸三钙的水化反应如下:

$$3CaO \cdot SiO_2 + nH_2O = xCaO \cdot SiO_2 \cdot yH_2O + (3-x)Ca(OH)_2$$

简写为 $\qquad$ $C_3S+nH=C\text{-}S\text{-}H+(3-x)CH$

其水化产物为水化硅酸钙和氢氧化钙。水化硅酸钙为凝胶体,显微结构是纤维状,称为 C-S-H 凝胶,其组成的 CaO/SiO_2 分子比(简写为 C/S)和 H_2O/SiO_2 分子比(简写为 H/S)都在较大范围内波动。氢氧化钙为组成固定的晶体,易溶于水。

硅酸三钙水化速率很快,水化放热量大。生成的 C-S-H 凝胶构成具有很高强度的空间网络结构,是水泥强度的主要来源,其凝结时间正常,早期和后期强度都较高。

(2)硅酸二钙

硅酸二钙的化学成分为 $2CaO \cdot SiO_2$,其简写为 C_2S,约占水泥熟料总量的 15%～37%。

硅酸二钙的水化与硅酸三钙相似,但水化速率慢很多,其水化反应如下:

$$2CaO \cdot SiO_2+nH_2O=xCaO \cdot SiO_2 \cdot yH_2O+(2-x)Ca(OH)_2$$

简写为 $\qquad$ $C_2S+nH=C\text{-}S\text{-}H+(2-x)CH$

其水化产物中水化硅酸钙在 C/S 和形貌方面都与 C_3S 的水化产物无大的区别,也称为 C-S-H 凝胶。而氢氧化钙的生成量较 C_3S 的少,且结晶比较粗大。

在硅酸盐水泥熟料矿物质中,硅酸二钙水化速率最慢,但后期增长快,水化放热量小;其早期强度低,后期强度增长,可接近甚至超过硅酸三钙的强度,它不影响水泥的凝结,是保证水泥后期强度增长的主要因素。

(3)铝酸三钙

铝酸三钙的化学成分是 $3CaO \cdot Al_2O_3$,其简写为 C_3A,约占水泥熟料总量的 7%～15%。

铝酸三钙水化产物通称为水化铝酸钙,其组成和结构受液相中 CaO 浓度和温度的影响较大,在常温下生成介稳状态的水化铝酸钙,常温下典型的水化反应为

$$2(3CaO \cdot Al_2O_3)+27H_2O=4CaO \cdot Al_2O_3 \cdot 19H_2O+2CaO \cdot Al_2O_3 \cdot 8H_2O$$

简写为 $\qquad$ $2C_3A+27H=C_4AH_{19}+C_2AH_8$

这些水化铝酸钙为片状晶体,最终会转化为等轴晶的水化铝酸三钙 $3CaO \cdot Al_2O_3 \cdot 6H_2O$(简写为 C_3AH_6)。当温度高于 35 ℃时,C_3A 则会直接水化成 C_3AH_6,因此,C_3A 的最终水化反应可表示为

$$3CaO \cdot Al_2O_3+6H_2O=3CaO \cdot Al_2O_3 \cdot 6H_2O$$

简写为 $\qquad$ $C_3A+6H=C_3AH_6$

在硅酸盐水泥熟料矿物质中,铝酸三钙水化速率最快,水化放热量大且放热速率快。其早期强度增长快,但强度值并不高,后期几乎不再增长,对水泥的早期(3d 以内)强度有一定的影响。由于 C_3AH_6 为立方体晶体,是水化铝酸钙中结合强度最低的产物,它甚至会使水泥后期强度下降。水化铝酸钙凝结速率快,会使水泥产生快凝现象。因此,在水泥生产时要加入缓凝剂——石膏,以使水泥凝结时间正常。

(4)铁铝酸四钙

铁铝酸四钙的化学成分为 $4CaO \cdot Al_2O_3 \cdot Fe_2O_3$,其简写为 C_4AF,约占水泥熟料总量的 10%～18%。

铁铝酸四钙是熟料中铁相固溶体的代表,氧化铁的作用与氧化铝的作用相似,可看作 C_3A 中一部分氧化铝被氧化铁所取代。其水化反应及产物与 C_3A 相似,生成水化铝酸钙与水化铁酸钙的固溶体,其反应可表示为

$$4CaO \cdot Al_2O_3 \cdot Fe_2O_3+7H_2O=3CaO \cdot Al_2O_3 \cdot 6H_2O+CaO \cdot Fe_2O_3 \cdot H_2O$$

简写为 $\qquad$ $C_4AF+7H=C_3AH_6+CFH$

铁铝酸四钙水化速率较快,仅次于C_3A,水化热不高,凝结正常,其强度值较低,但抗折强度相对较高。提高C_4AF的含量,可降低水泥的脆性,有利于道路等有振动交变荷载作用的应用场合。

硅酸盐水泥熟料矿物的强度增长情况比较如图3-6所示。

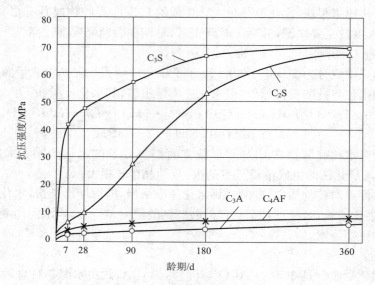

图3-6　各矿物强度增长曲线

2)石膏

水泥成分中的C_3A水化很快,会使水泥发生速凝现象,对施工极为不利。为了调节水泥的凝结时间,以适应施工要求,在水泥生产过程中,需要加入少量的石膏,掺量要与水泥中C_3A的含量相适应,一般掺量为3%～5%,可用天然二水石膏、无水硬石膏或工业副产品石膏等。

3)混合材料

在磨制水泥时加入的天然或人工矿物材料称为混合材料。混合材料的加入可以改善水泥的某些性能,拓宽水泥强度等级,扩大应用范围,并能降低水泥生产成本;掺加工业废料作为混合材料,能有效减少污染,有利于环境保护和可持续发展。水泥混合材料包括非活性混合材料、活性混合材料和窑灰,其中活性混合材料的应用量最大。为确保工程质量,凡国家标准中没有规定的混合材料品种,禁止使用。

(1)非活性混合材料

在常温下,加水拌和后不能与水泥、石灰或石膏发生化学反应的混合材料称为非活性混合材料,又称填充性混合材料。非活性混合材料加入水泥中的作用是提高水泥产量,降低生产成本,降低强度等级,减少水化热,改善耐腐蚀性和和易性等。这类材料有磨细的石灰石、石英砂、慢冷矿渣、黏土和各种符合要求的工业废渣等。由于非活性混合材料加入会降低水泥强度,其加入量一般较少。

(2)活性混合材料

在常温下,加水拌和后能与水泥、石灰或石膏发生化学反应,生成具有一定水硬性的胶凝产物的混合材料称为活性混合材料。活性混合材料的加入可起同非活性混合材料相同的作用。因活性混合材料的掺加量较大,改善水泥性质的作用更加显著,而且当其活性激发后可使水泥后期强度大大提高,甚至赶上同等级的硅酸盐水泥。常用的活性混合材料有粒化高炉矿渣、火山灰质材料和粉煤灰等。

①粒化高炉矿渣

粒化高炉矿渣是高炉冶炼生铁时,将浮在铁水表面的熔融物经水淬等急冷处理而成的松散颗粒,又称为水淬矿渣。粒化高炉矿渣的主要化学成分是 CaO、SiO_2、Al_2O_3 和少量 MgO、Fe_2O_3。急冷的矿渣结构为不稳定的玻璃体,具有较大的化学潜能,其主要活性成分是活性 SiO_2 和活性 Al_2O_3。常温下能与 $Ca(OH)_2$ 反应,生成水化硅酸钙、水化铝酸钙等具有水硬性的产物,从而产生强度。在用石灰石做熔剂的矿渣中,含有少量 C_2S,本身就具有一定的水硬性,加入激发剂磨细就可制得无熟料水泥。

②火山灰质混合材料

天然火山灰材料是火山喷发时形成的一系列矿物,如火山灰、凝灰岩、浮石、沸石和硅藻土等;人工火山灰是与天然火山灰成分和性质相似的人造矿物或工业废渣,如烧黏土、粉煤灰、煤矸石渣和煤渣等。火山灰的主要活性成分是活性 SiO_2 和活性 Al_2O_3,在激发剂作用下,可发挥出水硬性。

③粉煤灰

粉煤灰是火力发电厂以煤粉作燃料,燃烧后收集下来的极细的灰渣颗粒,为球状玻璃体结构,也是一种火山灰质材料。

（3）窑灰

窑灰是水泥回转窑窑尾废气中收集下的粉尘,活性较低,一般作为非活性混合材料加入,以减少污染,保护环境。

4）水泥中的有害成分

水泥中除了上述的有用成分外,还有少量有害成分,如游离 CaO、游离 MgO、过量的 SO_3,碱性物质 Na_2O 和 K_2O 等,它们会对水泥的安定性、耐久性产生不良影响,应加以限制,其总含量一般不超过水泥质量的 5%。

典型工作任务 2　水泥标准稠度用水量试验

3.2.1　通用硅酸盐水泥的技术性质

根据国家标准 GB 175—2007《通用硅酸盐水泥》的规定,通用硅酸盐水泥的主要技术性质如下所述。

1. 化学指标

化学指标应符合表 3-3 规定。

表 3-3　通用硅酸盐水泥化学指标(%)

品种	代号	不溶物 (质量分数)	烧失量 (质量分数)	三氧化硫 (质量分数)	氧化镁 (质量分数)	氯离子 (质量分数)
硅酸盐水泥	P·I	≤0.75	≤3.0	≤3.5	≤5.0[a]	≤0.06[c]
	P·II	≤1.50	≤3.5			
普通硅酸盐水泥	P·O	-	≤5.0			
矿渣硅酸盐水泥	P·S·A	-	-	≤4.0	≤6.0[b]	
	P·S·B	-	-		-	

续上表

品种	代号	不溶物 (质量分数)	烧失量 (质量分数)	三氧化硫 (质量分数)	氧化镁 (质量分数)	氯离子 (质量分数)
火山灰质硅酸盐水泥	P·P	—	—			
粉煤灰硅酸盐水泥	P·F	—	—	≤3.5	≤6.0^b	≤0.06^c
复合硅酸盐水泥	P·C	—	—			

　　^{a} 如果水泥压蒸试验合格,则水泥中氧化镁的含量(质量分数)允许放宽至 6.0%。

　　^{b} 如果水泥中氧化镁的含量(质量分数)大于 6.0%时,需进行水泥压蒸安定性试验并合格。

　　^{c} 当有更低要求时,该指标由买卖双方协商确定。

　　不溶物是指经盐酸处理后的不溶残渣,再以氢氧化钠溶液处理,经盐酸中和、过滤后所得的残渣,再经高温灼烧所剩的物质。不溶物含量高对水泥质量有不良影响。

　　用烧失量来限制石膏和混合材料中杂质含量,以保证水泥质量。

　　三氧化硫过量会与铝酸钙矿物生成较多的钙矾石,产生较大的体积膨胀,引起水泥安定性不良。

　　氧化镁结晶粗大,水化缓慢,且水化生成的 $Mg(OH)_2$ 体积膨胀达 1.5 倍,过量会引起水泥安定性不良。需以压蒸的方法加快其水化,方可判断其安定性。

　　2. 碱含量(选择性指标)

　　当混凝土骨料中含有活性二氧化硅时,会与水泥中的碱相互作用形成碱的硅酸盐凝胶,由于后者体积膨胀可引起混凝土开裂,造成结构的破坏,这种现象称为"碱—骨料反应"。它是影响混凝土耐久性的一个重要因素。碱—骨料反应与混凝土中的总碱量、骨料及使用环境等有关。为防止碱—骨料反应,有关标准对碱含量做出了相应规定。

　　水泥中碱含量按 $Na_2O+0.658K_2O$ 计算值表示。若使用活性骨料,用户要求提供低碱水泥时,水泥中的碱含量应不大于 0.60%或由买卖双方协商确定。

　　3. 物理指标

　　(1)凝结时间

　　初凝为水泥加水拌和时起至标准稠度净浆开始失去可塑性所需的时间;终凝为水泥加水拌和时起至标准稠度净浆完全失去可塑性并开始产生强度所需的时间。水泥的标准稠度用水量和凝结时间的测定按国家标准 GB 1346—2001《水泥标准稠度用水量、凝结时间、安定性检验方法》进行。

　　为使水泥混凝土和砂浆有充分的时间进行搅拌、运输、浇捣和砌筑,水泥初凝时间不能过短。当施工完成,则要求尽快硬化,具有强度,故终凝时间不能太长。

　　硅酸盐水泥初凝不小于 45 min,终凝不大于 390 min;普通硅酸盐水泥、矿渣硅酸盐水泥、火山灰质硅酸盐水泥、粉煤灰硅酸盐水泥和复合硅酸盐水泥初凝不小于 45 min,终凝不大于 600 min。

　　(2)安定性

　　用沸煮法检验必须合格。测试方法按国家标准 GB 1346—2001《水泥标准稠度用水量、凝结时间、安定性检验方法》进行。可以用试饼法也可用雷氏法,有争议时以雷氏法为准。

　　安定性是指水泥在凝结硬化过程中体积变化的均匀性。当水泥浆体硬化过程发生不均匀的体积变化,就会导致水泥石膨胀开裂、翘曲,甚至失去强度,此即安定性不良。安定性不良的水泥会降低建筑物质量,甚至引起严重事故。水泥安定性不良主要是由水泥熟料中游离氧化钙、游离氧化镁过多或是石膏掺量过多等因素造成的三氧化硫过多引起的,其原因如下。

水泥熟料中的氧化钙是在约 900 ℃时由石灰石分解产生,大部分结合成熟料矿物,未形成熟料矿物的游离部分成为过烧的 CaO,在水泥凝结硬化后,会缓慢与水生成 $Ca(OH)_2$。该反应体积膨胀可达 1.5～2 倍左右,使水泥石发生不均匀体积变化。游离氧化钙对安定性的影响不仅与其含量有关,还与水泥的煅烧温度有关,故难以定量。沸煮可加速氧化钙的水化,故需用沸煮法检验水泥的体积安定性。

水泥中的氧化镁(MgO)呈过烧状态,结晶粗大,在水泥凝结硬化后,会与水生成 $Mg(OH)_2$。该反应比过烧的氧化钙与水的反应更加缓慢,且体积膨胀,会在水泥硬化几个月后导致水泥石开裂。当石膏掺量过多或水泥中 SO_3 过多时,水泥硬化后,在有水存在的情况下,它还会继续与固态的水化铝酸钙反应生成高硫型水化硫铝酸钙(钙矾石),体积约增大 1.5 倍,引起水泥石开裂。氧化镁和三氧化硫已在国家标准中作了定量限制,以保证水泥安定性良好。

(3)强度

水泥强度是水泥的主要技术性质,是评定其质量的主要指标。强度等级按 3 d 和 28 d 的抗压强度和抗折强度来划分,有代号 R 的为早强型水泥。

(4)细度(选择性指标)

硅酸盐水泥和普通硅酸盐水泥以比表面积表示,不小于 300 m^2/kg;矿渣硅酸盐水泥、火山灰质硅酸盐水泥、粉煤灰硅酸盐水泥和复合硅酸盐水泥以筛余表示,80 μm 方孔筛筛余不大于 10%或 45 μm 方孔筛筛余不大于 30%。

3.2.2 合格品与不合格品的判定

GB 175—2007《通用硅酸盐水泥》自实施之日(2008 年 6 月 1 日)起代替 GB 175—1999《硅酸盐水泥、普通硅酸盐水泥》、GB 1344—1999《矿渣硅酸盐水泥、火山灰质硅酸盐水泥、粉煤灰硅酸盐水泥》、GB 12958—1999《复合硅酸盐水泥》三个标准。该标准取消了废品判定,只规定了合格品和不合格品。

合格品与不合格品的判定规则:

检验结果符合化学指标、凝结时间、安定性和强度者为合格品。

检验结果不符合化学指标、凝结时间、安定性和强度中的任何一项技术要求即为不合格品。

3.2.3 标准稠度用水量

稠度是水泥浆达到一定流动度时的需水量。为使水泥凝结时间和安定性的测定结果具有可比性,在此两项测定时必须采用标准稠度的水泥净浆。"标准稠度"是人为规定的稠度,通常用水与水泥质量的比(百分数)来表示,其用水量采用水泥标准稠度测定仪测定。硅酸盐水泥的标准稠度用水量一般在 21%～28%之间。

标准稠度用水量测定的原理:水泥标准稠度净浆对标准试杆(或试锥)的沉入具有一定阻力。通过试验不同含水量水泥净浆的穿透性,确定水泥标准稠度净浆中所需加入的水量。试验方法有标准法和代用法。

3.2.4　试验准备工作

1. 仪器设备

（1）水泥净浆搅拌机：搅拌叶片转速为 90 r/min，搅拌锅内径为 130 mm，深为 95 mm。锅底、锅壁与搅拌翅的间隙为 0.2～0.5 mm。

（2）代用法维卡仪、试锥及锥模：如图 3-7 所示。

（3）标准法维卡仪、试杆和试模：如图 3-8 所示。基本同代用法维卡仪，用试杆取代试锥，用截顶圆锥模取代锥模。标准稠度测定用试杆有效长度为（50±1）mm、由直径为（10±0.05）mm 的圆柱形耐腐蚀金属制成。滑动部分的总质量为（300±1）g。与试杆连接的滑动杆表面应光滑，能靠重力自由下落，不得有紧涩和晃动现象。

盛装水泥净浆的试模应由耐腐蚀的、有足够硬度的金属制成。试模为深（40±0.2）mm、顶内径（65±0.5）mm、底内径（75±0.5）mm 的截顶圆锥体。

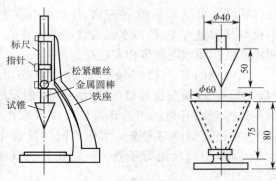

图 3-7　标准稠度及凝结时间测定仪、
试锥及锥模（单位：mm）

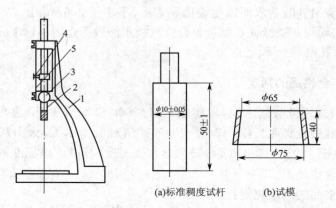

(a)标准稠度试杆　　　(b)试模

图 3-8　标准法维卡仪、试杆和试模（单位：mm）
1—铁座；2—金属圆棒；3—松紧螺丝；4—指针；5—标尺

（4）平板玻璃：每只试模应配备一个宽度大于试模底宽、厚度≥2.5 mm 的平板玻璃底板。

（5）量水器：最小刻度为 0.1 mL，精度 1%。

（6）天平：最大称量不小于 1 000 g，分度值不大于 1 g。

（7）小刀。

2. 仪器设备准备

试验前必须做到：

（1）维卡仪的金属棒能自由滑动；

（2）搅拌机运行正常。

3. 确定零点

用标准法测定标准稠度用水量时,试验前必须确保试杆接触玻璃板时指针对准零点;用代用法测定标准稠度用水量时,试验前必须确保试锥接触锥模顶面时指针对准零点。

4. 材料的准备

称取水泥 500 g。

试验用水必须是洁净的淡水,如有争议时也可用蒸馏水。

用标准法测定标准稠度用水量时采用调整水量法。

采用代用法测定水泥标准稠度用水量可任选调整水量和不变水量两种方法之一。

采用调整水量法时拌和水量按经验加水,采用不变水量法时拌和水量为 142.5 mL。

3.2.5 试验过程

1. 水泥净浆的拌制

用水泥净浆搅拌机搅拌,搅拌锅和搅拌叶片先用湿布擦过,将拌和水倒入搅拌锅内,然后在 5~10 s 内小心将称好的 500 g 水泥加入水中,防止水和水泥溅出;拌和时,先将锅放在搅拌机的锅座上,升至搅拌位置,启动搅拌机,低速搅拌 120 s,停 15 s,同时将叶片和锅壁上的水泥浆刮入锅中间,接着高速搅拌 120 s 停机。

2. 用标准法测定标准稠度用水量

拌和结束后,立即将拌制好的水泥净浆装入已置于玻璃底板上的试模中,用小刀插捣,轻轻振动数次,刮去多余的净浆;抹平后迅速将试模和底板移到维卡仪上,并将其中心定在试杆下,降低试杆直至与水泥净浆表面接触,拧紧螺丝 1~2 s 后,突然放松,使试杆垂直自由地沉入水泥净浆中。在试杆停止沉入或释放试杆 30 s 时记录试杆距底板之间的距离,升起试杆后,立即擦净;整个操作应在搅拌后 1.5 min 内完成。

3. 用代用法测定标准稠度用水量

拌和结束后,立即将拌制好的水泥净浆装入锥模中,用小刀插捣,轻轻振动数次,刮去多余的净浆;抹平后迅速放到试锥下面固定的位置上,将试锥降至净浆表面,拧紧螺丝 1~2 s 后,突然放松,让试锥垂直自由地沉入水泥净浆中。到试锥停止下沉或释放试锥 30 s 时记录试锥下沉深度。整个操作应在搅拌后 1.5 min 内完成。

3.2.6 试验结果计算及处理

1. 用标准法测定标准稠度用水量

以试杆沉入净浆并距底板(6±1)mm 的水泥净浆为标准稠度净浆。其拌和水量为该水泥的标准稠度用水量 P,按水泥质量的百分比计。

$$P=\frac{W}{C}\times100\%$$ (3-3)

式中 P——标准稠度;

W——用水量;

C——水泥用量 500 g。

2. 用代用法测定标准稠度用水量

(1)用调整水量方法测定时,以试锥下沉深度(28±2)mm 时的净浆为标准稠度净浆。其拌和水量为该水泥的标准稠度用水量 P,按水泥质量的百分比计。如下沉深度超出范围需另称试样,调整水量,重新试验,直至达到(28±2)mm 为止。

（2）用不变水量方法测定时，根据测得的试锥下沉深度 S（mm）按式（3-4）（或仪器上对应标尺）计算得到标准稠度用水量 P（%）。

$$P = 33.4 - 0.185S \tag{3-4}$$

当试锥下沉深度小于 13 mm 时，应改用调整水量法测定。

 知识拓展

1. 水泥石的腐蚀与防止

硬化水泥石在通常条件下具有较好的耐久性，但在流动的淡水和某些侵蚀介质存在的环境中，其结构会受到侵蚀，直至破坏，这种现象称为水泥石的腐蚀。它对水泥耐久性影响较大，必须采取有效措施予以防止。

1）水泥石的主要腐蚀类型

（1）软水腐蚀（溶出性腐蚀）

$Ca(OH)_2$ 晶体是水泥的主要水化产物之一，水泥的其他水化产物也须在一定浓度的 $Ca(OH)_2$ 溶液中才能稳定存在，而 $Ca(OH)_2$ 又是易溶于水的。若水泥石中的 $Ca(OH)_2$ 被溶解流失，其浓度低于水化产物所需要的最低要求时，水泥的水化产物就会被溶解或分解，从而造成水泥石的破坏。所以软水腐蚀是一种溶出性的腐蚀。

雨水、雪水、蒸馏水、冷凝水、含碳酸盐较少的河水和湖水等都是软水，当水泥石长期与这些水接触时，$Ca(OH)_2$ 会被溶出，每升水中可溶解 $Ca(OH)_2$ 1.3 g 以上。在静水无压或水量不多情况下，由于 $Ca(OH)_2$ 的溶解度较小，溶液易达到饱和，故溶出作用仅限于表面，并很快停止，其影响不大。但在流水、压力水或大量水的情况下，$Ca(OH)_2$ 会不断地被溶解流失，一方面使水泥石孔隙率增大，密实度和强度下降，水更易向内部渗透；另一方面，水泥石的碱度不断降低，引起水化产物分解，最终变成胶结能力很差的产物，使水泥石结构受到破坏。

软水腐蚀的程度与水的暂时硬度（水中重碳酸盐即碳酸氢钙和碳酸氢镁的含量）有关，碳酸氢钙和碳酸氢镁能与水泥石中的 $Ca(OH)_2$ 反应生成不溶于水的碳酸钙，其反应式如下：

$$Ca(OH)_2 + Ca(HCO_3)_2 = 2CaCO_3 \downarrow + 2H_2O$$

生成的碳酸钙沉淀填充于水泥石的孔隙内而提高其密实度，并在水泥石表面形成紧密不透水层，从而阻止外界水的侵入和内部 $Ca(OH)_2$ 的扩散析出。所以，水的暂时硬度越高，腐蚀作用越小。应用这一性质，对需与软水接触的混凝土制品或构件，可先在空气中硬化，再进行表面碳化，形成碳酸钙外壳，起到一定的保护作用。

（2）盐类腐蚀

①硫酸盐腐蚀

硫酸盐腐蚀（膨胀腐蚀）是指在海水、湖水、盐沼水、地下水、某些工业污水、流经高炉矿渣或煤渣的水中，常含钾、钠和氨等的硫酸盐。它们与水泥石中的 $Ca(OH)_2$ 发生置换反应，生成硫酸钙。硫酸钙与水泥石中的水化铝酸钙作用会生成高硫型水化硫铝酸钙（钙矾石），其反应式为

$$Ca(OH)_2 + Na_2SO_4 + 2H_2O = CaSO_4 \cdot 2H_2O + 2NaOH$$

$$4CaO \cdot Al_2O_3 \cdot 19H_2O + 3(CaSO_4 \cdot 2H_2O) + 7H_2O = 3CaO \cdot Al_2O_3 \cdot 3CaSO_4 \cdot 31H_2O + Ca(OH)_2$$

$$3CaO \cdot Al_2O_3 \cdot 6H_2O + 3(CaSO_4 \cdot 2H_2O) + 19H_2O = 3CaO \cdot Al_2O_3 \cdot 3CaSO_4 \cdot 31H_2O$$

生成的高硫型水化硫铝酸钙晶体比原有水化铝酸钙体积增大 1～1.5 倍,硫酸盐浓度高时还会在孔隙中直接结晶成二水石膏,比 $Ca(OH)_2$ 的体积增大 1.2 倍以上。由此引起水泥石内部膨胀,致使结构胀裂、强度下降而遭到破坏。由于生成的高硫型水化硫铝酸钙晶体呈针状,又形象地称之为"水泥杆菌"。

②镁盐腐蚀

镁盐腐蚀是指在海水及地下水中,常含有大量的镁盐(主要是硫酸镁和氯化镁),它们可与水泥石中的 $Ca(OH)_2$ 发生如下反应:

$$MgSO_4 + Ca(OH)_2 + 2H_2O = CaSO_4 \cdot 2H_2O + Mg(OH)_2$$
$$MgCl_2 + Ca(OH)_2 = CaCl_2 + Mg(OH)_2$$

所生成的 $Mg(OH)_2$ 松软而无胶凝性,$CaCl_2$ 易溶于水,会引起溶出性腐蚀,二水石膏又会引起膨胀腐蚀。所以硫酸镁对水泥起硫酸盐和镁盐的双重腐蚀作用,危害更严重。

(3)酸类腐蚀

①碳酸腐蚀

碳酸腐蚀是指在工业污水、地下水中常溶解有较多的二氧化碳,形成碳酸水,这种水对水泥石有较强的腐蚀作用。

首先,二氧化碳与水泥石中的 $Ca(OH)_2$ 反应,生成碳酸钙。

$$Ca(OH)_2 + CO_2 + H_2O = CaCO_3 + 2H_2O$$

生成的碳酸钙是固体,但它在含碳酸的水中是不稳定的,会发生可逆反应,转变成重碳酸钙,反应式如下:

$$CaCO_3 + CO_2 + H_2O \Longleftrightarrow Ca(HCO_3)_2$$

所生成的重碳酸钙易溶于水。当水中含有较多的碳酸,且超过平衡浓度时,上式反应就向右进行,将导致水泥石中的 $Ca(OH)_2$ 转变成为重碳酸盐而溶失,发生溶出性的腐蚀。当水的暂时硬度较大时,所含重碳酸盐较多,上式平衡所需的碳酸就要越多,因而,可以减轻腐蚀的影响。

②一般酸的腐蚀

水泥水化生成大量 $Ca(OH)_2$,因而呈碱性,一般酸都会对它有不同的腐蚀作用。主要原因是一般酸都会与 $Ca(OH)_2$ 发生中和反应,其反应的产物或者易溶于水,或者体积膨胀,使水泥石性能下降,甚至导致破坏;无机强酸还会与水泥石中的水化硅酸钙、水化铝酸钙等水化产物反应,使之分解,从而导致腐蚀破坏。一般来说,有机酸的腐蚀作用较无机酸弱;酸的浓度越大,腐蚀作用越强。例如:

$$Ca(OH)_2 + 2HCl = CaCl_2 + 2H_2O$$
$$Ca(OH)_2 + 2H_2SO_4 = CaSO_4 \cdot 2H_2O$$
$$2CaO \cdot SiO_2 + 4HCl = 2CaCl_2 + SiO_2 \cdot 2H_2O$$
$$3CaO \cdot Al_2O_3 + 6HCl = 3CaCl_2 + Al_2O_3 \cdot 3H_2O$$

腐蚀作用较强的是无机酸中的盐酸(HCl)、氢氟酸(HF)、硝酸(HNO_3)、硫酸(H_2SO_4)和有机酸中的醋酸(乙酸 CH_3COOH)、蚁酸(甲酸 HCOOH)和乳酸[$CH_3CH(OH)COOH$]等。氢氟酸能侵蚀水泥石中的硅酸盐和硅质骨料,腐蚀作用非常强烈;而草酸(乙二酸 HOOC-COOH $\cdot 2H_2O$)与 $Ca(OH)_2$ 反应生成的草酸钙为不溶性盐,可在水泥石表面形成保护层,所以腐蚀作用很小。

(4)强碱的腐蚀

浓度不高的碱类溶液，一般对水泥石无害。但若水泥石长期处于较高浓度（大于 10%）的含碱溶液中则会发生缓慢腐蚀，主要是化学腐蚀和结晶腐蚀。

化学腐蚀：如氢氧化钠与水化产物反应，生成胶结力不强，易溶析的产物。

$$2CaO \cdot SiO_2 \cdot nH_2O + 2NaOH = 2Ca(OH)_2 + Na_2O \cdot SiO_2 + (n-1)H_2O$$

$$3CaO \cdot Al_2O_3 \cdot 6H_2O + 2NaOH = 3Ca(OH)_2 + Na_2O \cdot Al_2O_3 + 4H_2O$$

结晶腐蚀：如氢氧化钠渗入水泥石后，与空气中的二氧化碳反应生成含结晶水的碳酸钠，碳酸钠在毛细孔中结晶体积膨胀，从而使水泥石开裂破坏。

（5）其他腐蚀

除了上述四种主要的腐蚀类型外，一些其他物质也对水泥石有腐蚀作用，如糖、氨盐、酒精、动物脂肪、含环烷酸的石油产品及碱—骨料反应等。它们或是影响水泥的水化或是影响水泥的凝结或是体积变化引起开裂或是影响水泥的强度，从不同的方面造成水泥石的性能下降甚至破坏。

实际工程中水泥石的腐蚀是一个复杂的物理化学作用过程，腐蚀的作用往往不是单一的，而是几种同时存在，相互影响的。

2）腐蚀的防止

水泥石腐蚀的产生，主要有三个基本原因：一是水泥石中存在易被腐蚀的组分，主要是 $Ca(OH)_2$ 和水化铝酸钙；二是有能产生腐蚀的介质和环境条件；三是水泥石本身不密实，有许多毛细孔，使侵蚀介质能进入其内部。因此，防止水泥石的腐蚀，一般可采取以下措施。

（1）合理选用水泥品种

水泥品种不同，其矿物组成也不同，对腐蚀的抵抗能力不同。水泥生产时，调整矿物的组成，掺加相应耐腐蚀性强的混合材料，就可制成具有相应耐腐蚀性能的特性水泥。水泥使用时必须根据腐蚀环境的特点，合理地选择品种。如硅酸盐水泥水化时产生大量 $Ca(OH)_2$，易受各种腐蚀的作用，抵抗腐蚀能力较差；而掺加活性混合材料的水泥，其熟料比例降低，水化时 $Ca(OH)_2$ 较少，抵抗各种腐蚀的能力较强；铝酸钙含量低的水泥，其抗硫酸盐、抗碱腐蚀性能较强。对于特殊抗腐蚀的要求，则可采用抗蚀性强的聚合物混凝土。

（2）提高水泥石的密实度，改善孔隙结构

水泥石的构造是一个多孔体系，因多余水分蒸发形成的毛细孔隙，是连通的孔隙，介质能渗入其内部，造成腐蚀。提高水泥石的密实度，减少孔隙，能有效地阻止或减少腐蚀介质的侵入，提高耐腐蚀能力；改善水泥石的孔隙结构，引入密闭孔隙，减少毛细孔连通孔，可提高抗渗性，是提高耐腐蚀能力的有效措施。

（3）通过表面处理，形成保护层

当腐蚀作用较强时，应在水泥石表面加做不透水的保护层，隔断与腐蚀介质的接触，保护层材料选用耐腐蚀性强的石料、陶瓷、玻璃、塑料、沥青和涂料等。也可用化学方法进行表面处理，形成保护层，如表面碳化形成致密的碳酸钙、表面涂刷草酸形成不溶的草酸钙等。

典型工作任务 3　水泥凝结时间测定试验

3.3.1　硅酸盐水泥的凝结与硬化

水泥用适量的水调和后，最初形成具有可塑性的浆体，然后逐渐变稠失去可塑性，这一过程称为凝结。凝结时间分为"初凝"和"终凝"，它直接影响工程的施工。然后强度不断提高,最后变成坚硬的石状物——水泥石,这一过程称为硬化。水泥的凝结和硬化是人为划分的,实际上水泥的水化与凝结硬化是一个连续、复杂的物理化学变化过程,水化是凝结硬化的前提,凝结硬化是水化的结果。凝结与硬化是同一过程的不同阶段,但凝结硬化的各阶段是交错进行的,不能截然分开。这些变化决定了水泥石的某些性质,对水泥石的应用有着重要意义。

水泥加水后,水泥颗粒被水包围,熟料矿物颗粒表面立即与水发生化学反应,生成水化产物,并放出一定的能量。硅酸盐水泥与水作用后,生产的主要水化产物有水化硅酸钙,水化铁酸钙凝胶体,氢氧化钙,水化铝酸钙和水化硫铝酸钙晶体。

水泥加水拌和后的剧烈水化反应,一方面使水泥浆中起润滑作用的自由水分逐渐减少;另一方面,水化产物在溶液中很快达饱和或过饱和状态而不断析出,水泥颗粒表面的新生物厚度逐渐增大,使水泥浆中固体颗粒间的间距逐渐减小,越来越多的颗粒相互连接形成了骨架结构。此时,水泥浆便开始慢慢失去可塑性,表现为水泥的初凝。

由于铝酸三钙水化极快,会使水泥很快凝结,为使工程使用时有足够的操作时间,水泥中加入了适量的石膏。水泥加入石膏后,一旦铝酸三钙开始水化,石膏会与水化铝酸三钙反应生成针状的钙矾石。钙矾石很难溶解于水,可以形成一层保护膜覆盖在水泥颗粒的表面,从而阻碍了铝酸三钙的水化,阻止了水泥颗粒表面水化产物的向外扩散,降低了水泥的水化速度,使水泥的初凝时间得以延缓。

当掺入水泥的石膏消耗殆尽时,水泥颗粒表面的钙矾石覆盖层一旦被水泥水化物的积聚物所胀破,铝酸三钙等矿物的再次快速水化就得以继续进行,水泥颗粒间逐渐相互靠近,直至连接形成骨架。水泥浆的塑性逐渐消失,直到终凝。

随着水化产物的不断增加,水泥颗粒之间的毛细孔不断被填实,加之水化产物中的氢氧化钙晶体、水化铝酸钙晶体不断贯穿于水化硅酸钙等凝胶体之中,逐渐形成了具有一定强度的水泥石,从而进入了硬化阶段。水化产物的进一步增加,水分的不断丧失,使水泥石的强度不断发展。

随着水泥水化的不断进行,水泥浆结构内部孔隙不断被新生水化物填充和加固的过程,称为水泥的"凝结"。随后产生明显的强度并逐渐变成坚硬的人造石——水泥石,这一过程称为水泥的"硬化"。

实际上,水泥的水化过程很慢,较粗水泥颗粒的内部很难完全水化。因此,硬化后的水泥石是由晶体、胶体、未完全水化颗粒、游离水及气孔等组成的不均质体。

3.3.2 影响硅酸盐水泥凝结硬化的主要因素

1. 熟料矿物组成的影响

由于各矿物的组成比例不同、性质不同,对水泥性质的影响也不同。如硅酸钙占熟料的比例最大,它是水泥的主导矿物,其比例决定了水泥的基本性质;C_3A 的水化和凝结硬化速率最快,是影响水泥凝结时间的主要因素,加入石膏可延缓水泥凝结,但石膏掺量不能过多,否则会引起安定性不良;当 C_3S 和 C_3A 含量较高时,水泥凝结硬化快、早期强度高,水化放热量大。熟料矿物对水泥性质的影响是各矿物的综合作用,不是简单叠加,其组成比例是影响水泥性质的根本因素,调整比例结构可以改善水泥性质和产品结构。

2. 水泥细度的影响

水泥的细度并不改变其根本性质,但却直接影响水泥的水化速率、凝结硬化、强度、干缩和水化放热等性质。这是因为水泥的水化是从颗粒表面逐步向内部发展的,颗粒越细小,其表面积越大,与水的接触面积就越大,水化作用就越迅速越充分,从而使凝结硬化速率加快,早期强度高。但水泥颗粒过细时,在磨细时消耗的能量和成本会显著提高,且水泥易与空气中的水分和二氧化碳反应,使之不易久存;另外,过细的水泥,达到相同稠度时用水量要增加,硬化时会产生较大的体积收缩,同时水分蒸发也会产生较多的孔隙,使水泥石强度下降。因此,水泥的细度要控制在一个合理的范围。

3. 拌和用水量的影响

通常水泥水化时的理论需水量大约是水泥质量的 23% 左右,但为了使水泥浆体具有一定的流动性和可塑性,实际的加水量远高于理论需水量,如配制混凝土时的水灰比(水与水泥重量之比)一般在 0.4~0.7 之间。不参加水化的"多余"水分,使水泥颗粒间距增大,会延缓水泥浆的凝结时间,并在硬化的水泥石中蒸发形成毛细孔,拌合用水量越多,水泥石中的毛细孔越多,孔隙率就越高,水泥的强度越低,硬化收缩越大,抗渗性、抗侵蚀性能就越差。

4. 养护湿度、温度的影响

硅酸盐水泥是水硬性胶凝材料,水化反应是水泥凝结硬化的前提。因此,水泥加水拌和后,必须保持湿润状态,以保证水化进行和获得强度增长。若水分不足,会使水化停止,同时导致较大的早期收缩,甚至使水泥石开裂。提高养护温度,可加速水化反应,提高水泥的早期强度,但后期强度可能会有所下降。原因是在较低温度(20 ℃以下)下虽水化硬化较慢,但生成的水化产物更加致密,可获得更高的后期强度。当温度低于 0 ℃时,由于水结冰而使水泥水化硬化停止,将影响其结构强度。一般水泥石结构的硬化温度不得低于 −5 ℃。硅酸盐水泥的水化硬化较快,早期强度高,若采用较高温度养护,反而还会因水化产物生长过快,损坏其早期结构网络,造成强度下降。因此,硅酸盐水泥不宜采用蒸汽养护等湿热方法养护。

5. 养护龄期的影响

水泥的水化硬化是一个长期不断进行的过程。随着养护龄期的延长,水化产物不断积累,水泥石结构趋于致密,强度不断增长。由于熟料矿物中对强度起主导作用的 C_3S 早期强度发展快,使硅酸盐水泥强度在 3~14 d 内增长较快,28 d 后增长变慢,长期强度还有增长。

6. 储存条件的影响

水泥应该储存在干燥的环境里。如果水泥受潮,其部分颗粒会因水化而结块,从而失去胶结能力,强度严重降低。即使是在良好的干燥条件下,也不宜储存过久,因为水泥会吸收空气中的水分和二氧化碳,发生缓慢水化和碳化现象,使强度下降。通常,储存 3 个月的水泥,强度约下降 10%~20%;储存 6 个月的水泥,强度下降约 15%~30%;储存 1 年后,强度下降约 25%~40%。所以,一般规定水泥的储存期不超过 3 个月。

3.3.3　水泥凝结时间测定原理

水泥从加水开始到失去其流动性,即从液体状态发展到较致密的固体状态的过程称为水泥的凝结过程。这个过程所需要的时间称为凝结时间。

凝结时间分初凝时间和终凝时间。初凝时间为水泥加水拌和至标准稠度的净浆开始失去可塑性所需的时间。终凝时间为水泥加水拌和至标准稠度的净浆完全失去可塑性并开始产生强度所需的时间。

国家相关标准规定,水泥的凝结时间是在规定温度及湿度环境下用水泥净浆凝结时间测定仪测定,以试针沉入水泥标准稠度净浆至一定深度所需的时间来表示的。

硅酸盐水泥初凝不小于 45 min,终凝不大于 390 min;普通硅酸盐水泥、矿渣硅酸盐水泥、火山灰质硅酸盐水泥、粉煤灰硅酸盐水泥和复合硅酸盐水泥初凝不小于 45 min,终凝不大于 600 min。

3.3.4 试验准备工作

1. 仪器设备

(1)水泥净浆搅拌机:搅拌叶片转速为 90 r/min,搅拌锅内径为 130 mm,深为 95 mm。锅底、锅壁与搅拌翅的间隙为 0.2～0.5 mm。

(2)标准法维卡仪:如图 3-9 所示,测定凝结时间时取下试杆,用试针代替试杆。试针由钢制成,其有效长度初凝针为(50±1)mm、终凝针为(30±1)mm,直径为 $\phi(1.13\pm0.05)$mm 的圆柱体。滑动部分的总质量为(300±1)g。与试针连接的滑动杆表面应光滑,能靠重力自由下落,不得有紧涩和晃动现象。

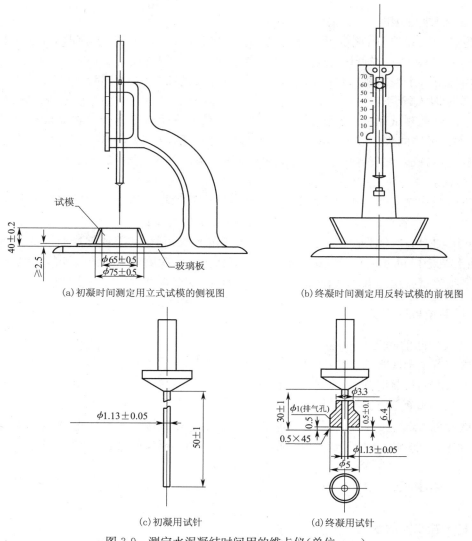

(a)初凝时间测定用立式试模的侧视图　　　　(b)终凝时间测定用反转试模的前视图

(c)初凝用试针　　　　　　　　　　(d)终凝用试针

图 3-9 测定水泥凝结时间用的维卡仪(单位:mm)

(3)试模:盛装水泥净浆的试模应由耐腐蚀的、有足够硬度的金属制成。试模为深(40±

0.2)mm、顶内径ϕ(65±0.5)mm、底内径ϕ(75±0.5)mm 的截顶圆锥体。

(4)平板玻璃：每只试模应配备一个大于试模、厚度≥2.5 mm 的平板玻璃底板。

(5)量水器：最小刻度为 0.1 mL，精度 1%。

(6)天平：最大称量不小于 1 000 g，分度值不大于 1 g。

(7)湿气养护箱：温度为(20±3)℃，相对湿度大于 90%。

2. 仪器设备准备

调整凝结时间测定仪的试针接触玻璃板时，指针对准零点。

3. 试件的制备

以标准稠度用水量制成标准稠度净浆一次装满试模，振动数次刮平，立即放入湿气养护箱中。记录水泥全部加入水中的时间作为凝结时间的起始时间。

3.3.5　试验过程

1. 初凝时间的测定

试件在湿气养护箱中养护至加水后 30 min 时进行第一次测定。测定时，从湿气养护箱中取出试模放到试针下，降低试针至与水泥净浆表面接触。拧紧螺丝 1～2 s 后，突然放松，试针垂直自由地沉入水泥净浆。观察试针停止下沉或释放试针 30 s 时指针的读数。

2. 终凝时间的测定

为了准确观测试针沉入的状况，在终凝针上安装了一个环形附件。在完成初凝时间测定后，立即将试模连同浆体以平移的方式从玻璃板取下，翻转 180°，直径大端向上，小端向下放在玻璃板上，再放入湿气养护箱中继续养护，临近终凝时间时每隔 15 min 测定一次。

3. 注意事项

在进行最初测定的操作时应轻轻扶持金属柱，使其徐徐下降，以防止试针撞弯，但结果以自由下落为准；在整个测试过程中试针沉入的位置至少要距试模内壁 10 mm。临近初凝时，每隔 5 min 测定一次，临近终凝时每隔 15 min 测定一次，到达初凝或终凝时应立即重复测一次，当两次结论相同时才能定为到达初凝或终凝状态。每次测定不能让试针落入原针孔，每次测试完毕须将试针擦净并将试模放回湿气养护箱内，整个测试过程要防止试模受振。

3.3.6　试验结果计算及处理

1. 初凝时间的测定

当试针沉至距底板(4±1)mm 时，为水泥达到初凝状态；由水泥全部加入水中至初凝状态的时间为水泥的初凝时间，以分钟为单位。

2. 终凝时间的测定

当试针沉入试体 0.5 mm 时，即环形附件开始不能在试体上留下痕迹时，为水泥达到终凝状态，由水泥全部加入水中至终凝状态的时间为水泥的终凝时间，以分钟为单位。

 知识拓展

1. 硅酸盐水泥的水化

硅酸盐水泥由熟料矿物和石膏组成，是一个多矿物的集合体，其水化硬化受到各组分的共同影响。

水泥加水拌和后，C_3A、C_4AF、C_3S 与水快速反应，石膏也迅速溶解于水；在石膏存在的条件下，C_3A 不再生成水化铝酸钙，而是与石膏反应生成为针状晶体的三硫型水化硫铝酸钙（又称钙矾石），其反应式为

$$3CaO \cdot Al_2O_3 + 3(CaSO_4 \cdot 2H_2O) + 24H_2O \sim 26H_2O = 3CaO \cdot Al_2O_3 \cdot 3CaSO_4 \cdot 30H_2O \sim 32H_2O$$

若石膏消耗完毕而还有 C_3A 时，则钙矾石会与 C_3A 继续作用转化为单硫型水化硫铝酸钙，其反应式为

$$3CaO \cdot Al_2O_3 \cdot 3CaSO_4 \cdot 32H_2O + 2(3CaO \cdot Al_2O_3) + 4H_2O = 3(3CaO \cdot Al_2O_3) \cdot CaSO_4 \cdot 12H_2O$$

水化硫铝酸钙具有正常的凝结时间，而且其强度高于水化铝酸钙。石膏也会与 C_4AF 反应生成水化硫铝（铁）酸钙，石膏的存在还可以加速 C_3S 和 C_2S 水化。

硅酸盐水泥水化的主要产物是 C-S-H 凝胶和水化铁酸钙凝胶，氢氧化钙、水化铝酸钙和水化硫铝酸钙等晶体。在完全水化的水泥石中，C-S-H 凝胶约占 70%、氢氧化钙约占 20%、水化硫铝酸钙（包括钙矾石和单硫型水化硫铝酸钙）约占 7%。

2. 水泥凝结硬化机理

水泥凝结硬化的机理，一般认为水泥浆体凝结硬化过程可分为早、中、后三个时期，分别相当于一般水泥在 20 ℃ 温度环境中水化 3 h、20～30 h 以及更长时间。

水泥加水后，水泥颗粒迅速分散于水中。在水化早期，大约是加水拌和到初凝时止，水泥颗粒表面迅速发生水化反应，几分钟内即在表面形成凝胶状膜层，并从中析出六方片状的氢氧化钙晶体，大约 1 h 左右即在凝胶膜外及液相中形成粗短的棒状钙矾石晶体。这一阶段，由于晶体太小不足以在颗粒间搭接，使之连接成网状结构，水泥浆既有可塑性又有流动性。

在水化中期，约有 30% 的水泥已经水化，以 C-S-H、CH 和钙矾石的快速形成为特征，由于颗粒间间隙较大，C-S-H 呈长纤维状。此时水泥颗粒被 C-S-H 形成的一层包裹膜完全包住，并不断向外增厚，逐渐在膜内沉积。同时，膜的外侧生长出长针状钙矾石晶体，膜内侧则生成低硫型水化硫铝酸钙，CH 晶体在原先充水的空间形成。这期间膜层和长针状钙矾石晶体长大，将各颗粒连接起来，使水泥凝结。同时，大量形成的 C-S-H 长纤维状晶体和钙矾石晶体一起，使水泥石网状结构不断致密，逐步发挥出强度。

水化后期大约是 1 d 以后直到水化结束，水泥水化反应渐趋减缓，各种水化产物逐渐填满原来由水占据的空间，由于颗粒间间隙较小，C-S-H 呈短纤维状。水化产物不断填充水泥石网状结构，使之不断致密，渗透率降低，强度增加。随着水化的进行，凝胶体膜层越来越厚，水泥颗粒内部的水化越来越困难，经过几个月甚至若干年的长时间水化后，多数颗粒仍剩余未水化的内核。所以，硬化后的水泥浆体是由凝胶体、晶体、未水化的水泥颗粒内核、毛细孔及孔隙中的水与空气组成，是固—液—气三相多孔体系，具有一定的机械强度和孔隙率，外观和性能与天然石材相似，因而称之为水泥石。其在不同时期的相对数量变化，影响着水泥石性质的变化。

在水泥石中，水化硅酸钙凝胶是主要物质，对水泥石的强度、凝结速率、水化热及其他主要性质起支配作用。水泥石中凝胶之间、晶体与凝胶、未水化颗粒与凝胶之间产生黏结力是凝胶体具有强度的实质，至今尚无明确的结论。一般认为范德华力、氢键、离子引力和表面能是产生黏结力的主要原因，也有认为存在化学键力的作用。

水泥熟料矿物的水化是放热反应。水化放热量和放热速率不仅影响水泥的凝结硬化速率，还会由于热量的积蓄产生较大的内外温差，影响结构的稳定性。大体积混凝土工程如大型基础、水库大坝和桥墩等，结构中的水泥水化热不易散发，积蓄在内部，可使内外温差达到 60 ℃ 以上，引起较大的温度应力，产生温度裂缝，导致结构开裂，甚至引起严重的破坏。所以，

大体积混凝土宜采用低热水泥，并采取措施进行降温，以保证结构的稳定和安全。在低温条件和冬季施工中，采用水化热高的水泥，则可促进水泥的水化和凝结硬化，提高早期强度。

3. 掺混合材料的硅酸盐水泥的水化硬化

（1）活性混合材料的水化

活性混合材料具有潜在水化活性，但在常温下与水拌和时，本身不会水化或水化硬化极为缓慢，基本没有强度。在 $Ca(OH)_2$ 溶液中，会发生显著的水化作用，在 $Ca(OH)_2$ 饱和溶液中反应更快。混合材料中的活性 SiO_2 和活性 Al_2O_3 与溶液中的 $Ca(OH)_2$ 反应，生成具有水硬性的水化硅酸钙和水化铝酸钙，其反应可表示为

$$xCa(OH)_2 + SiO_2 + nH_2O = xCaO \cdot SiO_2 \cdot (x+n)H_2O$$
$$yCa(OH)_2 + Al_2O_3 + mH_2O = yCaO \cdot Al_2O_3 \cdot (y+m)H_2O$$

当有石膏存在时，混合材料中活性 Al_2O_3 生成的水化铝酸钙会与石膏反应，生成水化硫铝酸钙，其反应可表示为

$$Al_2O_3 + 3Ca(OH)_2 + 3(CaSO_4 \cdot 2H_2O) + 23H_2O = 3CaO \cdot Al_2O_3 \cdot 3CaSO_4 \cdot 32H_2O$$

上述水化反应中的 x、y 值随混合材料的种类，$Ca(OH)_2$ 与活性 SiO_2、活性 Al_2O_3 的比例，环境温度及作用时间的不同而变化，一般为 1 或稍大；n、m 值一般为 $1\sim1.25$。

$Ca(OH)_2$ 或石膏的存在是活性混合材料潜在活性发挥的必要条件，这类能激发活性的物质被称为激发剂。$Ca(OH)_2$ 为碱性激发剂，石膏为硫酸盐激发剂。

活性混合材料水化较水泥熟料慢，其温度敏感性较高，低温下反应缓慢，高温下水化速率迅速加快，适合于在高温湿热条件下养护。

（2）掺混合材料硅酸盐水泥的水化硬化

掺混合材料硅酸盐水泥加水拌和后，水泥熟料矿物首先与水作用，生成水化硅酸钙、水化铝酸钙、水化铁酸钙和 $Ca(OH)_2$ 等，其反应与硅酸盐水泥水化大致相同。然后，在溶液中 $Ca(OH)_2$ 的激发下，混合材料中的活性成分开始水化（也称为二次水化），生成以水化硅酸钙为主的水化产物。熟料与混合材料的水化相互影响，相互促进，二次水化消耗大量 $Ca(OH)_2$，水泥的碱度下降，促使熟料加速水化，又保证了混合材料的继续水化。

掺混合材料硅酸盐水泥的早期强度主要由水泥熟料提供。随着二次水化的进行，混合材料的活性发挥，强度逐步提高，后期强度增长可达到甚至超过同等级的硅酸盐水泥。掺混合材料的水泥的水化产物主要是水化硅酸钙凝胶、水化硫铝酸钙和水化铝酸钙及其固溶体、氢氧化钙等。由于混合材料水化的消耗，最终 $Ca(OH)_2$ 的含量远低于硅酸盐水泥；当熟料比例较小时，最终产物中可能会没有 $Ca(OH)_2$。由于混合材料品种、掺入量、熟料质量及硬化条件的不同，不同品种的水泥的水化硬化又有不同的特点。

典型工作任务 4　水泥安定性试验

3.4.1　硅酸盐水泥、普通硅酸盐水泥的特性、应用与存储

硅酸盐水泥和普通水泥是混合材料不掺或掺量较少的水泥品种，熟料占主要部分。它们的主要性质和应用特点是相同或相似的。

1. 特性

凝结硬化快，强度高，尤其是早期强度高，水泥强度等级高；抗冻性好、耐磨性好，且硅酸盐

水泥优于普通水泥;所含 C_3S 和 C_3A 较高,放热大,放热速率快;水泥水化产生较多 $Ca(OH)_2$ 和水化铝酸钙,其耐软水、酸、碱、盐等腐蚀的能力较差;由于含有较多的 $Ca(OH)_2$,使其碳化后内部碱度下降不明显,故其抗碳化性较好;由于水化中形成较多的 C-S-H 凝胶体,使水泥石密实,游离水分较少,硬化时不易产生干缩裂纹,其干缩值较小;不耐高温,虽然水泥石在短时受热时不会破坏,但在高温或长时受热情况下,水泥石中的一些重要组分,在高温下发生脱水或分解,使强度下降甚至破坏。一般当受热达到 300 ℃时,水化产物开始脱水,体积收缩强度下降,温度达 700～1 000 ℃时,强度下降很大,甚至完全破坏。

普通硅酸盐水泥相对于硅酸盐水泥,由于掺入了少量混合材料,其早期强度、水化热、抗冻性、耐磨性和抗碳化性均略有降低,耐腐蚀性和耐热性略有提高。

2. 应用

适用于配制重要结构用的高强度混凝土和预应力混凝土;适用于有高早期强度要求的工程及冬季施工的工程;适用于严寒地区遭受反复冻融的工程及干湿交替的部位;适用于一般的地上工程和不受侵蚀的地下工程、无腐蚀性水中的受冻工程;不宜用于海水和有腐蚀介质存在的工程、大体积工程和高温环境工程。

3. 存储

为了便于识别,避免错用,国家标准对水泥的包装标志作了详细规定。水泥包装袋上应清楚标明:执行标准、水泥品种、代号、强度等级、生产者名称、生产许可证标志(QS)及编号、出厂编号、包装日期、净含量。包装袋两侧应根据水泥的品种采用不同的颜色印刷水泥名称和强度等级,硅酸盐水泥和普通硅酸盐水泥采用红色,矿渣硅酸盐水泥采用绿色;火山灰质硅酸盐水泥、粉煤灰硅酸盐水泥和复合硅酸盐水泥采用黑色或蓝色。

散装发运时应提交与袋装标志相同内容的卡片。

水泥在运输和储存过程中,应按不同品种、强度等级及出厂日期分别贮运,不同品种和强度等级的水泥在贮运中要避免混杂,并注意防水防潮。袋装水泥的堆放高度不得超过 10 袋。工地存储水泥应有专用仓库,库房要干燥。存放袋装水泥时,地面垫板要离地 30 cm,四周离墙 30 cm。水泥的储存应按照到货先后依次堆放,尽量做到先到先用,防止存放过久。一般水泥的储存期为 3 个月,使用存放 3 个月以上的水泥,必须重新检验其强度,否则不得使用。

3.4.2　矿渣硅酸盐水泥、火山灰质硅酸盐水泥和粉煤灰硅酸盐水泥特性与应用

1. 特性与应用

硅酸盐系水泥的主要性质相同或相似。掺混合材料的水泥与硅酸盐水泥相比,又有其自身的特点。

1)三种水泥的共性特点与应用

(1)凝结硬化慢、早期强度低和后期强度增长快

由于水泥中熟料比例较低,而混合材料的二次水化较慢,所以其早期强度低,后期二次水化的产物不断增多,水泥强度发展较快,达到甚至超过同等级的硅酸盐水泥。因此,这三种水泥不宜用于早期强度要求高的工程、冬季施工工程和预应力混凝土等工程,且应加强早期养护。

(2)温度敏感性高,适宜高温湿热养护

这三种水泥在低温下水化速率和强度发展较慢,而在高温养护时水化速率大大提高,强度发展加快,可得到较高的早期强度和后期强度。因此,适合采用高温湿热养护,如蒸汽养护和

蒸压养护。

（3）水化热低，适合大体积混凝土工程

由于熟料用量少，水化放热量大的矿物 C_3S 和 C_3A 较少，水泥的水化热大大降低，适合用于大体积混凝土工程，如大型基础和水坝等。适当调整组成比例就可生产出大坝专用的低热水泥品种。

（4）耐腐蚀性能强

由于熟料用量少，水化生成的 $Ca(OH)_2$ 少，且二次水化还要消耗大量 $Ca(OH)_2$，使水泥石中易腐蚀的成分减少，水泥石的耐软水腐蚀、耐硫酸盐腐蚀、耐酸性腐蚀等能力大大提高，可用于有耐腐蚀要求的工程中。但如果火山灰水泥掺加的是以 Al_2O_3 为主要成分的烧黏土类混合材料，因水化后生成水化铝酸钙较多，其耐硫酸盐腐蚀的能力较差，不宜用于有耐硫酸盐腐蚀要求的场合。

（5）抗冻性差，耐磨性差

由于加入较多的混合材料，水泥的需水性增加，用水量较多，易形成较多的毛细孔或粗大孔隙，且水泥早期强度较低，使抗冻性和耐磨性下降。因此，不宜用于严寒地区水位升降范围内的混凝土工程和有耐磨性要求的工程。

（6）抗碳化能力差

由于水化产物中 $Ca(OH)_2$ 少，水泥石的碱度较低，遇有碳化的环境时，表面碳化较快，碳化深度较深，对钢筋的保护不利。若碳化深度达到钢筋表面，会导致钢筋锈蚀，使钢筋混凝土产生顺筋裂缝，降低耐久性。不过，在一般环境中，这三种水泥对钢筋都具有良好的保护作用。

2）三种水泥的个别特性

（1）矿渣硅酸盐水泥

由于矿渣是在高温下形成的材料，所以矿渣水泥具有较强的耐热性。可用于温度不高于200 ℃的混凝土工程，如轧钢、铸造、锻造、热处理等高温车间及热工窑炉的基础等；也可用于温度达 300～400 ℃ 的热气体通道等耐热工程。

粒化高炉矿渣玻璃体对水的吸附力差，导致矿渣水泥的保水性差，易泌水产生较多的连通孔隙，水分的蒸发增加，使矿渣水泥的抗渗性差，干燥收缩较大，易在表面产生较多的细微裂缝，影响其强度和耐久性。

（2）火山灰质硅酸盐水泥

火山灰水泥具有较好的抗渗性和耐水性。原因是，火山灰质混合材料的颗粒有大量的细微孔隙，保水性良好，泌水性低，并且水化中形成的水化硅酸钙凝胶较多，水泥石结构比较致密，具有较好的抗渗性和抗淡水溶析的能力，可优先用于有抗渗性要求的工程。

火山灰水泥的干燥收缩比矿渣水泥更加显著，在长期干燥的环境中，其水化反应会停止，已经形成的凝胶还会脱水收缩，形成细微裂缝，影响水泥石的强度和耐久性。因此，火山灰水泥施工时要加强养护，较长时间保持潮湿状态，且不宜用于干热环境中。

（3）粉煤灰水泥

粉煤灰水泥的干缩性较小，甚至优于硅酸盐水泥和普通水泥，具有较好的抗裂性。原因是粉煤灰颗粒呈球形，较为致密，吸水性差，加水拌和时的内摩擦阻力小，需水性小，所以其干缩小，抗裂性好，同时配制的混凝土、砂浆和易性好。

由于粉煤灰吸水性差，水泥易泌水，形成较多连通孔隙，干燥时易产生细微裂缝，抗渗性较差，不宜用于干燥环境和抗渗要求高的工程。

3.4.3　体积安定性

水泥浆体硬化后体积变化的均匀性称为水泥的体积安定性。即水泥硬化浆体能保持一定形状,不开裂,不变形,不溃散的性质。体积安定性不良的水泥不得应用于工程中,否则将导致严重后果。

水泥安定性不良主要是由熟料中的游离氧化钙、游离氧化镁或掺入石膏过多等原因造成的,其中游离氧化钙是一种最为常见,影响也最严重的因素。熟料中所含游离氧化钙或氧化镁都是过烧的,结构致密,水化很慢。加之被熟料中其他成分所包裹,使得其在水泥已经硬化后才进行熟化,生成六方板状的 $Ca(OH)_2$ 晶体,这时体积膨胀 97% 以上,从而导致不均匀体积膨胀,使水泥石开裂。当石膏掺量过多时,在水泥硬化后,残余石膏与水化铝酸钙继续反应生成钙矾石,体积增大约 1.5 倍,从而导致水泥石开裂。

国家标准规定水泥的体积安定性用雷氏法或试饼沸煮法检验,有争议时以雷氏法为准。

雷氏法是观测由两个试针的相对位移所指示的水泥标准稠度净浆体积膨胀的程度。

试饼法是观测水泥标准稠度净浆试饼沸煮后的外形变化程度。

3.4.4　试验准备工作

1. 仪器设备

(1)水泥净浆搅拌机。

(2)水泥标准稠度及凝结时间测定仪。

(3)雷氏夹:由铜质材料制成,其结构如图 3-10、图 3-11 所示。当一根指针的根部先悬挂在一根金属丝或尼龙丝上,另一根指针的根部再挂上 300 g 质量的砝码时,两根指针针尖的距离增加应在(17.5±2.5)mm 范围内,即 $2x=(17.5±2.5)$mm,当去掉砝码后针尖的距离能恢复至挂砝码前的状态。

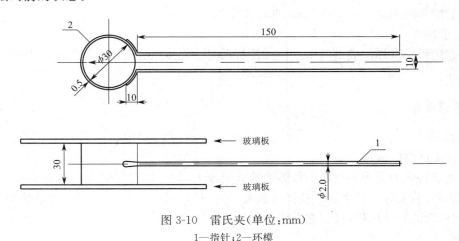

图 3-10　雷氏夹(单位:mm)
1—指针;2—环模

(4)沸煮箱:有效容积约为 410 mm×240 mm×310 mm,篦板结构应不影响试验结果,篦板与加热器之间的距离大于 50 mm。箱的内层由不易锈蚀的金属材料制成,能在(30±5)min内将箱内的试验用水由室温升至沸腾状态并保持 3 h 以上,整个试验过程中不需补充水量。

（5）雷氏夹膨胀测定仪：如图 3-12 所示，标尺最小刻度为 0.5 mm。

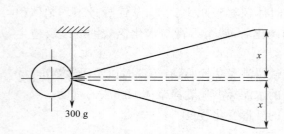

图 3-11　雷氏夹受力示意图

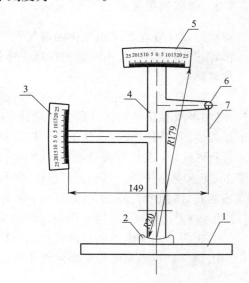

图 3-12　雷氏夹膨胀测定仪
1—底座；2—模子座；3—测弹性标尺；4—立柱；
5—测膨胀值标尺；6—悬臂；7—悬丝

（6）量水器：最小刻度为 0.1 mL，精度 1%。

（7）天平：最大称量不小于 1 000 g，分度值不大于 1 g。

2. 水泥标准稠度净浆的制备

以标准稠度用水量加水，按前述方法制成标准稠度水泥净浆。

3. 玻璃板的准备

若采用雷氏法时，每个雷氏夹需配备质量约 75~85 g 的玻璃板两块。若采用试饼法时，每个样品需准备约 100 mm×100 mm 的玻璃板两块。

4. 注意事项

每种方法每个试样需成型两个试件。凡与水泥净浆接触的玻璃板和雷氏夹表面都要稍稍涂上一层油。

3.4.5　试验过程

1. 雷氏法

1）雷氏夹试件的成型

将预先准备好的雷氏夹放在已稍擦油的玻璃板上，并立即将已制备好的标准稠度净浆一次装满雷氏夹，装浆时一只手轻轻扶持雷氏夹，另一只手用宽约 10 mm 的小刀插捣数次，然后抹平，盖上稍涂油的玻璃板，接着立即将试件移至湿气养护箱内养护（24±2）h。

2）沸煮

（1）调整好沸煮箱内的水位，使之能保证在整个沸煮过程中都没过试件，不需中途添补试验用水，同时又能保证在（30±5）min 内升至沸腾。

（2）脱去玻璃板取下试件，先测量雷氏夹指针尖端间的距离 A，精确到 0.5 mm，接着将试件放入沸煮箱水中的试件架上，指针朝上，然后在（30±5）min 内加热至沸并恒沸（180±5）min。

2. 试饼法

1) 试饼的成型方法

将制好的标准稠度净浆取出一部分分成两等份,使之成球形,放在预先准备好的玻璃板上,轻轻振动玻璃板并用湿布擦过的小刀由边缘向中央抹,做成 $\phi 70 \sim 80$ mm、中心厚约 10 mm、边缘渐薄、表面光滑的试饼,接着将试饼放入湿气养护箱内养护 (24 ± 2) h。

2) 沸煮

① 调整好沸煮箱内的水位,使之能保证在整个沸煮过程中都没过试件,不需中途添补试验用水,同时又能保证在 (30 ± 5) min 内升至沸腾。

② 脱去玻璃板取下试饼,在试饼无缺陷的情况下将试饼放在沸煮箱水中的箅板上,然后在 (30 ± 5) min 内加热至沸并恒沸 (180 ± 5) min。

3.4.6　试验数据分析与判定

1. 雷氏法

沸煮结束后,立即放掉沸煮箱中的热水,打开箱盖,待箱体冷却至室温,取出试件进行判别。测量雷氏夹指针尖端的距离 C,准确至 0.5 mm,当两个试件煮后增加距离 $C-A$ 的平均值不大于 5.0 mm 时,即认为该水泥安定性合格,当两个试件的 $C-A$ 值相差超过 4.0 mm 时,应用同一样品立即重做一次试验。再如此,则认为该水泥为安定性不合格。

2. 试饼法

沸煮结束后,立即放掉沸煮箱中的热水,打开箱盖,待箱体冷却至室温,取出试件进行判别。目测试饼未发现裂缝,用钢直尺检查也没有弯曲(使钢直尺和试饼底部紧靠,以两者间不透光为不弯曲)的试饼为安定性合格,反之为不合格。当两个试饼判别结果有矛盾时,该水泥的安定性为不合格。

 知识拓展

1. 硅酸盐系特种水泥

通用硅酸盐系水泥品种不多,但用量却是最大的。除此之外水泥品种的大部分是特性水泥和专用水泥,又称为特种水泥,其用量虽然不大,但用途却很广泛。特种水泥中又以硅酸系水泥为主。

(1) 白色硅酸盐水泥

白色硅酸盐水泥熟料是以适当成分的生料烧至部分熔融,所得以硅酸钙为主要成分、氧化铁含量少的熟料。由氧化铁含量少的硅酸盐水泥熟料,适量石膏及标准规定的混合材料,磨细制成的水硬性胶凝材料称为白色硅酸盐水泥,简称白水泥,代号 P·W。

硅酸盐水泥的颜色主要由氧化铁引起。当氧化铁含量在 3% ~ 4% 时,熟料呈暗灰色;在 0.45% ~ 0.7% 时,带淡绿色;而降低到 0.35% ~ 0.40% 后,接近白色。因此,白色硅酸盐水泥的生产主要是降低氧化铁含量。此外,氧化锰、氧化铬、氧化钴和氧化钛等也对白水泥的白度有显著影响,故其含量也应尽量减少。

白水泥的国家标准为 GB/T 2015—2005《白色硅酸盐水泥》。白水泥的细度要求为 80 μm 方孔筛筛余不得超过 10.0%;凝结时间初凝不早于 45 min,终凝不迟于 10 h;体积安定性用沸煮法检验必须合格;水泥中三氧化硫含量不得超过 3.5%。

白水泥的强度分为 32.5、42.5、52.5 三个等级。

白水泥的白度用样品与氧化镁标准白板反射率的比例衡量,要求白度值不得低于 87。

白水泥主要用于建筑物的装饰,如地面、楼梯、外墙饰面,彩色水刷石和水磨石制造,大理石及瓷砖镶贴,混凝土雕塑工艺制品等。还用于与彩色颜料配成彩色水泥,配制彩色砂浆或混凝土,用于装饰工程。

(2)彩色硅酸盐水泥

彩色硅酸盐水泥简称彩色水泥,主要有两种生产方法,即染色法和烧成法。染色法是将碱性颜料、白色水泥熟料和石膏共同磨细,其产品标准为 JC/T 870—2012《彩色硅酸盐水泥》;也可将颜料直接与白水泥混合配制,这种方法灵活简单,但颜料消耗大,色泽不易均匀。烧成法是将着色剂加入水泥生料中,经过煅烧使熟料具有所需的颜色,再与石膏混合磨细。

烧成法制得的彩色水泥,色泽均匀,颜色保持持久,但生产成本较高;染色法制得的彩色水泥,色泽不易均匀,长期使用易出现褪色,但生产成本较低。目前彩色水泥以染色法较常用。染色法使用的颜料多为无机矿物颜料,要求不溶于水、分散性好、大气稳定性好、抗碱性强、着色力强,并不得显著影响水泥的强度和其他性质。有机颜料易老化,只能作为辅助用途使用,通常只加入少量,以提高水泥色彩的鲜艳度。

彩色水泥主要是配制彩色砂浆或混凝土,用于制造人工石材和装饰工程。

(3)快硬硅酸盐水泥

凡以硅酸盐水泥熟料和适量石膏磨细制成的,以 3 d 抗压强度表示标号的水硬性胶凝材料,称为快硬硅酸盐水泥(简称快硬水泥)。

快硬硅酸盐水泥的生产与普通水泥相似,主要是提高熟料中的快硬高强成分 C_3S 和 C_3A 的含量并适当多掺石膏,但要求更严格的生产工艺条件,原料有害杂质要少,生料均匀性要好,熟料冷却速率要高等。

提高水泥细度可提高水化硬化速率,一般快硬硅酸盐水泥的比表面积达 320～450 m^2/kg,无收缩快硬硅酸盐水泥的比表面积达 400～500 m^2/kg。

快硬水泥主要用于抢修工程、军事工程、预应力钢筋混凝土构件制造等,适用于配制干硬混凝土,水灰比可控制在 0.40 以下;无收缩快硬水泥主要用于装配式框架节点的后浇混凝土和各种现浇混凝土工程的接缝工程、机器设备安装的灌浆等要求快硬、高强和无收缩的混凝土工程。

快凝快硬硅酸盐水泥(双快水泥)的三氧化硫的含量不得超过 9.5%,主要适用于机场道面、桥梁、隧道和涵洞等紧急抢修工程,以及冬季施工和堵漏等工程。

(4)道路硅酸盐水泥

依据国家标准 GB 13693—2005《道路硅酸盐水泥》的规定,由道路硅酸盐水泥熟料,适量石膏,可加入标准规定的混合材料,磨细制成的水硬性胶凝材料,称为道路硅酸盐水泥(简称道路水泥),代号 P·R。

对道路水泥的性能要求是耐磨性好、收缩小、抗冻性好、抗冲击性好,有高的抗折强度和良好的耐久性。道路水泥的上述特性,主要依靠改变水泥熟料的矿物组成、粉磨细度、石膏加入量及外加剂来达到。一般适当提高熟料中 C_3S 和 C_4AF 含量,限制 C_3A 和游离氧化钙的含量。C_4AF 的脆性小,抗冲击性强,体积收缩最小,提高 C_4AF 的含量,可以提高水泥的抗折强度及耐磨性。水泥的粉磨细度增加,虽可提高强度,但水泥的细度增加,收缩增加很快,从而易产生微细裂缝,使道路易于破坏。研究表明,当细度从 2 720 cm^2/g 增至 3 250 cm^2/g 时,收缩增加不大,因此,生产道路水泥时,水泥的比表面积一般可控制在 3 000～3 200 cm²/g,0.08 mm方孔筛筛余宜控制在 5%～10%。适当提高水泥中的石膏加入量,可提高水泥的强度和降低收缩,对制造道路水泥是有利的。另外,为了提高道路混凝土的耐磨性,可加入 5%以下的石英砂。

道路水泥的熟料矿物组成要求 $C_3A<5\%$,$C_4AF>16\%$;f-CaO 旋窑生产的不得大于 1.0%,立窑生产的不得大于 1.8%。道路水泥中氧化镁含量不得超过 5.0%,三氧化硫不得超过 3.5%,烧失量不得大于 3.0%,碱含量不得大于 0.6%或供需双方协商;比表面积为 300～450 m²/kg,初凝不早于 1.5 h,终凝不迟于 10 h,沸煮法安定性必须合格,28 d 干缩率不大于 0.10%,28 d 磨耗量应不大于 3.00 kg/m²。

道路水泥可以较好的承受高速车辆的车轮摩擦、循环负荷、冲击和震荡、货物起卸时的骤然负荷,较好的抵抗路面与路基的温差和干湿度差产生的膨胀应力,抵抗冬季的冻融循环。使用道路水泥铺筑路面,可减少路面裂缝和磨耗,减小维修量,延长使用寿命。

道路水泥主要用于道路路面、机场跑道路面和城市广场等工程。

(5)膨胀硅酸盐水泥与自应力硅酸盐水泥

膨胀水泥和自应力水泥都是硬化时具有一定体积膨胀的水泥品种。通用硅酸盐水泥在空气中硬化,一般都表现为体积收缩,平均收缩率为 0.02%～0.035%。混凝土成型后,7～60 d 的收缩率较大,以后趋向缓慢。收缩使水泥石内部产生细微裂缝,导致其强度、抗渗性、抗冻性下降;用于装配式构件接头、建筑连接部位和堵漏补缝时,水泥收缩会使结合不牢,达不到预期效果。而使用膨胀水泥就能克服上述的不足。另外,在钢筋混凝土中,利用混凝土与钢筋的握裹力,使钢筋在水泥硬化发生膨胀时被拉伸,而混凝土内侧产生压应力,钢筋混凝土内由组成材料(水泥)膨胀而产生的压应力称为自应力。自应力的存在使混凝土抗裂性提高。

膨胀水泥膨胀值较小,主要用于补偿收缩;自应力水泥膨胀值较大,用于生产预应力混凝土。

使水泥产生膨胀主要有三种途径,即氧化钙水化生成 $Ca(OH)_2$,氧化镁水化生成 $Mg(OH)_2$,铝酸盐矿物生成钙矾石。因前两种反应不易控制,一般多采用以钙矾石为膨胀组分生产各种膨胀水泥。

常用硅酸盐系膨胀水泥主要是明矾石膨胀水泥(标准代号为 JC/T 311—2004)、低热微膨胀水泥(标准代号为 GB 2938—2008)和自应力硅酸盐水泥。

明矾石膨胀水泥是以一定比例的硅酸盐水泥熟料、天然明矾石、无水石膏和矿渣(或粉煤灰)共同粉磨制成。矿渣作为膨胀稳定剂,明矾石作为铝质原料,其含量要求 $Al_2O_3 \geqslant 16\%$,$SiO_2 \geqslant 15\%$;在 $Ca(OH)_2$ 和硫酸盐激发下水化形成钙矾石,产生适度膨胀。其膨胀值要求是:水中养护净浆自由膨胀时线膨胀率 1 d≥0.15%,28 d≥0.35%,但不得大于 1.20%。胶砂试体水中养护 3 d 后,在 1.0 MPa 水压下恒压 8 h,应不透水。

明矾石膨胀水泥适用于收缩补偿混凝土结构、防渗混凝土、补强和防渗抹面工程,接缝和接头,设备底座和地脚螺栓固结等。

凡以粒化高炉矿渣为主要组分,加入适量硅酸盐水泥熟料和石膏,磨细制成的具有低水化热和微膨胀性能的水硬性胶凝材料,称为低热微膨胀水泥,代号 LHEC。

低热微膨胀水泥的水泥净浆试体水中养护至各龄期的线膨胀率要求:1 d≥0.05%;7 d≥0.10%;28 d≤0.60%。

低热微膨胀水泥主要用于要求低水化热和要求补偿收缩的混凝土、大体积混凝土工程,也可用于要求抗渗和抗硫酸盐腐蚀的工程。

自应力硅酸盐水泥是以适当比例的硅酸盐水泥或普通硅酸盐水泥、高铝水泥和天然二水石膏磨制而成的膨胀性的水硬性胶凝材料。硅酸盐水泥或普通硅酸盐水泥强度等级不低于42.5,高铝水泥强度不低于42.5。自应力水泥的自应力值指水泥水化硬化后体积膨胀能使砂浆或混凝土在限制条件下产生可应用的化学预应力,自应力值是通过测定水泥砂浆的限制膨胀率计算得到的。要求其 28 d 自由膨胀率不得大于 3‰,膨胀稳定期不得迟于 28 d。自应力硅酸盐水泥按其自应力值分为 S1、S2、S3、S4 四个等级,对应的自应力值(MPa)为 $1.0 \leqslant S1 < 2.0, 2.0 \leqslant S2 < 3.0, 3.0 \leqslant S3 < 4.0, 4.0 \leqslant S4 < 5.0$。

自应力硅酸盐水泥适用于制造自应力钢筋混凝土压力管及其配件,制造一般口径和压力的自应力水管和城市煤气管。

(6)低水化热硅酸盐水泥

低水化热硅酸盐水泥原称大坝水泥,是专门用于要求水化热较低的大坝和大体积工程的水泥品种。主要品种有三种,国家标准 GB 200—2003《中热硅酸盐水泥低热硅酸盐水泥低热矿渣硅酸盐水泥》对这三种水泥做出了规定。

以适当成分的硅酸盐水泥熟料,加入适量石膏,磨细制成的具有中等水化热的水硬性胶凝材料,称为中热硅酸盐水泥(简称中热水泥),代号 P·MH。

以适当成分的硅酸盐水泥熟料,加入适量石膏,磨细制成的具有低水化热的水硬性胶凝材料,称为低热硅酸盐水泥(简称低热水泥),代号 P·LH。

以适当成分的硅酸盐水泥熟料,加入粒化高炉矿渣、适量石膏,磨细制成的具有低水化热的水硬性胶凝材料,称为低热矿渣硅酸盐水泥(简称低热矿渣水泥),代号 P·SLH。

生产低水化热水泥,主要是降低水泥熟料中的高水化热组分 C_3S、C_3A 和 f-CaO 的含量。中热水泥熟料中 C_3S 不超过 55%,C_3A 不超过 6%,f-CaO 不超过 1%;低热水泥熟料中 C_2S 不低于 40%,C_3A 不超过 6%,f-CaO 不超过 1%;低热矿渣水泥熟料中 C_3A 不超过 8%,f-CaO 不超过 1.2%。低热矿渣水泥中矿渣掺量为 20%~60%,允许用不超过混合材料总量 50%粒化电炉磷渣或粉煤灰代替部分矿渣。

中热水泥主要适用于大坝溢流面的面层和水位变动区等要求较高耐磨性和抗冻性的工程,低热水泥和低热矿渣水泥主要适用于大坝或大体积建筑物内部及水下工程。

(7)抗硫酸盐硅酸盐水泥

国家标准 GB 748—2005《抗硫酸盐硅酸盐水泥》按抵抗硫酸盐腐蚀的程度分成中抗硫酸盐硅酸盐水泥和高抗硫酸盐硅酸盐水泥两大类。

以适当成分的硅酸盐水泥熟料,加入适量石膏,磨细制成的具有抵抗中等浓度硫酸根离子侵蚀的水硬性胶凝材料,称为中抗硫酸盐硅酸盐水泥,简称中抗硫水泥,代号 P·MSR。

具有抵抗较高浓度硫酸根离子侵蚀的,称为高抗硫酸盐硅酸盐水泥,简称高抗硫水泥,代号 P·HSR。

水泥石中的 $Ca(OH)_2$ 和水化铝酸钙是硫酸盐腐蚀的内在原因,水泥的抗硫酸盐性能就决定于水泥熟矿物中这些成分的相对含量。降低熟料中 C_3S 和 C_3A 的含量,相应增加耐蚀性较好的 C_2S 替代 C_3S,增加 C_4AF 替代 C_3A,是提高耐硫酸盐腐蚀的主要措施之一。

抗硫酸盐水泥除了具有较强的抗腐蚀能力外,还具有较高的抗冻性,主要适用于受硫酸盐腐蚀、冻融循环及干湿交替作用的海港、水利、地下、隧涵、道路和桥梁基础等工程。

（8）砌筑水泥

GB/T 3183—2003《砌筑水泥》规定：凡由一种或一种以上的水泥混合材料，加入适量硅酸盐水泥熟料和石膏，经磨细制成的工作性能较好的水硬性胶凝材料，称为砌筑水泥，代号 M。

砌筑水泥用混合材料可采用矿渣、粉煤灰、煤矸石、沸腾炉渣和沸石等，掺加量应大于50％，允许掺入适量石灰石或窑灰。凝结时间要求初凝不早于 60 min，终凝不迟于 12 h；按砂浆吸水后保留的水分计，保水率应不低于 80％。

砌筑水泥适用于砌筑砂浆、内墙抹面砂浆及基础垫层；允许用于生产砌块及瓦等制品。

砌筑水泥一般不得用于配制混凝土，通过试验，允许用于低强度等级混凝土，但不得用于钢筋混凝土等承重结构。

2. 铝酸盐水泥

铝酸盐系水泥是应用较多的非硅酸盐系水泥，是具有快硬早强性能和较好耐高温性能的胶凝材料，还是膨胀水泥的主要组分，在军事工程、抢修工程、严寒工程、耐高温工程和自应力混凝土等方面应用广泛，是重要的水泥系列之一。

（1）铝酸盐水泥的原料与组成

依据国家标准 GB 201—2000《铝酸盐水泥》的规定，凡以铝酸钙为主的铝酸盐水泥熟料，磨细制成的水硬性胶凝材料称为铝酸盐水泥（又称高铝水泥、矾土水泥），代号 CA。

铝酸盐水泥的主要原料是矾土（铝土矿）和石灰石，矾土提供 Al_2O_3，石灰石提供 CaO。主要化学成分是 CaO、Al_2O_3、SiO_2；主要矿物成分是铝酸一钙（$CaO \cdot Al_2O_3$ 简写为 CA）、二铝酸一钙（$CaO \cdot 2Al_2O_3$ 简写为 CA_2）、七铝酸十二钙（$C_{12}A_7$），此外还有少量的其他铝酸盐和硅酸二钙。

铝酸一钙是铝酸盐水泥的最主要矿物，约占 40％～50％，具有很高的活性，其特点是凝结正常、硬化迅速，是铝酸盐水泥强度的主要来源。二铝酸一钙约占 20％～35％，凝结硬化慢，早期强度低，但后期强度较高。

铝酸盐水泥熟料的煅烧有熔融法和烧结法两种。熔融法采用电弧炉、高炉、化铁炉和射炉等煅烧设备；烧结法采用通用水泥的煅烧设备。我国多采用回转窑烧结法生产，熟料具有正常的凝结时间，磨制水泥时不用掺加石膏等缓凝剂。

（2）铝酸盐水泥水化与硬化

铝酸一钙是铝酸盐水泥的主要矿物成分，其水化硬化情况对水泥的性质起着主导作用。铝酸一钙水化极快，其水化反应及产物随温度变化很大。一般研究认为不同温度下，铝酸一钙水化反应有以下形式。

当温度<20℃时：
$$CaO \cdot Al_2O_3 + 10H_2O = CaO \cdot Al_2O_3 \cdot 10H_2O$$
简写为
$$CA + 10H = CAH_{10}$$

当温度在 20～30 ℃时：
$$3(CaO \cdot Al_2O_3) + 21H_2O = CaO \cdot Al_2O_3 \cdot 10H_2O + 2CaO \cdot Al_2O_3 \cdot 8H_2O + Al_2O_3 \cdot 3H_2O$$
简写为
$$3CA + 21H = CAH_{10} + C_2AH_8 + AH_3$$

当温度>30 ℃时：
$$3(CaO \cdot Al_2O_3) + 12H_2O = 3CaO \cdot Al_2O_3 \cdot 6H_2O + 2(Al_2O_3 \cdot 3H_2O)$$
简写为
$$3CA + 12H = C_3AH_6 + 2AH_3$$

二铝酸一钙的水化反应产物与铝酸一钙相同。常温下，CAH_{10} 和 C_2AH_8 同时形成，共存，其相对比例随温度上升而减小。

铝酸盐水泥的硬化机理与硅酸盐水泥基本相同。水化铝酸钙是多组分的共溶体，呈晶体结构，其组成与熟料成分、水化条件和环境温度等因素相关。CAH_{10} 和 C_2AH_8 都属六方晶系，结晶形态为片状、针状，硬化时互相交错搭接，重叠结合，形成坚固的网状骨架，产生较高的机械强度。水化生成的氢氧化铝（AH_3）凝胶又填充于晶体骨架，形成比较致密的结构。铝酸盐水泥的水化主要集中在早期，5～7 d 后水化产物数量就很少增加，所以其早期强度增长很快，后期增长不显著。

要注意的是，CAH_{10} 和 C_2AH_8 等水化铝酸钙晶体都是亚稳相，会自发地转化为最终稳定产物 C_3AH_6，析出大量游离水，转化随温度提高而加速。C_3AH_6 晶体属立方晶系，为等尺寸的晶体，结构强度远低于 CAH_{10} 和 C_2AH_8。同时水分的析出使内部孔隙增加，结构强度下降。所以，铝酸盐水泥的长期强度会有所下降，一般降低 40%～50%，湿热环境下影响更严重，甚至引起结构破坏。一般情况下，限制铝酸盐水泥用于结构工程。

（3）铝酸盐水泥的性能与用途

铝酸盐水泥的密度为 3.0～3.2 g/cm³，疏松状态的体积密度为 1.0～1.3 g/cm³，紧密状态的体积密度为 1.6～1.8 g/cm³。

铝酸盐水泥的性能与应用归纳如下：

①具有早强快硬的特性，1 d 强度可达本等级强度的 80% 以上。适用于工期紧急的工程，如军事、桥梁、道路、机场跑道、码头和堤坝的紧急施工与抢修等。

②放热速率快，早期放热量大，1 d 放热可达水化热总量的 70%～80%，在低温下也能很好地硬化。适用于冬季及低温环境下施工，不宜用于大体积混凝土工程。

③抗硫酸盐腐蚀性强。由于铝酸盐水泥的矿物主要是低钙铝酸盐，不含 C_3A，水化时不产生 $Ca(OH)_2$，所以具有强的抗硫酸盐性，甚至超过抗硫酸盐水泥。另外，铝酸盐水泥水化时产生铝胶（AH_3）使水泥石结构极为密实，并能形成保护性薄膜，对其他类腐蚀也有很好的抵抗性。耐磨性良好。适用于耐磨性要求较高的工程，受软水、海水、酸性水和受硫酸盐腐蚀的工程。

④耐热性好。在高温下，铝酸盐水泥会发生固相反应，烧结结合逐步代替水化结合，不会使强度过分降低。如采用耐火骨料时，可制成使用温度达 1 300～1 400 ℃的耐热混凝土。适用于制作各种锅炉、窑炉用的耐热和隔热混凝土和砂浆。

⑤抗碱性差。铝酸盐水泥是不耐碱的，在碱性溶液中水化铝酸钙会与碱金属的碳酸盐反应而分解，使水泥石会很快被破坏。所以，铝酸盐水泥不得用于与碱溶液相接触的工程，也不得与硅酸盐水泥、石灰等能析出 $Ca(OH)_2$ 的胶凝材料混合使用。

铝酸盐水泥与石膏等材料配合，可以制成膨胀水泥和自应力水泥，还可用于制作防中子辐射的特殊混凝土。

由于铝酸盐水泥的后期强度倒缩，因而，不宜用于长期承重的结构及处于高温高湿环境的工程。

（4）特快硬调凝铝酸盐水泥

以铝酸一钙为主要成分的水泥熟料，加入适量硬石膏和促硬剂，经磨细制成的，凝结时间可调节、小时强度增长迅速、以硫铝酸钙盐为主要水化物的水硬性胶凝材料，称为特快硬调凝铝酸盐水泥。主要用于抢建、抢修、堵漏以及喷射、负温施工等工程。

特快硬调凝铝酸盐水泥的标准代号为 JC/T 736—1985(1996)。标准规定特快硬调凝铝酸盐水泥的初凝不得早于 2 min,终凝不得迟于 10 min;加入水泥重量 0.2％酒石酸钠作缓凝剂时,初凝不得早于 15 min,终凝不得迟于 40 min;强度标号按 2 h 抗压强度表示。

3. 硫铝酸盐水泥

硫铝酸盐水泥具有早强、高强、抗冻、抗渗、耐蚀和低碱性等优良特性,应用前景广阔。

(1)硫铝酸盐水泥的组成与水化

硫铝酸盐水泥的主要原料是矾土、石灰石和石膏,用烟煤作为燃料。矾土主要提供 Al_2O_3,其中 Fe_2O_3 含量小于 5％的称为铝矾土,Fe_2O_3 含量大于 5％的称为铁矾土。对矾土所含 SiO_2 也有一定的限制。石灰石主要提供 CaO,要求与硅酸盐水泥一样。石膏主要提供 SO_3,可用二水泥石膏($CaSO_4 \cdot H_2O$)或硬石膏($CaSO_4$)。

硫铝酸盐水泥的主要矿物成分是无水硫铝酸钙($3CaO \cdot 3Al_2O_3 \cdot CaSO_4$)、硅酸二钙($2CaO \cdot SiO_2$)和含铁相固溶体。普通硫铝酸盐水泥的含铁相为 $4CaO \cdot Al_2O_3 \cdot Fe_2O_3$,高铁硫铝酸盐水泥为 $6CaO \cdot Al_2O_3 \cdot 2Fe_2O_3$。$3CaO \cdot 3Al_2O_3 \cdot CaSO_4$ 水化速率较快,力学强度较高,是早期水化活性高的矿物。含铁相早期水化快,强度较高。硅酸二钙与硅酸盐水泥中的不同,主要是在 1 250～1 280 ℃时由硫铝酸钙的过渡相分解生成,水化速率有所提高。

硫铝酸盐水泥水化时,各矿物的水化反应均较快。无水硫铝酸钙在水泥浆失去塑性前就形成了大量的钙矾石和氢氧化铝凝胶,硅酸二钙水化又形成 C-S-H 凝胶,铁相反应生成水化铁铝酸钙及氢氧化铝、氢氧化铁凝胶。各种凝胶体快速地不断填充由钙矾石晶体构成的空间网络骨架,逐渐形成致密的水泥石结构,获得很高的早期强度,后期强度还有增长。

硫铝酸盐水泥具有显著的快硬早强特性,与铝酸盐水泥相比,其后期强度不倒缩,性能更优良。

(2)硫铝酸盐水泥的特性与应用

硫铝酸盐水泥是现代水泥中的新型系列,与其他系列水泥相比,有其自身的特点和优势,目前应用推广已显示出良好的发展前景。其主要特性如下:

①水化硬化快,早期强度高,是快硬早强水泥的主要品种。

②结构致密,干缩小,抗冻性抗渗性良好。

③抗腐蚀性强,对于大部分酸和盐类都有较强的抵抗能力。

④碱度低,与玻璃纤维等增强材料具有很好的结合能力,但对钢筋的锈蚀有一定影响。

⑤耐热性较差。钙矾石在 150 ℃高温下易脱水发生晶形转变,引起强度大幅下降。

⑥高硫型水化硫铝酸钙的膨胀值较大,且易控制,可制成膨胀水泥和自应力水泥。

硫铝酸盐水泥主要应用是有高早强要求的工程,如抢修、接缝堵漏和喷锚支护等;冬季施工工程;高强度混凝土工程;有抗渗要求、抗腐蚀性要求的工程,如地下工程和抗硫酸盐腐蚀工程等;与玻璃纤维配合,生产耐久性好的玻璃纤维增强水泥制品,制作喷射混凝土和薄壳结构构件。由于耐热性较差,不宜用于高温施工及高温结构中。

目前,我国生产的硫铝酸盐水泥,已经在房屋建筑工程、市政建筑工程、防水建筑工程、海洋建筑工程和混凝土制品等领域应用,并取得了较好的效果。

(3)硫铝酸盐水泥的主要品种

①硫铝酸盐水泥(GB 20472—2006)

a. 快硬硫铝酸盐水泥

以适当成分的生料，经煅烧所得以无水硫铝酸钙和硅酸二钙为主要矿物成分的熟料，加入适量石膏和 0～10% 石灰石，磨细制成的早期强度高的水硬性胶凝材料，称为快硬硫铝酸盐水泥，代号 R·SAC。以 3 d 抗压强度分为 42.5、52.5、62.5、72.5 四个强度等级。

其凝结时间初凝不早于 25 min，终凝不迟于 180 min；比表面积不小于 350 m²/kg。

b. 自应力硫铝酸盐水泥

以适当成分的生料，经煅烧所得以无水硫铝酸钙和硅酸二钙为主要矿物成分的熟料，加入适量石膏磨细制成的具有可调膨胀性能的水硬性胶凝材料，称为自应力硫铝酸盐水泥，代号 S·SAC。

其凝结时间初凝不早于 40 min，终凝不迟于240 min；比表面积不小于 370 m²/kg；以 28 d 自应力值分为 3.0、3.5、4.0、4.5 四个自应力等级。

c. 低碱度硫铝酸盐水泥

以无水硫铝酸钙为主要矿物成分的熟料，加入适量石膏和 20%～50% 石灰石磨细制成的具有低碱度、自由膨胀较小的水硬性胶凝材料，称作低碱度硫铝酸盐水泥，代号 L·SAC。

其凝结时间初凝不早于 25 min，终凝不迟于 180 min；比表面积不小于 400 m²/kg。以 7 d 抗压强度分为 32.5、42.5、52.5 三个强度等级。

②自应力铁铝酸盐水泥

以适当成分的生料，经煅烧所得以铁相、无水硫铝酸钙和硅酸二钙为主要矿物成分的熟料，加入适量石膏，磨细制成的具有可调膨胀性能的水硬性胶凝材料，称为自应力铁铝酸盐水泥。

自应力铁铝酸盐水泥的标准代号为 JC/T 437—2010。其凝结时间初凝不早于 40 min，终凝不迟于 240 min；比表面积不小于 370 m²/kg；以 28 d 自应力值分为 3.0、3.5、4.0、4.5 四个自应力等级。

典型工作任务 5　水泥胶砂强度试验

3.5.1　通用硅酸盐水泥的强度等级

水泥强度是水泥的主要技术性质，是评定其质量的主要指标。强度等级按 3d 和 28d 的抗压强度和抗折强度来划分，有代号 R 的为早强型水泥。

硅酸盐水泥的强度等级分为 42.5、42.5R、52.5、52.5R、62.5、62.5R 六个等级。

普通硅酸盐水泥的强度等级分为 42.5、42.5R、52.5、52.5R 四个等级。

矿渣硅酸盐水泥、火山灰质硅酸盐水泥、粉煤灰硅酸盐水泥的强度等级分为 32.5、32.5R、42.5、42.5R、52.5、52.5R 六个等级。

复合硅酸盐水泥的强度等级分为 32.5R、42.5、42.5R、52.5、52.5R 五个等级。（《通用硅酸盐水泥》国家标准第 2 号修改单 GB 175—2007/XG2—2015）

不同品种不同强度等级的通用硅酸盐水泥，其不同各龄期的强度应符合表 3-4 的规定。

3.5.2　强度试验原理

实际工程中由于很少使用净浆，因此在测定水泥强度时，按《水泥胶砂强度检验方法

（ISO 法)》(GB/T 17671－1999,idt ISO 679:1989)进行试验,将水泥、标准砂和水按规定比例(水泥:标准砂:水＝1:3.0:0.5)用规定方法制成的规格为 40 mm×40 mm×160 mm 的标准试件,在标准养护条件下,测定其 3 d、28 d 的抗压强度、抗折强度。按照 3 d、28 d 的抗压强度、抗折强度划分通用硅酸盐水泥的强度等级,并按照 3 d 强度的大小分为普通型和早强型(用 R 表示)。通用硅酸盐水泥强度见表 3-4。

表 3-4　通用硅酸盐水泥强度(MPa)

品　种	强度等级	抗 压 强 度		抗 折 强 度	
		3 d	28 d	3 d	28 d
硅酸盐水泥	42.5	≥17.0	≥42.5	≥3.5	≥6.5
	42.5R	≥22.0		≥4.0	
	52.5	≥23.0	≥52.5	≥4.0	≥7.0
	52.5R	≥27.0		≥5.0	
	62.5	≥28.0	≥62.5	≥5.0	≥8.0
	62.5R	≥32.0		≥5.5	
普通硅酸盐水泥	42.5	≥17.0	≥42.5	≥3.5	≥6.5
	42.5R	≥22.0		≥4.0	
	52.5	≥23.0	≥52.5	≥4.0	≥7.0
	52.5R	≥27.0		≥5.0	
矿渣硅酸盐水泥 火山灰硅酸盐水泥 粉煤灰硅酸盐水泥 (复合硅酸盐水泥)	32.5	≥10.0	≥32.5	≥2.5	≥5.5
	32.5R	≥15.0		≥3.5	
	42.5	≥15.0	≥42.5	≥3.5	≥6.5
	42.5R	≥19.0		≥4.0	
	52.5	≥21.0	≥52.5	≥4.0	≥7.0
	52.5R	≥23.0		≥4.5	

用抗折强度试验机以中心加荷法测定抗折强度。

在折断后的棱柱体上进行抗压试验,受压面是试体成型时的两个侧面,面积为 40 mm×40 mm。

当不需要抗折强度数值时,抗折强度试验可以省去。但抗压强度试验应在不使试件受有害应力情况下折断的两截棱柱体上进行。

火山灰质硅酸盐水泥、粉煤灰硅酸盐水泥、复合硅酸盐水泥和掺火山灰质混合材料的普通硅酸盐水泥在进行胶砂强度检验时,其用水量按 0.50 水灰比和胶砂流动度不小于 180 mm 来确定。当流动度小于 180 mm 时,须以 0.01 的整倍数递增的方法将水灰比调整至胶砂流动度不小于 180 mm。

胶砂流动度试验是通过测量一定配比的水泥胶砂在规定振动状态下的扩展范围来衡量其流动性。

胶砂流动度试验按 GB/T 2419—2005《水泥胶砂流动度测定方法》进行,其中胶砂制备按 GB/T 17671 进行。

3.5.3　水泥胶砂流动度测定

1. 仪器设备

(1)试验筛

金属丝网试验筛应符合 GB/T 6003.1—2012《试验筛技术要求和检验第 1 部分；金属丝编织网试验筛》的要求，其筛网系列为 R20，网眼尺寸为 2.0 mm、1.6 mm、1.0 mm、0.5 mm、0.16 mm、0.080 mm。

(2)搅拌机

行星式搅拌机(图 3-13)，应符合 JC/T 681—2005《行星式水泥胶砂搅拌机》要求。

用多台搅拌机工作时，搅拌锅和搅拌叶片应保持配对使用。叶片与锅之间的间隙，是指叶片与锅壁最近的距离，应每月检查一次。

(3)水泥胶砂流动度测定仪(简称跳桌)

跳桌主要由铸铁机架和跳动部分组成，如图 3-14 所示。

机架是铸铁铸造的坚固整体，有三根相隔 120°分布的增强筋延伸整个机架高度。机架孔周围环状精磨。机架孔的轴线与圆盘上表面垂直。当圆盘下落和机架接触时，接触面保持光滑，并与圆盘上表面成平行状态，同时在 360°范围内完全接触。

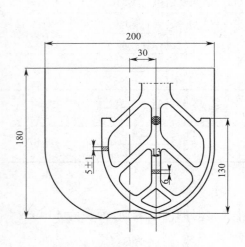

图 3-13　搅拌机(单位：mm)

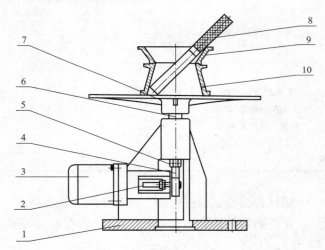

图 3-14　跳桌结构示意图(单位：mm)
1—机架；2—接近开关；3—电机；4—凸轮；5—滑轮；6—推杆；
7—圆盘桌面；8—捣棒；9—模套；10—截锥圆模

跳动部分主要由圆盘桌面和推杆组成，总质量为(4.35±0.15)kg，且以推杆为中心均匀分布。圆盘桌面为布氏硬度不低于 200 HB 的铸钢，直径为(300±1)mm，边缘约厚 5 mm。其上表面应光猾平整，并镀硬铬。表面粗糙度 R_a 在 0.8～1.6 之间。桌面中心有直径为125 mm的刻圆，用以确定锥形试模的位置。从圆盘外缘指向中心有 8 条线，相隔 45°分布。桌面下有 6 根辐射状筋，相隔 60°均匀分布。圆盘表面的平面度不超过 0.10 mm。跳动部分下落瞬间，托轮不应与凸轮接触。跳桌落距为(10.0±0.2)mm。推杆与机架孔的公差间隙为0.05～0.10 mm。

凸轮(图 3-15)由钢制成，其外表面轮廓符合等速螺旋线，表面硬度不低于洛氏 55 HRC。当推杆和凸轮接触时不应察觉出有跳动，上升过程中保持圆盘桌面平稳，不抖动。

转动轴与转速为 60 r/min 的同步电机，其转动机构能保证胶砂流动度测定仪在(25±1)s

内完成 25 次跳动。

跳桌底座有 3 个直径为 12 mm 的孔,三个孔均匀分布在直径 200 mm 的圆上,以便与混凝土基座连接。

(4)试模:由截锥圆模和模套组成。金属材料制成,内表面加工光滑。

圆模尺寸:高度(60±0.5)mm;上口内径(70±0.5)mm;下口内径(100±0.5)mm;下口外径 120 mm;模壁厚大于 5 mm。

(5)捣棒:金属材料制成,直径为(20±0.5)mm,长度约 200 mm,捣棒底面与侧面成直角,其下部光滑,上部手柄滚花。

(6)卡尺:量程不小于 300 mm,分度值不大于 0.5 mm。

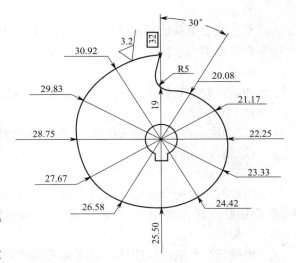

图 3-15　凸轮示意图(单位:mm)

(7)小刀:刀口平直,长度大于 80 mm。

(8)天平:量程不小于 1 000 g,分度值不大于 1 g。

2. 跳桌的安装和润滑、检定

(1)跳桌宜通过膨胀螺栓安装在已硬化的水平混凝土基座上。基座由容重至少为 2 240 kg/m³ 的重混凝土浇筑而成,基部约 400 mm×400 mm 见方,高约 690 mm。

(2)跳桌推杆应保持清洁,并稍涂润滑油。圆盘与机架接触面不应该有油。凸轮表面上涂油可减少操作的摩擦。

(3)跳桌安装好后,采用流动率标准样(JB W01-1-1《水泥胶砂流动度标准样》)进行检定,测得标样的流动度值如与给定的流动度值相差在规定范围内,则该跳桌的使用性能合格。

3. 胶砂的组成

1)砂

使用 ISO 基准砂或中国 ISO 标准砂。

(1)ISO 基准砂:ISO 基准砂是由德国标准砂公司制备的 SiO₂ 含量不低于 98% 的天然的圆形硅质砂组成,其颗粒分布在表 3-5 规定的范围内。

表 3-5　ISO 基准砂颗粒分布

方孔边长(mm)	累计筛余(%)	方孔边长(mm)	累计筛余(%)	方孔边长(mm)	累计筛余(%)
2.0	0	1.0	33±5	0.16	87±5
1.6	7±5	0.5	67±5	0.08	99±1

砂的筛析试验应用有代表性的样品来进行,每个筛子的筛析试验应进行至每分钟通过量小于 0.5 g 为止。砂的湿含量是在 105~110 ℃下用代表性砂样烘 2 h 的质量损失来测定,以干砂的质量百分数表示,应小于 0.2%。

(2)中国 ISO 标准砂:

中国 ISO 标准砂完全符合 ISO 基准砂颗粒分布和湿含量的规定。

中国 ISO 标准砂可以单级分包装,也可各级预配合以(1 350±5)g 的量用塑料袋混合包装,但所用塑料袋材料不得影响强度试验结果。

2）水泥

当试验水泥从取样至试验要保持 24 h 以上时，应把它贮存在基本装满和气密的容器里，这个容器应不与水泥起反应。

3）水

仲裁试验或其他重要试验用蒸馏水，其他试验可用饮用水。

4. 试验过程

(1)如跳桌在 24 h 内未被使用，先空跳一个周期 25 次。

(2)制备胶砂：

①配合比

胶砂的质量配合比应为一份水泥、三份标准砂和半份水（水灰比为 0.5）。每锅材料需要量：通用硅酸盐水泥(450±2)g，标准砂(1 350±5)g，水(225±1)mL。

②配料

水泥、砂、水或试验用具的温度与试验室相同，称量用的天平精度应为±1 g。当用自动滴管加 225 mL 水时，滴管精度应达到±1 mL。

③搅拌

每锅胶砂用搅拌机进行机械搅拌。先使搅拌机处于待工作状态，然后按以下程序进行操作：

a. 把水加入锅里，再加水泥，把锅放在固定架上，上升至固定位置。

b. 然后立即开动机器，低速搅拌 30 s 后，在第二个 30 s 开始的同时均匀地将砂子加入。当各级砂分装时，从最粗粒级开始，依次将所需的每级砂量加完。把机器转至高速再拌 30 s。

c. 停拌 90 s，在第 1 个 15 s 内用一胶皮刮具将叶片和锅壁上的胶砂刮入锅中间。在高速下继续搅拌 60 s。各个搅拌阶段，时间误差应在±1 s 以内。

(3)在制备胶砂的同时，用潮湿棉布擦拭跳桌台面、试模内壁、捣棒以及与胶砂接触的用具，将试模放在跳桌台面中央并用潮湿棉布覆盖。

(4)将拌好的胶砂分两层迅速装入试模，第一层装至截锥圆模高度约 2/3 处，用小刀在相互垂直两个方向各划 5 次，用捣棒由边缘至中心均匀捣压 15 次[图 3-16(a)]；随后，装第二层胶砂，装至高出截锥圆模约 20 mm，用小刀在相互垂直两个方向各划 5 次，再用捣棒由边缘至中心均匀捣压 10 次[图 3-16(b)]。捣压后胶砂应略高于试模。捣压深度，第一层捣至胶砂高度的二分之一，第二层捣实不超过已捣实底层表面。装胶砂和捣压时，用手扶稳试模，使其不移动。

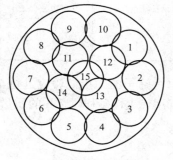
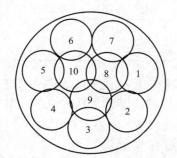

(a)第一层捣压位置示意图　　　　(b)第二层捣压位置示意图

图 3-16　捣压位置示意图

（5）捣压完毕，取下模套，将小刀倾斜，从中间向边缘分两次以近水平的角度抹去高出截锥圆模的胶砂，并擦去落在桌面上的胶砂。将截锥圆模垂直向上轻轻提起。立刻开动跳桌，以每秒钟一次的频率，在（25±1）s 内完成 25 次跳动。

（6）流动度试验，从胶砂加水开始到测量扩散直径结束，应在 6 min 内完成。

5. 结果与计算

跳动完毕，用卡尺测量胶砂底面互相垂直的两个方向直径，计算平均值，取整数，单位为毫米。该平均值即为该水量的水泥胶砂流动度。

3.5.4　水泥胶砂强度试验

1. 仪器设备

（1）试验筛

与"水泥胶砂流动度测定"要求相同。

（2）搅拌机

与"水泥胶砂流动度测定"要求相同。

（3）试模

试模由三个水平的模槽组成（图 3-17），可同时成型三个截面为 40 mm×40 mm，长160 mm 的棱形试体，其材质和制造尺寸应符合 JC/T 726—2005《水泥胶砂试模》要求。

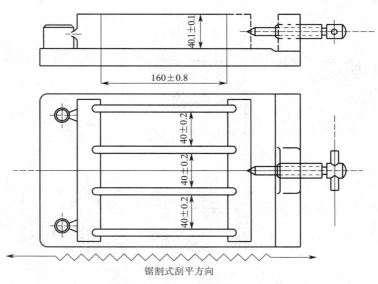

图 3-17　典型的试模（单位：mm）

当试模的任何一个公差超过规定的要求时，就应更换。在组装备用的干净模型时，应用黄干油等密封材料涂覆模型的外接缝。试模的内表面应涂上一薄层模型油或机油。

成型操作时，应在试模上面加一个壁高 20 mm 的金属模套，当从上往下看时，模套壁与模型内壁应该重叠，超出内壁不应大于 1 mm。

为了控制料层厚度和刮平胶砂，应备有图 3-18 所示的两个播料器和一把金属刮平直尺。

（4）振试台

振试台（图 3-19）应符合 JC/T 682—2005《水泥胶砂试体成型振实台》要求。振试台应安装在高度约 400 mm 的混凝土基座上。混凝土体积约 0.25 m³，重约 600 kg。需防外部振动影响振试效果时,可在整个混凝土基座下放一层厚约 5 mm 天然橡胶弹性衬垫。

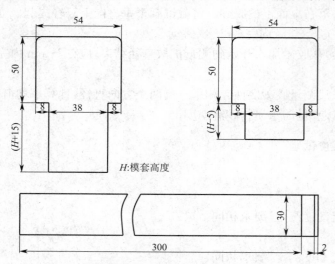

图 3-18　典型的播料器和金属刮平尺(单位:mm)

将仪器用地脚螺丝固定在基座上,安装后设备成水平状态,仪器底座与基座之间要铺一层砂浆以保证它们的完全接触。

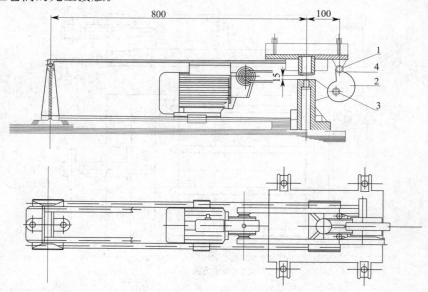

图 3-19　典型的振试台(单位:mm)
1—突头;2—凸轮;3—止动器;4—随动轮

(5)抗折强度试验机

抗折强度试验机应符合 JC/T 724—2005《水泥胶砂电动抗折试验机》的要求。试件在夹具中受力状态如图 3-20 所示。通过三根圆柱轴的三个竖向平面应该相互平行,并在试验时继续保持平行和等距离垂直试体的方向,其中一根支撑圆柱能轻微地倾斜使圆柱与试体完全接触,以便荷载沿试体宽度方向均匀分布,同时不产生任何扭转应力。

抗折强度也可用抗压强度试验机来测定,此时应使用符合上述规定的夹具。

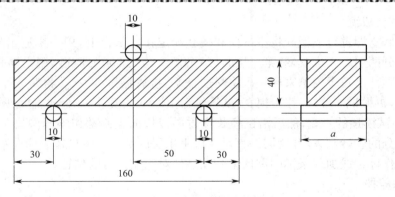

图 3-20　抗折强度测定加荷图(单位:mm)

(6)抗压强度试验机

抗压强度试验机,在较大的五分之四量程范围内使用时记的荷载应有±1%精度,并具有按(2 400±200)N/s 速率的加荷能力,还应有一个能指示试件破坏时荷载大小并把它保持到试验机卸荷以后的指示器。人工操纵的试验机应配有一个速度动态装置以便于控制荷载增加。

压力机的活塞竖向轴应与压力机的竖向轴重合,在加荷时也不例外,并且活塞作用的合力要通过试件中心。压力机的下压板表面应与该机的轴线垂直并在加荷过程中一直保持不变。

压力机上压板球座中心应在该机竖向轴线与上压板下表面相交点上,其公差为±1 mm。上压板在与试体接触时能自动调整,但在加荷期间上下压板的位置应固定不变。

试验机压板应由维氏硬度不低于 HV600 硬质钢制成,最好为碳化钨,厚度不小于10 mm,宽为(40±0.1)mm,长不小于 40 mm。压板和试件接触的表面平面度公差应为 0.01 mm,表面粗糙度 R_a 应在 0.1~0.8 之间。

(7)抗压强度试验机用夹具

当需要使用夹具时,应把它放在压力机的上下压板之间并与压力机处于同一轴线,以便将压力机的荷载传递至胶砂试件表面。夹具应符合 JC/T 683—2005《40 mm×40 mm 水泥抗压夹具》的要求,受压面积为 40 mm×40 mm。夹具在压力机上位置如图 3-21所示,夹具要保持清洁,球座应能转动以使其上压板能从一开始就适应试体的形状并在试验中保持不变。使用中夹具应满足 JC/T 683 的全部要求。

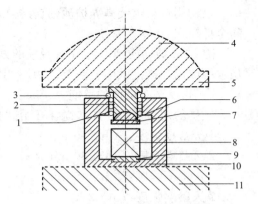

图 3-21　典型的抗压强度试验夹具
1—滚珠轴承;2—滑块;3—复位弹簧;4—压力机球座;
5—压力机上压板;6—夹具球座;7—夹具上压板;
8—试体;9—底板;10—夹具下垫板;
11—压力机下压板

2. 材料的准备

与"水泥胶砂流动度测定"相同

3. 胶砂制备

与"水泥胶砂流动度测定"相同。

4. 试件的制备

(1)尺寸

应采用 40 mm×40 mm×160 mm 的棱柱体。

（2）用振试台成型

胶砂制备后立即进行成型。将空试模和模套固定在振试台上，用一个适当勺子直接从搅拌锅里将胶砂分两层装入试模，装第一层时，每个槽里约放 300 g 胶砂，用大播料器（图 3-18）垂直架在模套顶部沿每个模槽来回一次将料层播平，接着振试 60 次。再装入第二层胶砂，用小播料器播平，再振试 60 次。移走模套，从振试台上取下试模，用一金属直尺（图 3-18）以近似 90°的角度架在试模顶的一端，然后沿试模长度方向以横向锯割动作慢慢向另一端移动，一次将超过试模部分的胶砂刮去，并用同一直尺在近乎水平的情况下将试体表面抹平。

在试模上作标记或加字条标明试件编号和试件对于振试台的位置。

5. 试件的养护

（1）脱模前的处理和养护

去掉留在模子四周的胶砂。立即将作好标记的试模放入雾室或湿箱的水平架子上养护，湿空气应能与试模各边接触。养护时不应将试模放在其他试模上。一直养护到规定的脱模时间时取出脱模。脱模前，用防水墨汁或颜料笔对试体进行编号和做其他标记。两个龄期以上的试体，在编号时应将同一试模中的三条试体分在两个以上龄期内。

（2）脱模

脱模应非常小心。对于 24 h 龄期内的，应在破型试验前 20 min 内脱模。对于 24 h 以上龄期的，应在成型后 20~24 h 之间脱模。

已确定作为 24 h 龄期试验（或其他不下水直接做试验）的已脱模试体，应用湿布覆盖至做试验时为止。

（3）水中养护

将做好标记的试件立即水平或竖直放在（20±1）℃水中养护，水平放置时刮平面应朝上。

试件放在不易腐烂的箅子上，并彼此间保持一定间距，以让水与试件的六个面接触。养护期间试体之间间隔或试体上表面的水深不得小于 5 mm。

每个养护池只养护同类型的水泥试件。

最初用自来水装满养护池（或容器），随后随时加水保持适当的恒定水位，不允许在养护期间全部换水。

除 24 h 龄期或延迟至 48 h 脱模的试体外，任何到龄期的试体均应在试验（破型）前15 min 从水中取出。揩去试体表面沉积物，并用湿布覆盖至开始试验为止。

（4）强度试验试体的龄期

试体龄期是从水泥加水搅拌开始试验时算起。不同龄期强度试验在下列时间里进行。

1 天龄期强度：24 h±15 min；

2 天龄期强度：48 h±30 min；

3 天龄期强度：72 h±45 min；

7 天龄期强度：7 d±2 h；

28 天龄期强度：>28 d±8 h。

6. 抗折强度测定

将试体一个侧面放在试验机支撑圆柱上，试体长轴垂直于支撑圆柱，通过加荷圆柱以（50±10）N/s 的速率均匀地将荷载垂直地加在棱柱体相对侧面上，直至折断。

保持两个半截棱柱体处于潮湿状态直至抗压试验。

7. 抗压强度测定

抗压强度试验用规定的仪器,在半截棱柱体的侧面上进行。

半截棱柱体中心与压力机压板受压中心差应在±0.5 mm 内,棱柱体露在压板外的部分约有 10 mm。

在整个加荷过程中以(2 400±200)N/s 的速率均匀地加荷直至破坏。

8. 抗折强度的确定

抗折强度按下式计算:

$$f_t = \frac{1.5 F_f L}{b^3} \qquad (MPa) \tag{3-5}$$

式中　F_f——折断时施加于棱柱体中部的荷载(N);

　　　L——支撑圆柱之间的距离(mm);

　　　b——棱柱体正方形截面的边长(mm)。

结果评定:以一组三个棱柱体抗折结果的平均值作为试验结果。当三个强度值中有一个超出平均值±10%时,应剔除后再取平均值作为抗折强度试验结果。

计算精确至 0.1 MPa。

9. 抗压强度的确定

抗压强度按下式计算:

$$f_c = \frac{F_c}{A} \qquad (MPa) \tag{3-6}$$

式中　F_c——破坏时的最大荷载(N);

　　　A——受压部分面积(mm^2)(40 mm×40 mm=1 600 mm^2)。

结果评定:以一组三个棱柱体上得到的六个抗压强度测定值的算术平均值为试验结果。

如六个测定值中有一个超出六个平均值的±10%,就应剔除这个结果,而以剩下五个的平均数为结果。如果五个测定值中再有超过它们平均数±10%的,则此组结果作废。

计算精确至 0.1 MPa。

 知识拓展

在土木工程中,将散粒状材料(如砂和石子)或块状材料(如砖块和石块)黏结成整体的材料,统称为胶凝材料。胶凝材料按其化学组成成分的不同,可分为无机胶凝材料和有机胶凝材料两大类,无机胶凝材料按硬化条件不同又分为气硬性和水硬性两种。相比较而言,无机胶凝材料在土木工程中的应用更加广泛。

气硬性胶凝材料只能在空气中凝结硬化和增长强度,所以只适用于地上和干燥环境中,不能用于潮湿环境,更不能用于水中,如建筑石膏、石灰和水玻璃等。而水硬性胶凝材料不但能在空气中凝结硬化和增长强度,在潮湿环境甚至水中也能很好地凝结硬化和增长强度,因此它既适用于地上,也适用于潮湿环境或水中,如各种水泥。

有机胶凝材料是以天然或人工合成高分子化合物为主要成分的胶凝材料。常用的有机胶凝材料主要有石油沥青、煤沥青和各种天然或人造树脂。

胶凝材料分类如下:

$$胶凝材料 \begin{cases} 无机胶凝材料 \begin{cases} 气硬性胶凝材料:如石灰、石膏、水玻璃 \\ 水硬性胶凝材料:如各种水泥 \end{cases} \\ 有机胶凝材料:如沥青、树脂 \end{cases}$$

1. 石膏

石膏胶凝材料是一种以硫酸钙为主要成分的气硬性胶凝材料。石膏胶凝材料及其制品是一种理想的高效节能材料,在建筑中已得到广泛应用。其制品具有质量轻、抗火、隔音、绝热效果好等优点,同时生产工艺简单,资源丰富。它不仅是一种有悠久历史的胶凝材料,而且是一种有发展前途的新型建筑材料。在美国、日本、欧洲,石膏板的应用都很普遍,我国石膏板的应用也越来越多。

1)石膏的种类

根据硫酸钙所含结晶水数量的不同,石膏分为二水石膏($CaSO_4 \cdot 2H_2O$)、半水石膏($CaSO_4 \cdot \frac{1}{2}H_2O$)和无水石膏($CaSO_4$)。

二水石膏有两个来源,一是天然石膏矿,这种石膏又称为软石膏或生石膏;二是化工石膏,这种石膏是含有较大量 $CaSO_4 \cdot 2H_2O$ 的化学工业副产品,是一种废渣或废液,如磷化工厂的废渣为磷石膏,氟化工厂的废渣为氟石膏。此外,还有脱硫排烟石膏、硼石膏、盐石膏、钛石膏等。

无水石膏亦有两个来源,一是天然石膏矿,这种石膏又称为硬石膏;二是来源于二水石膏高温煅烧后的产物,这种石膏有三种形态(图 3-22)。

半水石膏是二水石膏加热后生成的产物(图 3-22)。

2)建筑石膏的生产

生产建筑石膏的原材料主要是天然二水石膏,也可采用化工石膏。

纯净的天然二水石膏矿石呈无色透明或白色,但在含杂质时可呈灰色、褐色、黄色、红色等。根据 $CaSO_4 \cdot 2H_2O$ 的含量,天然二水石膏量分为五个等级(JC 16—1982): $CaSO_4 \cdot 2H_2O$ 含量(%)≥95 时为一等,94~85 时为二等,84~75 时为三等,74~65 时为四等,64~55 时为五等。

采用化工石膏时作为生产原料时应注意,如废渣(液)中含有酸性成分时,须预先用水洗涤或用石灰中和后才能使用。用化工石膏生产建筑石膏,可扩大石膏原料的来源,变废为宝,达到综合利用的目的。

将 $CaSO_4 \cdot 2H_2O$ 在不同煅烧条件下、不同压力和温度下加热,可制得晶体结构和性质各异的多种石膏胶凝材料,如图 3-22 所示。

从上图可知,$CaSO_4 \cdot 2H_2O$ 在干燥条件下经过低温煅烧,可得到 β 型半水石膏(β−$CaSO_4 \cdot 1/2H_2O$),这种石膏磨细加工即为建筑石膏。建筑石膏为白色粉末,密度约为 2.60~2.75 g/cm³,堆积密度约为 800~1 000 kg/m³。

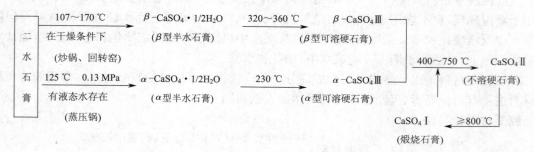

图 3-22　二水石膏的加热变种

3）建筑石膏的水化与凝结硬化

建筑石膏与适量的水拌和后，最初形成可塑性良好的浆体，但很快就失去塑性而产生凝结硬化，继而发展成为固体。发生这种现象的实质，是由于浆体内部经历了一系列的物理化学变化。

首先，β 型半水石膏溶解于水，与水化合形成了二水石膏。由于二水石膏在常温下的溶解度仅为半水石膏溶解度的 1/5，故二水石膏胶体微粒就从溶液中结晶析出。这时溶液浓度降低，并且促使新的一批半水石膏又可继续溶解和水化。如此循环进行，直到半水石膏全部耗尽，转化为二水石膏。在这个过程中，随着水化的进行，二水石膏生成量不断增加，水分逐渐减少，浆体开始失去可塑性，这称为初凝。而后浆体继续变稠，颗粒之间的摩擦力和黏结力增加，完全失去可塑性，并开始产生结构强度，称为终凝。

石膏终凝后，其晶体颗粒仍在不断长大并连生并互相交错，结构中孔隙率逐渐减小，石膏强度也不断增长，直至剩余水分完全蒸发后，强度才停止发展，形成硬化后的石膏结构。这就是建筑石膏的硬化过程。

4）建筑石膏等级

根据《建筑石膏》(GB 9776—2008)的规定，建筑石膏按抗折、抗压强度和细度分为优等品、一等品和合格品三个等级。

建筑石膏产品的标记顺序为产品名称、抗折强度、标准号。例如，抗折强度为 2.5 MPa 的建筑石膏标记为建筑石膏 2.5 GB 9776。

5）建筑石膏的特性

（1）凝结硬化快

建筑石膏凝结硬化过程很快，初凝时间不小于 6 min，终凝时间不超过 30 min，在室内自然干燥条件下，一星期左右完全硬化。所以在施工时往往要根据实际需要掺加适量的缓凝剂，如 0.1%～0.2% 的动物胶、0.1%～0.5% 的硼砂等。

（2）硬化时体积微膨胀

建筑石膏硬化时体积微膨胀（膨胀率为 0.05%～0.15%），这使石膏制品表面光滑饱满、棱角清晰，干燥时不开裂。

（3）硬化后空隙率大、表观密度和强度较低

建筑石膏在使用时为获得良好的流动性，加入的水量往往比水化所需水分多。石膏凝结后，多余水分蒸发，在石膏硬化体内留下大量孔隙（孔隙率高达 50%～60%），故表观密度小，强度低，其硬化后的强度仅为 3～5 MPa，但这已能满足用作隔墙和饰面的要求。

不同品种的石膏胶凝材料硬化后的强度差别很大。高强石膏硬化后的强度通常比建筑石膏要高 2～7 倍。

建筑石膏粉易吸潮，长期储存会降低强度，因此建筑石膏粉在贮存及运输期间必须防潮，储存时间一般不得超过三个月。

（4）绝热、吸声性良好

建筑石膏制品的导热系数较小，一般为 0.121～0.205 W/(m·K)，具有良好的绝热能力。

（5）防火性能良好

建筑石膏硬化后生成二水石膏，遇火时，由于石膏中结晶水吸收热量蒸发，在制品表面形成蒸汽幕，有效阻止火的蔓延。制品厚度越大，防火性能越好。

（6）有一定的调温调湿性

建筑石膏热容量大、吸湿性强，所以能对室内温度和湿度起到一定的调节作用。

（7）耐水性、抗冻性差

因建筑石膏硬化后具有很强的吸湿性，在潮湿环境中会削弱晶体间结合力，使强度显著下降。调水时晶体溶解而引起破坏，吸水后再受冻，孔隙内水分结冰而制品崩裂。因此，建筑石膏不耐水，不抗冻。

（8）加工性和装饰性好

石膏硬化体可锯、可钉、可刨、可打眼，便于施工；其制品表面细腻平整，色洁白，极富装饰性。

6）建筑石膏的应用

石膏在建筑中的应用十分广泛，可用来制作各种石膏板、各种建筑艺术配件及建筑装饰、彩色石膏制品、石膏砖、空心石膏砌块、石膏混凝土、粉刷石膏和人造大理石等。另外，石膏也可作为重要的外加剂，用于水泥及硅酸盐制品中。

（1）粉刷石膏

粉刷石膏是由建筑石膏或由建筑石膏和 $CaSO_4$ 二者混合后再加入外加剂、细骨料等而制成的气硬性胶凝材料。其按用途可分为面层粉刷石膏（M）、底层粉刷石膏（D）和保温层粉刷石膏（W）三类。

粉刷石膏产品标记的顺序为产品名称、代号、等级和标准号。例如优等品面层粉刷石膏标记为粉刷石膏 MA－JC/T 517。

（2）建筑石膏制品

建筑石膏制品的种类很多，如纸面石膏板、空心石膏条板、石膏砌块和装饰石膏制品等。主要用作分室墙、内隔墙、吊顶和装饰。

纸面石膏板是以建筑石膏为主要原料，掺入纤维、外加剂和适量的轻质填料等，加水拌成料浆，浇注在行进中的纸面上，成型后再覆以上层面纸。料浆经过凝固形成芯材，经切断、烘干，使芯材与护面纸牢固地结合在一起。

空心石膏条板生产方法与普通混凝土空心板类似。生产时常加入纤维材料或轻质填料，以提高板的抗折强度和减轻自重。多用于民用住宅的分室墙。

建筑石膏配以纤维增强材料、胶粘剂等可制成石膏角线、线板、角花、灯圈、罗马柱和雕塑等艺术装饰石膏制品。

2. 石灰

石灰是以氧化钙或氢氧化钙为主要成分的气硬性胶凝材料，是一种传统而又古老的建筑材料。石灰的原料来源广泛，生产工艺简单，使用方便，成本低廉，并具有良好的建筑性能，所以目前仍然是一种使用十分广泛的建筑材料。

1）石灰的种类

根据石灰成品的加工方法不同，石灰有以下四种成品。

（1）生石灰。由石灰石煅烧成的白色或浅灰色疏松结构块状物，主要成分为 CaO。

（2）生石灰粉。由块状生石灰磨细而成。

（3）消石灰粉。将生石灰用适量水经消化和干燥而成的粉末，主要成分为 $Ca(OH)_2$，亦称熟石灰。

（4）石灰膏。将块状生石灰用过量水（约为生石灰体积的 3～4 倍）消化，或将消石灰粉和水拌和，所得达一定稠度的膏状物，主要成分是 $Ca(OH)_2$ 和水。

2）建筑石灰的原材料与生产

用于制备石灰的原料有石灰石、白垩、白云石和贝壳等,它们的主要成分都是碳酸钙,在低于烧结温度下煅烧所得到的块状物质即生石灰。反应式如下:

$$CaCO_3 \xrightarrow{900\sim1\,000\ ℃} CaO+CO_2\uparrow$$

煅烧良好的生石灰,质轻色匀,密度约为 $3.2\ g/cm^3$,表观密度约为 $800\sim1\,000\ kg/m^3$。

煅烧温度的高低及分布情况,对石灰质量有很大影响。温度过低或煅烧时间不足,使得 $CaCO_3$ 不能完全分解,将生成"欠火石灰",如果煅烧温度过高或时间过长,将生成颜色较深的"过火石灰"。欠火石灰中含有较多的未消化残渣,影响成品的出材率;过火石灰内部结构致密,CaO 晶粒粗大,表面被一层玻璃釉状物包裹,与水反应极慢,会引起制品的隆起或开裂。

《建筑生石灰》JC/T 479—2013 中规定,按生石灰的加工情况分为建筑生石灰和建筑生石灰粉,按生石灰的化学成分分为钙质石灰和镁质石灰两类。

3)石灰的水化

工地上在使用石灰时,通常将生石灰加水,使之消解为膏状或粉末状的消石灰,这个过程称为石灰的水化,又称消化或熟化。其反应式如下:

$$CaO+H_2O \rightarrow Ca(OH)_2+64.9k\,J$$

上述化学反应有两个特点:一是水化热大、水化速率快;二是水化过程中固相体积增大 $1.5\sim2$ 倍。后一个特点易在工程中造成事故,应予以高度重视。如前所述,过火石灰水化极慢,它要在占绝大多数的正常石灰凝结硬化后才开始慢慢熟化,并产生体积膨胀,从而引起已硬化的石灰体发生鼓包开裂破坏。为了消除过火石灰的危害,通常将生石灰放在消化池中"陈伏"$2\sim3$ 周以上才予以使用。陈伏时,石灰浆表面应保持一层水来隔绝空气,防止碳化。

4)石灰浆的凝结硬化

石灰的硬化是指石灰浆体由塑性状态逐步转化为具有一定强度的固体的过程。石灰浆体在空气中逐渐硬化,是由下面两个同时进行的过程来完成。

(1)结晶作用。石灰浆体在干燥过程中由于水分蒸发或被周围气体吸收,各个颗粒间形成网状孔隙结构,在毛细管压力的作用下,颗粒间距逐渐减小,因而产生一定强度。同时氢氧化钙逐渐从饱和溶液中结晶析出,并形成一定的结晶强度。

(2)氢氧化钙与空气中的二氧化碳化合生成碳酸钙结晶,释出水分并被蒸发。

因为碳化作用实际是二氧化碳与水形成碳酸,然后与氢氧化钙反应生成碳酸钙,所以这个过程不能在没有水分的全干状态下进行。而且在长时间内,碳化作用只在表面进行,所以只有当孔壁完全湿润而孔中不充满水时,碳化作用才能进行较快。随着时间延长,表面形成的碳酸钙层达到一定厚度时,将阻碍 CO_2 向内渗透,同时也使浆体内部的水分不易脱出,使氢氧化钙结晶速度减慢。所以,石灰浆体的硬化过程只能是很缓慢的。

硬化后的石灰体表面为碳酸钙层,它会随着时间延长而厚度逐渐增加,里层是氢氧化钙晶体。

5)石灰的特性

(1)可塑性和保水性好

生石灰熟化为石灰浆时,能自动形成颗粒极细的呈胶体状态的氢氧化钙,表面吸附一层厚水膜,因而颗粒间的摩擦力减小,可塑性好。在水泥砂浆中加入石灰浆,可使可塑性和保水性显著提高。

(2)硬化缓慢,硬化后强度低

石灰的硬化只能在空气中进行,空气中 CO_2 含量少,使碳化作用进行缓慢。已硬化的表层对内部的硬化又有阻碍作用,所以石灰浆的硬化很缓慢。

熟化时的大量多余水分在硬化后蒸发,在石灰体内留下大量孔隙,所以硬化后的石灰体密实度小,强度也不高。石灰砂浆 28 d 抗压强度通常只有 0.2~0.5 MPa,受潮后石灰溶解,强度更低。

(3)硬化时体积收缩大

由于石灰浆中存在大量游离水,硬化时大量水分蒸发,导致内部毛细管失水紧缩,引起显著的体积收缩变形,使硬化石灰体产生裂纹。故除调成石灰乳作薄层粉刷外,石灰浆不宜单独使用。通常工程施工时常掺入一定量的骨料(如砂子)或纤维材料(如麻刀、纸筋等)。

(4)耐水性差

石灰浆硬化慢、强度低,所以在石灰硬化体中,大部分仍是尚未碳化的 $Ca(OH)_2$,易溶于水,这会使硬化石灰体遇水后产生溃散。所以石灰不宜在潮湿的环境下使用,也不宜单独用于建筑物基础。

6)石灰的应用

石灰在建筑工程中的应用范围很广,常作以下几种用途。

(1)配制砂浆

石灰具有良好的可塑性和黏结性,常用来配制砂浆用于墙体的砌筑和抹面。石灰浆或消石灰粉与砂和水单独配制成的砂浆称石灰砂浆,与水泥、砂和水一起配制成的砂浆称混合砂浆。为了克服石灰浆收缩大的缺点,配制时常加入纸筋等纤维质材料。

(2)拌制三合土和灰土

三合土按生石灰粉(或消石灰粉):黏土:砂子(或碎石、炉渣)=1:2:3 的比例来配制。灰土按石灰粉(或消石灰粉):黏土=1:2~4 的比例来配制。它们主要用于建筑物的基础、路面或地面的垫层,也就是说用于与水接触的环境,这与其气硬性相矛盾。这可能是三合土和灰土在强力夯打之下,密实度大大提高,黏土中的少量活性 SiO_2 和活性 Al_2O_3 与石灰粉水化产物作用,生成了水硬性的水化硅酸钙和水化铝酸钙,从而有一定耐水性之故。

(3)制作石灰乳涂料

将消石灰粉或熟化好的石灰膏加入适量的水搅拌稀释,拌成的石灰乳,是一种廉价易得的涂料,主要用于内墙和天棚刷白,增加室内美观和亮度,我国农村也用于外墙。石灰乳可加入各种颜色的耐碱材料,以获得更好的装饰效果。

(4)生产硅酸盐制品

以石灰和硅质材料(如粉煤灰、石英砂、炉渣等)为原料,加水拌和,经成型,蒸养或蒸压处理等工序而成的建筑材料,统称为硅酸盐制品。如蒸压灰砂砖、粉煤灰砌块、硅酸盐砌块等,主要用作墙体材料。生石灰的水化产物 $Ca(OH)_2$ 能激发粉煤灰、炉渣等硅质工业废渣的活性,起碱性激发作用,$Ca(OH)_2$ 能与废渣中的活性 SiO_2、Al_2O_3 反应,生成有胶凝性、耐水性的水化硅酸钙和水化铝酸钙,这一原理在利用工业废渣来生产建筑材料时广泛采用。

(5)磨制生石灰粉

建筑工程中大量用磨细生石灰来代替石灰膏和消石灰粉配制灰土或砂浆,或直接用于生产硅酸盐制品。磨细生石灰可不经预先消化和陈伏直接应用。因为这种石灰具有很高的细度,水化反应速度快,水化时体积膨胀均匀,避免了产生局部膨胀过大现象。另外,石灰中的过火石灰和欠火石灰被磨细,提高了石灰的质量和利用率。

(6)加固软土地基

块状生石灰可用来加固含水的软土地基(称为石灰桩)。它是在桩孔内灌入生石灰块,利用生石灰吸水熟化产生体积膨胀的特性来加固地基。

(7)制造静态破碎剂和膨胀剂

将含有一定量 CaO 晶体、粒径为 $10\sim100$ μm 的过火石灰粉,与 $5\%\sim70\%$ 的水硬性胶凝材料及 $0.1\%\sim0.5\%$ 的调凝剂混合,可制得静态破碎剂。使用时将它与适量的水混合调成浆体,注入欲破碎物的钻孔中。由于水硬性胶凝材料硬化后,过火石灰才水化,水化时体积膨胀,从而产生很大的膨胀压力,使物体破碎。该破碎剂可用于拆除建筑物和破碎分割岩石。用石灰还可以制作膨胀剂。

3. 水玻璃

水玻璃俗称泡花碱,是一种能溶于水的硅酸盐,由不同比例的碱金属氧化物和二氧化硅组成。目前最常用的是硅酸钠水玻璃 $Na_2O \cdot nSiO_2$,还有硅酸钾水玻璃 $K_2O \cdot nSiO_2$。

1)水玻璃的种类与生产

水玻璃按其形态可分为液体水玻璃和固体水玻璃两种。液体水玻璃无色透明,当含有不同杂质时可呈青灰色、绿色或微黄色等,可以与水按任意比例混合而成不同浓度的溶液,浓度越稠黏结力越强;固体水玻璃的形状呈块状、粒状或粉状。

水玻璃的生产方法有湿法生产和干法生产两种。湿法生产是将石英砂和氢氧化钠水溶液在压蒸锅($0.2\sim0.3$ MPa)内用蒸汽加热溶解而制成水玻璃溶液。干法是将石英砂和碳酸钠磨细拌匀,在熔炉中于 $1\,300\sim1\,400$ ℃温度下熔融,其反应式如下:

$$NaCO_3 + nSiO_2 \rightarrow Na_2O \cdot nSiO_2 + CO_2 \uparrow$$

熔融的水玻璃冷却后得到固态水玻璃,然后在 $0.3\sim0.8$ MPa 的蒸压釜内加热溶解成胶状玻璃溶液。

水玻璃分子式中 SiO_2 与 Na_2O 分子数比值 n 称为水玻璃硅酸盐模数,一般在 $1.5\sim3.5$ 之间。n 值越大,水玻璃中胶体组分越多,水玻璃黏性越大,越难溶于水。

2)水玻璃的硬化与特性

水玻璃溶液在空气中吸收 CO_2 形成无定形硅胶,并逐渐干燥而硬化,其反应为

$$Na_2O \cdot nSiO_2 + CO_2 + mH_2O \rightarrow Na_2CO_3 + nSiO_2 \cdot mH_2O$$

上述反应过程进行缓慢。为加速硬化,常在水玻璃中加入促硬剂氟硅酸钠,促使硅酸凝胶加速析出,其反应式如下:

$$2(Na_2O \cdot nSiO_2) + Na_2SiF_6 + mH_2O \rightarrow 6NaF + (2n+1)SiO_2 \cdot mH_2O$$

氟硅酸钠的适宜掺量为水玻璃质量的 $12\%\sim15\%$。用量太少,硬化速度慢、强度低,且未反应的水玻璃易溶于水,导致耐水性差;用量过多,则凝结过快,造成施工困难,且渗透性大,强度也低。

水玻璃有以下特性:

(1)良好的黏结性。

(2)很强的耐酸性。水玻璃能抵抗多数酸的作用(氢氟酸除外)。

(3)较好的耐高温性。水玻璃可耐 $1\,200$ ℃的高温,在高温下不燃烧,不分解,强度不降低,甚至有所增加。

3)水玻璃的应用

利用水玻璃的上述性能,在建筑工程中可有下列用途。

(1)涂刷建筑材料表面,提高密实度和抗风化能力。用水将水玻璃稀释,多次涂刷或浸渍材料表面,可提高材料的抗风化能力或使其密实度和强度提高。如果在液体水玻璃中加入适量尿素,在不改变其黏度情况下可提高黏结力 25% 左右。此方法对黏土砖、硅酸盐制品、水泥混凝土等含 $Ca(OH)_2$ 的材料效果良好。不能用于涂刷或浸渍石膏制品,因为 $Na_2O \cdot nSiO_2$ 与 $CaSO_4$ 反应生成 Na_2SO_4,Na_2SO_4 在制品孔隙中结晶,结晶时体积膨胀,引起制品开裂破坏。

(2)配制成耐热砂浆和耐热混凝土。水玻璃可与耐热骨料等一起来配制成耐热砂浆和耐热混凝土。

(3)配制成耐酸砂浆和耐酸混凝土。水玻璃可与耐酸骨料等一起来配制成耐酸砂浆和耐酸混凝土。

(4)加固地基。将水玻璃溶液与氯化钙溶液交替注入土壤内,两者反应析出硅酸胶体,能起胶结和填充孔隙的作用,并可阻止水分的渗透,提高土壤的密度和强度。

(5)以水玻璃为基料,配制各种防水剂。水玻璃能促进水泥凝结,如在水泥中掺入约为水泥重量 0.7 倍的水玻璃,初凝为 2 min,可直接用于堵塞漏洞、缝隙等局部抢修。因凝结过速,不宜配制水泥防水砂浆用于屋面和地面刚性防水。

(6)在水玻璃中加入 2~5 种矾,能配制各种快凝防水剂。常见的矾有蓝矾、明矾、红矾、紫矾等。防水剂的配制方法为选取两种、三种、四种或五种矾各 1 份溶于 60 份 100 ℃ 的水中,冷却至 50 ℃ 后,投入 400 份水玻璃中搅拌均匀即可。这种防水剂分别称为二矾、三矾、四矾或五矾防水剂。

(7)配制水玻璃矿渣砂浆,修补砖墙裂缝。将液体水玻璃、粒化高炉矿渣粉、砂和氟硅酸钠按一定比例配合,压入砖墙裂缝。粒化高炉矿渣粉的加入不仅起填充及减少砂浆收缩的作用,还能与水玻璃起化学反应,成为增进砂浆强度的一个因素。

项目小结

在学习本项目时应重点掌握常用水泥的技术性能检测方法,能熟练、准确阅读常用水泥的质量检测报告,能熟练应用所学知识在工程实践中,根据不同的工程环境合理选定水泥品种。

复习思考题

1. 硅酸盐水泥熟料进行磨细时,为什么要加入石膏?掺入过多的石膏会引起什么结果?为什么?

2. 简述水泥凝结时间的含义以及凝结时间对于工程施工的意义?

3. 硅酸盐水泥有哪些主要技术性质,并说明这些技术性质要求对工程的实用意义。

4. 何谓水泥的体积安定性?影响水泥安定性的原因是什么?

5. 掺混合材料的硅酸盐水泥为什么早期强度较低?

6. 粉煤灰水泥具有哪些主要特性?主要适用于哪些范围?

7. 活性混合材料与非活性混合材料掺入硅酸盐水泥熟料中起什么作用?

8. 火山灰水泥具有哪些主要特性？主要适用于哪些范围？

9. 简述水泥凝结硬化原理。

10. 矿渣水泥与普通水泥相比有哪些特点？为什么矿渣水泥的早期强度低？

11. 气硬性与水硬性胶凝材料有何区别？

12. 如何测定水泥的强度？

13. 什么是水泥的标准稠度用水量？测定它有何用途？

14. 使用矿渣水泥、火山灰水泥、粉煤灰水泥时，应该注意哪些事项？

15. 影响硅酸盐水泥凝结硬化（或凝结时间）的因素有哪些？

16. 水泥的安定性对工程结构有何影响？

17. 水泥的技术性质有哪些？

18. 水泥的凝结时间分为初凝及终凝时间，它对施工有什么意义？

19. 水泥石为什么会有腐蚀现象？水泥石易受腐蚀的基本原因是什么？

20. 已测得普通硅酸盐水泥的 3d 抗折、抗压强度均达到 52.5 级强度等级水泥的指标，现经试验测得 28 d 的破坏荷重如下表所示，试评定水泥强度。

试件编号	Ⅰ		Ⅱ		Ⅲ	
	Ⅰ-1	Ⅰ-2	Ⅱ-1	Ⅱ-2	Ⅲ-1	Ⅲ-2
抗折破坏荷载/N	3 620		3 650		3 800	
抗压破坏荷载/kN	89	91	92	88	86	85

21. 过火石灰与欠火石灰对石灰的性能与使用有什么不利影响？如何消除？

22. 建筑石膏、水玻璃与硅酸盐水泥的凝结硬化条件有什么不同？

23. 使用石灰砂浆作为内墙粉刷材料，过了一段时间后，出现了凸出的呈放射状的裂缝，试分析原因。

24. 有三种白色的粉状胶凝材料，是白水泥、生石灰粉和建筑石膏粉，如何用简易的方法加以鉴别？

项目 4　混凝土试验检测

 项目描述

本项目主要介绍普通混凝土的组成材料、技术性质、混凝土外加剂及配合比设计要求。通过本项目的学习要求熟悉混凝土的分类及优缺点,掌握水泥混凝土组成材料及其技术要求、水泥混凝土的技术性质、配合比设计、外加剂的作用机理及常用品种,水泥混凝土的质量控制与评定方法等。了解其他混凝土的组成、技术性质及其应用。

 拟实现的教学目标

1. 能力目标

(1)能够对水泥混凝土的技术性质进行检测。

(2)能够对水泥混凝土进行配合比设计。

2. 知识目标

(1)掌握水泥混凝土组成材料及其技术要求。

(2)掌握水泥混凝土的技术性质。

(3)掌握水泥混凝土的配合比设计。

(4)掌握水泥混凝土外加剂的作用机理及常用品种。

(5)掌握水泥混凝土的质量控制与评定方法。

3. 素质目标

(1)养成严谨求实的工作作风。

(2)具备协作精神。

(3)具备一定的协调组织能力。

 相关案例

保定电信枢纽大楼工程为框剪结构,总建筑面积 33 569 m²,地下二层,地上十八层,应用了高强高性能混凝土技术等多项新技术,为全国建筑业新技术推广应用示范工程。下面就主要应用的高强高性能混凝土施工技术作介绍。

1. 高强混凝土的应用

电信枢纽大楼工程采用大量 C60、C50 高强混凝土在保定市的建筑工程设计、施工中属于首例,其成功的应用填补了该市没有 C60 混凝土的空白,促进和推动了高强混凝土的广泛应用和发展。使用高强混凝土,可缩小结构截面、节约资源、增加使用面积、利于功能设计。

高强高性能混凝土在施工中的难点及解决对策:

　　(1)施工中的难点:C50及C60高强混凝土在满足强度要求的基础上既要满足泵送要求,又要解决配制低水灰比与大流动性之间的矛盾和炎热天气坍落度经时损失、易出裂缝等技术难题。

　　(2)解决的对策:施工中考虑柱、剪力墙混凝土散热的特殊条件并兼顾施工工艺要求,以原材料、配合比(高强、低热、微膨、缓凝、流态)、混凝土运输浇灌、混凝土养护、水化热动态监控等几方面作为关键控制点。

　　①不同原材料对混凝土进行试配,针对粗细骨料从外加剂、掺和料进行优化设计配合比。

　　②水泥优先采用矿渣或普通硅酸盐水泥,太行42.5♯或52.5♯。砂采用中砂、细度模数2.1~2.7,含泥量小于1‰,石子采用砾石,粒径0.5~1.5 cm,含泥量小于1%。

　　③混凝土中采用"双掺"技术掺入泵送减水剂、缓凝剂和衡水一级粉煤灰,在保证强度的前提下尽量减少水泥用量和用水量,从而预防因水泥、用水量过大而产生的混凝土裂缝,并改变混凝土流动性。高效多功能外加剂的应用,为高强混凝土的使用提供了有利条件。

　　④尽量安排日落后浇筑混凝土,最大限度地减少或降低因天气炎热造成的水泥、骨料的蓄热和混凝土输送、泵送而造成的混凝土经时损失。

　　⑤混凝土及时振捣,并在初凝前进行二次振捣。

　　⑥因柱节点混凝土等级C40、C50、C60比梁板混凝土等级高于一个混凝土等级以上,且泵送混凝土坍落度较大,为了规范不同混凝土等级分界浇筑,采用钢丝网片在绑扎梁板钢筋时预先分隔,因柱节点高强混凝土较少,采用塔吊吊料斗浇筑,随后梁板低等级混凝土用泵送浇筑混凝土。

　　⑦因不同部位采用不同等级混凝土,每次浇筑前,现场组织交底并挂标示牌,避免误浇筑。

　　⑧现场混凝土调度由专人指挥,与搅拌站、罐车、泵送等人员保持通信联系保证调度及时。

　　⑨地下室挡墙。墙为C35混凝土,厚250~300 mm,每层高4.0 m,在距柱两侧500 mm的墙上竖向采用钢丝网片分隔。混凝土浇筑时采用两台不同等级的混凝土泵车,先浇筑柱高等级混凝土约1.5 m,然后低等级泵车浇筑柱两侧墙混凝土,且保持柱混凝土面高出墙混凝土面300 mm左右,振捣时先振捣高等级混凝土,然后振捣低等级混凝土。

　　⑩混凝土浇筑后拆除模板及时用毡布湿润养护,特殊部位覆盖薄塑料和涂刷养护液养护。高强混凝土C60抗压试件50组,达到了预期的高强度、高工作度,符合在模拟试验条件下所显示的高耐久性要求,一次浇灌成功,无裂纹,无变形,强度、抗渗性能均能达到和超过设计指标。

　　2. 开发应用高性能混凝土

　　本工程地下室两层,基础底板厚900 mm,长74.8 m,宽34.6 m,共3 125 m³混凝土均为补偿收缩凝土C30/S8。而混凝土硬化后的干缩和水泥水化热引起的温度收缩是导致结构裂缝的主要原因,为达到抗渗目的,必须消除收缩裂缝。为此在混凝土中加入一定的膨胀剂(FEA)在限制条件下补偿混凝土收缩。使混凝土本身带有0.2~0.7 MPa的预应力,使混凝土内部结构密实,达到混凝土自防水效果,能起到良好的裂缝补偿作用,使用效果良好。补偿收缩混凝土施工措施及要求:

　　(1)优先采用水化热较低的水泥。

　　(2)在保证混凝土强度等级的前提下,使用适当缓凝型高效减水剂,减少水泥用量,降低水灰比,以减少水化热和混凝土失水收缩,避免裂缝出现。

　　(3)底板补偿收缩混凝土施工。东西向分2块,中间设两条2 m宽加强带,南北分1块,中间设一条加强带,非加强带掺 FEA 膨胀剂 8%,加强带掺 10%,整体同时施工不留后浇带。

(4)分段分层浇注混凝土减少每一次浇注厚度(可分两次浇注)利于散热,混凝土浇注进行二次震捣,(楼板混凝土采用平板震捣,其防裂效果较好)多次施抹。

(5)混凝土浇注时间易避开炎热天气,连续浇注,不留施工缝,混凝土搅拌站要求具备不少于 120 m³/h 的设备能力,搅拌运输车不少于 8 辆,汽车泵输运。

(6)混凝土初凝时间 4～6 h 为宜,终凝 9～12 h 为宜,视现场情况试配。

(7)混凝土垫层上设滑移层(干铺油毡一道)。

(8)底板及反梁同时支模,同时浇注。浇注 2～4 h 后用粘布湿润养护不少于 14 d。

底板补偿收缩混凝土采用三台汽车泵(其中一台专浇筑加强带)自东向西拉分层浇筑法施工。施工分三组作业队,历时 47 h,连续不间断完成。为了掌握已浇筑混凝土强度及保证混凝土内外温差小于 20 ℃,在混凝土中竖向按高、中、低设三层传感头,由专人按时记录,水化热最高值发生在浇筑后 4 d 内,混凝土中部温度 58 ℃,混凝土表面(距上表面 50 mm 处)温度 42 ℃。最大温差为 16 ℃。

底板补偿收缩混凝土和高强度混凝土柱未发现任何裂缝,获得好评。地下室墙体局部出现竖向 0.1 mm 的微小裂缝,待湿润环境下养护 14 d 后自愈。

高强高性能混凝土在保定电信枢纽楼工程中的应用非常成功。

典型工作任务 1　集料的筛分试验

凡以胶凝材料将大小不等的颗粒材料胶结成为整体并具有一定形状和强度的人工石材称为混凝土,其中大小不等的颗粒称为骨料。

混凝土从不同角度考虑,常有以下几种分类形式。按所有胶凝材料的不同可分为水泥混凝土、沥青混凝土、水玻璃混凝土、聚合物混凝土等;按用途可分为结构混凝土、道路混凝土、防水混凝土、耐热混凝土、防射线混凝土等;按体积密度可分为特重混凝土($\rho_0 > 2\ 700$ kg/m³)、重混凝土($\rho_0 = 1\ 950 \sim 2\ 700$ kg/m³)、轻混凝土($\rho_0 = 800 \sim 1\ 950$ kg/m³)和特轻混凝土($\rho_0 < 800$ kg/m³)等;按施工方法不同可分为现浇混凝土、预制混凝土、泵送混凝土、喷射混凝土等。

混凝土作为一种不可缺少的重要土建工程材料,广泛应用于铁道工程、桥梁隧道、工业与民用建筑、水工结构及道路、海港、军事等土建工程中。混凝土性能优良,主要体现在:材料来源广泛,混凝土中大部分是天然石材,价格低廉,可就地取材,经济实用;混凝土拌和物具有良好的可塑性,容易浇筑成不同形状而且整体性很强的构件,使混凝土可适用各种形状复杂的结构构件的施工要求;具有较高的抗压强度,并且可以根据需要配制成不同强度的混凝土;具有较好的耐久性,对各种外界破坏因素有较强的抵抗能力,因而很少需要维修;与钢筋能牢固的黏结、组成钢筋混凝土,适用于各种大中小型构件。

混凝土的不足之处在于其抗拉强度低,受拉时容易开裂,自重较大,硬化养护时间长,破损后不易修复,使其在使用时受到一定的影响。同时,施工中的各种人为因素对混凝土的质量,特别是对混凝土的强度影响甚大,有关工程人员对相应的生产环节应加以严格的控制。

4.1.1　集料的技术性质

集料是指在混合料中起骨架或填充作用的粒料,包括岩石天然风化而成的砾石(卵石)和砂等以及岩石经人工轧制的各种尺寸的碎石。

工程上一般将集料分为粗集料和细集料两种。在水泥混凝土中,粗集料是指粒径大于 4.75 mm 的碎石、砾石和破碎砾石等,粒径小于 4.75 mm(方孔筛)者称为细集料,在沥青混合料中,粗集料是指粒径大于 2.36 mm 的碎石、破碎砾石、筛选砾石和矿渣等。粒径小于 2.36 mm(方孔筛)者称为细集料。

1. 细集料的技术性质

细集料的技术性质主要包括物理性质、颗粒级配和粗细度。

(1)物理性质:细集料的物理常数主要有表观密度、堆积密度和空隙率等,其含义与粗集料完全相同,具体数值可通过试验测定。

(2)颗粒级配与粗细度:颗粒级配是集料各级粒径颗粒的分配情况。砂的级配可通过砂的筛分试验确定。砂的筛分试验,是取试样 500 g,在一整套标准筛上进行筛分,分别求出试样存留在各筛上质量。然后按下述方法计算其级配有关参数。

①分计筛余百分率。在各号筛上的筛余质量占试样总质量的百分率,准确至 0.1%,可按下式求得

$$a_i = \frac{m_i}{M} \times 100\% \tag{4-1}$$

式中　a_i——各号筛的分计筛余百分率(%);

　　　m_i——存留在某号筛上的质量(g);

　　　M——试样的总质量(g)。

②累计筛余百分率。该号筛的分计筛余百分率和大于该号筛的各号筛分计筛余百分率之总和,精确至 0.1%,按下式求得

$$A_i = a_1 + a_2 + \cdots + a_i \tag{4-2}$$

式中　A_i——各号筛的累计筛余百分率(%);

$a_1, a_2, \cdots, a_i$——从 4.75 mm,2.36 mm,$\cdots$,至计算的某号筛的分计筛余(方孔筛)(%)。

③通过百分率。各号筛的质量通过百分率等于 100 减去该号筛的累计筛余百分率,准确至 0.1%,按下式求得

$$p_i = 100 - A_i \tag{4-3}$$

式中　p_i——各号筛的通过百分率(%);

　　　A_i——各号筛的累计筛余百分率(%)。

④粗细度。粗细度是评价砂粗细程度的一种指标,通常用细度模数表示。细度模数按下式计算,精确至 0.01。

$$M_X = \frac{(A_{0.15} + A_{0.3} + A_{0.6} + A_{1.18} + A_{2.36}) - 5A_{4.75}}{100 - A_{4.75}} \tag{4-4}$$

式中　　　　　M_X——砂的细度模数;

$A_{0.15}, A_{0.3}, \cdots, A_{4.75}$——分别为 0.15 mm、0.3 mm、4.75 mm 各号筛上的累计筛余百分率(%)。

细度模数越大,表示细集料越粗。我国现行标准 GB/T 14684—2011《建设用砂》规定,砂的粗度按细度模数分为下列三级:

$M_X = 3.7 \sim 3.1$ 为粗砂;$M_X = 3.0 \sim 2.3$ 为中砂;$M_X = 2.2 \sim 1.6$ 为细砂

砂的细度模数只能用于划分砂的粗细程度,并不能反映砂的级配优劣,细度模数相同的砂,其级配不一定相同。

用累计筛余百分率绘制级配曲线表示砂颗粒级配情况,根据 GB/T 14684—2011《建设用砂》,

是以 0.6 mm 孔径筛的累计筛余率划分为三个级配区。级配范围见表 4-1,砂的级配应符合表中任何一个级配区所规定的级配范围。

表 4-1　砂的分区及级配范围

级配区	筛孔尺寸/mm						
	9.5	4.75	2.36	1.18	0.6	0.3	0.15
	累计筛余(%)						
Ⅰ区	0	10~0	35~5	65~35	85~71	95~80	100~90
Ⅱ区	0	10~0	25~0	50~10	70~41	92~70	100~90
Ⅲ区	0	10~0	15~0	25~0	40~16	85~55	100~90

注:实际颗粒级配与表列累计百分率相比,除 4.75 mm 和 0.6 mm 筛孔外,允许稍有超出分界线,其总量百分率不应大于 5%。

从级配区可以看出,Ⅰ区砂粒较粗,混凝土拌和物保水性较差,适宜配制水泥用量多的混凝土和低流动性混凝土。Ⅱ区为一般常用砂,粗细程度适中,Ⅲ区砂粒较细,混凝土拌和物保水性好,但干缩较大。

2. 粗集料的技术性质

粗集料包括人工轧制的碎石和天然风化而成的卵石。下面仅对粗集料的一般技术性质进行阐述。

1)物理性质

(1)物理常数。在计算集料的物理常数时,不仅要考虑到集料颗粒中的孔隙(开口孔隙或闭口孔隙),还要考虑颗粒间的空隙集料的体积和质量的关系。粗集料的物理常数主要包括:

①表观密度。粗集料表观密度测定方法按 JTG E42—2005《公路工程集料试验规程》规定。

②毛体积密度。粗集料的毛体积密度是在规定的条件下,单位毛体积(包括矿质实体、闭口孔隙和开口孔隙)的质量。

③堆积密度。粗集料的堆积密度由于颗粒排列的松紧程度不同,又可分为自然堆积状态、振实状态和捣实状态下的堆积密度。

④空隙率。

(2)级配。粗集料中各组成颗粒的分级和搭配称为级配。级配是通过筛析试验确定的。对水泥混凝土用粗集料可采用干筛法筛分试验,对沥青混合料及基层用粗集料必须采用水洗法筛分试验。其标准筛孔孔径为 2.36 mm、4.75 mm、9.5 mm、13.2 mm、16 mm、19 mm、26.5 mm、31.5 mm、37.5 mm、53 mm、63 mm、70 mm,测定出存留在各个筛上的集料质量,根据集料试样的质量与存留在各筛孔上的集料质量,就可求得一系列与集料级配有关的参数:①分计筛余百分率;②累计筛余百分率;③通过百分率。粗集料的这些参数计算方法与细集料相同,通过计算可判断级配是否符合要求。

粗集料的级配可分为连续级配和间断级配两种。连续级配石子粒级呈连续性,即颗粒由小到大,每种粒径的石子都占有适当比例。用其配制的混凝土和易性良好,不易发生分层、离析现象,是目前最常用的一种级配。采石场按供应方式,也将石子分为连续粒级和单粒级两种。单粒级由于粒径差别较小,可避免连续粒级中较大粒径石子在堆放及装卸过程中的颗粒离析现象。单粒级宜用组合成所要求级配的连续粒级,也可与连续粒级混合使用,以改善其级配或配成较大粒度的连续粒级,工程中一般不宜采用单一的单粒级配制混凝土,因为它的空隙率较大,耗用水泥多。

间断级配是指人为地剔除一级或几级中间粒径颗粒级配法。使石子粒径不连续,造成颗粒级配间断,这种级配方法可获得更小的空隙率,密实性更好,从而可节约水泥。但由于间断级配中石子颗粒粒径相差较大,容易使混凝土拌和物分层离析,增加施工困难,故在工程中应用较少。

(3)坚固性。对已轧制成的碎石或天然卵石采用规定级配的各粒级集料,按现行 JTG E42—2005《公路工程集料试验规程》选取规定数量,分别装在金属网篮浸入饱和硫酸钠溶液中进行干湿循环试验。经 5 次循环后,观察其表面破坏情况,并用质量损失百分率来计算其坚固性。

(2)粗集料的力学性质:粗集料的力学性质主要有压碎值和磨耗率,其次是抗滑表层用集料的三项试验,即磨光值、集料磨耗值和冲击值。

①集料压碎值。集料压碎值是集料在连续增加的荷载下,抵抗压碎的能力。它作为相对衡量岩石强度的一个指标,用以评价其在公路工程中的适用性。

按现行 JTG E42—2005《公路工程集料试验规程》规定,该方法是将 9.5～13.2 mm 的集料试样 3 kg 装入压碎值测定仪的钢质圆筒内,放在压力机上,在 10 min 左右时间内加荷至 400 kN,稳压 5 s 然后卸载,测定通过 2.36 mm(方孔)的筛余质量,按下式计算压碎值 Q'_a:

$$Q'_a = \frac{m_1}{m_0} \times 100\% \tag{4-5}$$

式中　Q'_a——集料压碎值(%);

　　　m_0——试验前试样质量(g);

　　　m_1——试验后通过 2.36 mm 筛孔的细料质量(g)。

②粗集料磨光值(PSV)。现代高速交通的行车条件对路面的抗滑性提出了更高的要求。作为路面用的集料,在车辆轮胎的作用下,不仅要求具有较高的抗磨耗性,而且要求具有高的抗磨光性。集料磨光值是利用加速磨光机磨光集料,用摆式摩擦系数测定仪测得的集料经磨光后的摩擦系数值。以 PSV 来表示。

粗集料磨光值愈高,表示其抗滑性愈好。

③集料冲击值(L_{sv})。集料抵抗多次连续重复冲击荷载作用的性能,称为抗冲韧性。按照现行试验规程规定,集料抗冲击能力采用"集料冲击值"表示。集料冲击值的试验方法是,选取粒径为 9.5～13.2 mm(方孔筛)的集料试样,用金属量筒分三次捣实的方法确定试验用集料数量。将集料装于冲击值试验仪的盛样器中,用捣实杆捣实 25 次,使其初步压实。然后用质量(13.75±0.05)kg 的冲击锤,沿导杆自(380±5)mm 处自由落下锤击集料,并连续锤击 15 次,每次锤击间隔时间不少于 1 s。将试验后的集料在 2.36 mm 的筛上筛分并称量。冲击值按下式计算:

$$L_{sv} = \frac{m_2}{m} \times 100\% \tag{4-6}$$

式中　L_{sv}——集料的冲击值(%);

　　　m_2——冲击破碎后通过 2.36 mm 的试样质量(g);

　　　m——试样总质量(g)。

④集料磨耗值(道瑞试验)。集料磨耗值用于评定抗滑表层所用粗集料抵抗车轮撞击及磨

耗的能力。按现行试验规程 JTG E42—2005《公路工程集料试验规程》规定,采用道瑞磨耗试验机来测定集料磨耗值。其方法是选取粒径为 9.5～13.2 mm(方孔筛)的洗净集料试样,单层紧排于两个试模内(不少于 24 粒),然后排砂并用环氧树脂砂浆填充密实。经 24 h 养护后,拆模取出试件,刷清残砂,准确称出试样质量,然后将试件安装在试验机附的托盘上。为保证试件受磨时的压力固定,应使试件、托盘和配重的总质量为(2 000±10)g。将试件安装于道瑞磨耗机上,道瑞磨耗机的磨盘以 28～30 r/min 的转速旋转,磨 500r 后,取出试件,刷净残砂,准确称出试件质量。集料磨耗值按下式计算:

$$A_{\text{AV}} = \frac{3(m_1 - m_2)}{\rho_s} \tag{4-7}$$

式中 A_{AV}——集料的道瑞磨耗值;

　　　m_1——磨耗前试件的质量(g);

　　　m_2——磨耗后试件的质量(g);

　　　ρ_s——集料表干密度(g/cm^3)。

集料磨耗值越高,表明集料的耐磨性越差。

4.1.2　试验准备工作(集料取样方法及试样份数)

每验收批的取样应按下列规定进行:

(1)通过皮带运输机的材料如采石场的生产线、沥青拌和楼的冷料输送带、无机结合料稳定集料、级配碎石混合料等,应从皮带运输机上采集样品。取样时,可在皮带运输机骤停的状态下取其中一截的全部材料,或在皮带运输机的端部连续接一定时间的料得到,将间隔 3 次以上所取的试样组成一组试样,作为代表性试样。

(2)在材料场同批来料的料堆上取样时,应先铲除堆脚等处无代表性的部分,再在料堆的顶部、中部和底部,各由均匀分布的几个不同部位,取得大致相等的若干份组成一组试样,务必使所取试样能代表本批来料的情况和品质。

(3)从火车、汽车、货船上取样时,应从不同部位和深度处,抽取大致相等的试件若干份,组成一组试样。抽取的具体份数,应视能够组成本批来料代表样的需要而定。

(4)从沥青拌和楼的热料仓取样时,应在放料口的全断面上取样。通常宜将一开始按正式生产的配比投料拌和的几锅(至少 5 锅以上)废弃,然后分别将每个热料仓放出至装载机上,倒在水泥地上,适当拌和,从 3 处以上的位置取样,拌和均匀,取要求数量的试样。

若检验不合格,应重新取样,对不合格项进行加倍复验,若仍有一个试样不能满足标准要求,应按不合格处理。

每组样品的取样数量,对每一单项试验,每组试样报样数量宜不少于所规定的最少取样量。需做几项试验时,如确能保证试样经一项试验后不致影响另一项试验的结果,也可用同一组样品进行几项不同的试验。

4.1.3　粗集料及集料混合料的筛分试验

1. 目的与适用范围

测定粗集料(碎石、砾石、矿渣等)的颗粒组成。对水泥混凝土用粗集料可采用干筛法筛分,对沥青混合料及基层用粗集料必须采用水洗法试验。

本方法也适用于同时含有粗集料、细集料、矿粉的集料混合料筛分试验,如未筛碎石、级配碎石、天然砂砾、级配砂砾、无机结合料稳定基层材料、沥青拌和楼的冷料混合料、热料仓材料、沥青混合料经溶剂抽提后的矿料等。

2. 仪器设备

(1)试验筛：根据需要选用规定的标准筛。

(2)摇筛机。

(3)天平或台秤：感量不大于试样质量的 0.1%。

(4)其他：盘子、铲子、毛刷等。

3. 试验准备

按规定将来料用分料器或四分法缩分至表 4-2 要求的试样所需量，风干后备用。根据需要可按要求的集料最大粒径的筛孔尺寸过筛，除去超粒径部分颗粒后，再进行筛分。

表 4-2　筛分用的试样质量

公称最大粒径(mm)	75	63	37.5	31.5	26.5	19	16	9.5	4.75
试样质量不少(kg)	10	8	5	4	2.5	2	1	1	0.5

4. 试验步骤

1)水泥混凝土用粗集料干筛法试验步骤。

(1)取试样一份置于(105±5)℃烘箱中烘干至恒重，称取干燥集料试样的总质量(g)，准确至 0.1%。

(2)用搪瓷盘作筛分容器，按筛孔大小排列顺序逐个将集料过筛，人工筛分时，需使集料在筛面上同时有水平方向及上下方向的不停顿的运动，使小于筛孔的集料通过筛孔，直至 1 min 内通过筛孔的质量小于筛上残余量的 0.1% 为止。采用摇筛机筛分后，应在摇筛机筛分后再逐个由人工补筛。将筛出通过的颗粒并入下一号筛，和下一号筛中的试样一起过筛，顺序进行，直至各号筛全部筛完为止。应确认 1 min 内通过筛孔的质量确实小于筛上残余量的 0.1%。

(3)如果某个筛上的集料过多，影响筛分作业时，可以分两次筛分。当筛余颗粒的粒径大于 19 mm 时，筛分过程中允许用手指轻轻拨动颗粒，但不得逐颗塞过筛孔。

(4)称取每个筛上的筛余量，准确至总质量的 0.1%。各筛分计筛余量及筛底存量的总和与筛分前试样的总质量相比，其相差不得超过筛分前试样总质量的 0.5%。

2)沥青混合料及基层用粗集料水洗法试验步骤。

(1)取一份试样，将试样置于(105±5)℃烘箱中烘干至恒重，称取干燥集料试样的总质量 (m_1)，准确至 0.1%。

(2)将试样置一洁净容器中，加入足够数量的洁净水，将集料全部盖没，但不得使用任何洗涤剂、分散剂或表面活性剂。

(3)用搅棒充分搅动集料，使集料表面洗涤干净，使细粉悬浮在水中，但不得破碎集料或有集料从水中溅出。

(4)根据集料粒径大小选择组成一组套筛，其底部为 0.075 mm 标准筛，上部为 2.36 mm 或 4.75 mm 筛。仔细将容器中混有细粉的悬浮液倒出，经过套筛流入另一容器中，尽量不将粗集料倒出，以免损坏标准筛筛面。

注：无需将容器中的全部集料都倒出，只倒出悬浮液。且不可直接倒至 0.075 mm 筛上，以免集料掉出损坏筛面。

(5)重复(2)~(4)步骤,直至倒出的水洁净为止,必要时可采用水流缓慢冲洗。

(6)将套筛的每个筛子上的集料及容器中的集料全部回收在一个搪瓷盘中,容器上不得有黏附的集料颗粒。

(7)在确保细粉不散失的前提下,小心泌去搪瓷盘中的积水,将搪瓷盘连同集料一起置于(105±5)℃烘箱中烘干至恒重,称取干燥集料试样的总质量(m_4),准确至 0.1%。以 m_3 与 m_4 之差作为 0.075 mm 的筛下部分。

(8)将回收的干燥集料按干筛方法筛分出 0.075 mm 筛以上各筛的筛余量,此时 0.075 mm 筛下部分应为 0,如果尚能筛出,则应将其并入水洗得到的 0.075 mm 的筛下部分,且表示水洗得不干净。

5. 结果整理

1)干筛法筛分结果的计算

(1)计算各筛分计筛余量及筛底存量的总和与筛分前试样的干燥总质量 m_0 之差作为筛分时的损耗,并记入表中,若损耗率大于 0.5%,应重新进行试验。

$$m_5 = m_0 - \left(\sum m_i + m_底\right) \tag{4-8}$$

式中　m_5——由于筛分造成的损耗(g);

　　　m_0——用于干筛的干燥集料总质量(g);

　　　m_i——各号筛上的分计筛余质量(g);

　　　i——依次为 0.075 mm、0.15 mm……至集料最大粒径的编号;

　　　$m_底$——筛底(0.075 mm 以下部分)集料总质量(g)。

(2)干筛分计筛余百分率。干筛后各号筛上的分计筛余百分率按下式计算,精确至 0.1%。

$$p_i' = \frac{m_i}{m_0 - m_5} \times 100\% \tag{4-9}$$

式中　p_i'——各号筛上的分计筛余百分率(%);

　　　m_5——由于筛分造成的损耗(g);

　　　m_0——用于干筛的干燥集料总质量(g);

　　　m_i——各号筛上的分计筛余质量(g);

　　　i——依次为 0.075 mm、0.15 mm……至集料最大粒径的编号。

(3)干筛累计筛余百分率。各号筛的累计筛余百分率为该号筛以上各号筛的分计筛余百分率之和,精确至 0.1%。

(4)干筛各号筛的质量通过百分率 p_i。各号筛的质量通过百分率等于 100 减去该号筛累计筛余百分率,精确至 0.1%。

(5)由筛底存量除以扣除损耗后的干燥集料总质量计算 0.075 mm 筛的通过率。

(6)试验结果以两次试验的平均值表示精确至 0.1%。当两次试验结果 $p_{0.075}$ 的差值超过 1%时,试验应重新进行。

2)水筛法筛分结果的计算

(1)按下式计算粗集料中 0.075 mm 筛下部分质量 $m_{0.075}$ 和含量 $p_{0.075}$,精确至 0.1%。当两次试验结果 $p_{0.075}$ 的差值超过 1%时,试验应重新进行。

$$m_{0.075} = m_3 - m_4 \tag{4-10}$$

$$p_{0.075} = \frac{m_{0.075}}{m_3} = \frac{m_3 - m_4}{m_3} \times 100\% \tag{4-11}$$

式中 $p_{0.075}$——粗集料中小于 0.075 mm 的含量(通过率)(%);

$m_{0.075}$——粗集料中水洗得到的小于 0.075 mm 部分的质量(g);

m_3——用于水洗的干燥粗集料总质量(g);

m_4——水洗后的干燥粗集料总质量(g)。

(2)计算各筛分计筛余量及筛底存量的总和与筛分前试样的干燥总质量 m_4 之差,作为筛分时的损耗,若损耗率大于 0.3%,应重新进行试验。

$$m_5 = m_3 - (\sum m_i + m_{0.075})$$
(4-12)

式中 m_5——由于筛分造成的损耗(g);

m_3——用于水筛筛分的干燥集料总质量(g);

m_i——各号筛上的分计筛余质量(g);

i——依次为 0.075 mm、0.15 mm…至集料最大粒径的排序;

$m_{0.075}$——水洗后得到的 0.075 mm 以下部分质量(g)。

(3)计算其他各筛的分计筛余百分率、累计筛余百分率、质量通过百分率,计算方法与干筛法相同。当筛分有损耗时,应从总质量中扣除损耗部分。

(4)试验结果以两次试验的平均值表示。

(5)对于沥青混合料、基层材料配合比设计用的集料,宜绘制集料筛分曲线,其横坐标为(筛孔尺寸)$^{0.45}$,纵坐标为普通坐标。

4.1.4 细集料筛分试验

1. 目的与适用范围

测定细集料(天然砂、人工砂、石屑)的颗粒级配及粗细程度。对水泥混凝土用细集料可采用干筛法,如果需要也可采用水洗法筛分;对沥青混合料及基层用细集料必须用水洗法筛分。

2. 仪器设备

(1)标准筛:9.5 mm、4.75 mm、2.36 mm、1.18 mm、0.6 mm、0.3 mm、0.15 mm、0.075 mm 的方孔筛。

(2)天平:称量 1 000 g,感量不大于 0.5 g。

(3)摇筛机。

(4)烘箱:能控温在(105±5)℃。

(5)其他:浅盘和硬、软毛刷等。

3. 试验准备

根据样品中最大粒径的大小,选用适宜的标准筛,通常为 9.5 mm 筛(水泥混凝土用天然砂)或 4.75 mm 筛(沥青路面及基层用天然砂、石屑、机制砂等)筛除其中的超粒径材料,并算出其筛余百分率。然后将样品在潮湿状态下充分拌匀,用分料器或四分法缩分至每份不少于 550 g 的试样两份,在(105±5)℃的烘箱中烘干至恒重,冷却至室温后备用。

4. 试验步骤

1)干筛法试验步骤

(1)准确称取烘干试样约 500 g(m_1),准确至 0.5 g。置于套筛的最上一只筛,即 4.75 mm 筛上,将套筛装入摇筛机,摇筛约 10 min,然后取出套筛,再按筛孔大小顺序,从最大的筛号开始,在清洁的浅盘上逐个进行手筛,直到每分钟的筛出量不超过筛上剩余量的 0.1% 时为止,将筛出通过的颗粒并入下一号筛,和下一号筛中的试样一起过筛,以此顺序进行直到各号筛全部筛完为止。

注意：①试样如为特细砂时，试样质量可减少到 100 g。②如试样含泥量超过 5%，不宜采用干筛法。③无摇筛机时，可直接用手筛。

（2）称量各筛筛余试样的质量，精确至 0.5 g。所有各筛的分计筛余量和底盘中剩余量的总量与筛分前的试样总量相比，其相差不得超过后者的 1%。

2）水洗法试验步骤：

（1）准确称取烘干试样约 500 g（m_1），准确至 0.5 g。

（2）将试样置一洁净容器中，加入足够数量的洁净水，将集料全部盖没。

（3）用搅棒充分搅动集料，使集料表面洗涤干净，使细粉悬浮在水中，但不得有集料从水中溅出。

（4）用 1.18 mm 筛及 0.075 mm 筛组成套筛。仔细将容器中混有细粉的悬浮液徐徐倒出，经过套筛流入另一容器中，但不得将集料倒出。

注：不可直接倒至 0.075 mm 筛上，以免集料掉出损坏筛面。

（5）重复（2）～（4）步骤，直至倒出的水洁净且小于 0.075 mm 的颗粒全部倒出。

（6）将容器中的集料倒入搪瓷盘中，用少量水冲洗，使容器上黏附的集料颗粒全部进入搪瓷盘中。将筛子反扣过来，用少量的水将筛上的集料冲洗入搪瓷盘中。操作过程中不得有集料散失。

（7）将搪瓷盘连同集料一起置于（105±5）℃烘箱中烘干至恒重，称取干燥集料试样的总质量（m_2），准确至 0.1%。与之差即为通过 0.075 mm 部分。

（8）将全部要求筛孔组成套筛（但不需 0.075 mm 筛），将已经洗去小于 0.075 mm 部分的干燥集料置于套筛上（通常为 4.75 mm 筛），将套筛装入摇筛机，摇筛约 10 min，然后取出套筛，再按筛孔大小顺序，从最大的筛号开始，在清洁的浅盘上逐个进行手筛，直至每分钟的筛出量不超过筛上剩余量的 0.1% 时为止，将筛出通过的颗粒并入下一号筛，和下一号筛中的试样一起过筛，这样顺序进行，直至各号筛全部筛完为止。

（9）称量各筛筛余试样的质量，精确至 0.5 g，所有各筛的分计筛余量和底盘中剩余量的总质量与筛分前试样总量相比，相差不得超过后者的 1%。

5. 结果整理

（1）计算分计筛余百分率。各号筛的分计筛余百分率为各号筛上的筛余量除以试样总量（m_1）的百分率，精确至 0.1%。对沥青路面细集料而言，0.15 mm 筛下部分即 0.075 mm 的分计筛余，测得的 m_1 与 m_2 之差即为小于 0.075 mm 的筛底部分。

（2）计算累计筛余百分率。各号筛的累计筛余百分率为该号筛及大于该号筛的各号筛的分计筛余百分率之和，准确至 0.1%。

（3）计算质量通过百分率。各号筛的质量通过百分率等于 100 减去该号筛的累计筛余百分率，准确至 0.1%。

（4）根据各筛的累计筛余百分率或通过百分率，绘制级配曲线。分计筛余、累计筛余、通过率三者关系见表 4-3。

（5）天然砂的细度模数，按式（4-13）计算，精确至 0.01。

$$M_X = \frac{(A_{0.15} + A_{0.3} + A_{0.6} + A_{1.18} + A_{2.36}) - 5A_{4.75}}{100 - A_{4.75}} \tag{4-13}$$

式中　　　　　　M_X——砂的细度模数；

$A_{0.15}, A_{0.3}, \cdots, A_{4.75}$——分别为 0.15 mm, 0.3 mm, …, 4.75 mm 各筛上的累计筛余百分率（%）。

表 4-3 分计筛余、累计筛余、通过率三者的关系

筛孔尺寸/mm	分计筛余/%	累计筛余/%	通过率/%
4.75	a_1	$A_1=a_1$	$100-A_1$
2.36	a_2	$A_2=a_1+a_2$	$100-A_2$
1.18	a_3	$A_3=a_1+a_2+a_3$	$100-A_3$
0.60	a_4	$A_4=a_1+a_2+a_3+a_4$	$100-A_4$
0.30	a_5	$A_5=a_1+a_2+a_3+a_4+a_5$	$100-A_5$
0.15	a_6	$A_6=a_1+a_2+a_3+a_4+a_5+a_6$	$100-A_6$

（6）应进行两次平行试验，以试验结果的算术平均值作为测定值。如两次试验所得的细度模数之差大于 0.2，应重新进行试验。

砂的颗粒级配，以级配区或筛分曲线判定砂级配的合格性。对细度模数为 3.7～1.6 的普通混凝土用砂，根据 0.60 mm 孔径筛（控制粒级）的累计筛余百分率，划分成为 1 区、2 区、3 区三个级配区，如表 4-1 所示。

普通混凝土用砂的颗粒级配，应处于表 4-1 的任何一个级配区中，才符合级配要求。

以累计筛余百分率为纵坐标，以筛孔尺寸为横坐标，根据表 4-1 的数值可以画出砂的三个级配区的筛分曲线，如图 4-1 所示。通过观察所画的砂的筛分曲线是否完全落在三个级配区的任一区内，即可判定该砂级配的合格性。同时也可根据筛分曲线偏向情况大致判断砂的粗细程度，当筛分曲线偏向右下方时，表示砂较粗，筛分曲线偏向左上方时，表示砂较细。

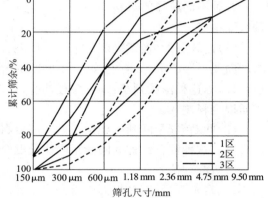

图 4-1 筛分曲线

【例 4-1】 特制混凝土采用河砂，取砂样烘干，特取 500 g，按规定步骤进行了筛分，称得各筛号上的筛余量如下表所示。

筛孔尺寸（mm）	4.75	2.36	1.18	0.60	0.30	0.15	<0.15
筛编号	1	2	3	4	5	6	底盘
筛余量（g）	15	75	70	100	120	100	20

求：（1）该砂的细度模数；（2）判断该砂的级配合格否？

【解】 （1）求分计筛余百分率

$$a_1=\frac{15}{500}\times100\%=3\%, \quad a_2=\frac{75}{500}\times100\%=15\%$$

同理：$a_3=14\%,a_4=20\%,a_5=24\%,a_6=20\%,a_7=4\%$。

（2）求累计筛余百分率 A

$$A_1=a_1=3\%,A_2=a_1+a_2=18\%,A_3=a_1+a_2+a_3=32\%$$

同理：$A_4=52\%,A_5=76\%,A_6=96\%,A_7=100\%$。

（3）计算砂的细度模数

$$M_X=\frac{(18+32+52+76+96)-5\times3}{100-3}=2.67$$

（4）判断：用各筛号的 A 值与表 4-1 对比，该砂的累计筛余百分率落在Ⅱ区，该砂级配合格。因 $M_X = 2.67$，所以该砂是中砂。

 知识拓展

道路与桥梁建筑用的砂石材料，大多数是以矿质混合料的形式与各种结合料（如水泥或沥青等）组成混合料使用。为此，对矿质混合料必须进行组成的设计，其内容包括级配理论和级配范围的确定和基本组成的设计方法。

1. 矿质混合料的级配理论

1）级配类型

各种不同粒径的集料，按照一定的比例搭配起来，以达到较高的密实度，可以采用下列两种级配组成。

（1）连续级配：连续级配是某一矿质混合料在标准筛孔配成的套筛中进行筛析时，所得的级配曲线平顺圆滑、具有连续的（不间断的）性质，相邻粒径的粒料之间有一定的比例关系（按质量计）。这种由大到小，逐级粒径均有，并按比例互相搭配组成的矿质混合料，称为连续级配矿质混合料。

（2）间断级配：间断级配是在矿质混合料中剔除其一个（或几个）分级，形成一种不连续的混合料。这种混合料称为间断级配矿质混合料。

2）级配理论

（1）富勒理论：富勒根据试验提出一种理想级配，认为"级配曲线越接近抛物线时，则其密度越大"。因此，当级配曲线为抛物线时为最大密度曲线，最大密度曲线方程可表示为

$$P^2 = kd \tag{4-14}$$

当粒径 d 等于最大粒径 D 时，矿质混合料的通过率等于 100%，此时系数 $k = \dfrac{100^2}{D}$，将此关系代入式（4-14），则对任意一级粒径 d 的通过率 P 可按下式求得：

$$P = 100\sqrt{\dfrac{d}{D}} \tag{4-15}$$

式中　P——欲计算的某级粒径 d 的矿料通过百分率（%）；

　　　　D——矿质混合料的最大粒径（mm）；

　　　　d——欲计算的某级矿质混合料的粒径（mm）。

（2）泰波理论：泰波认为富勒曲线是一种理想曲线，实际矿料的级配应允许有一定的波动范围，故将富勒最大密度曲线改为 n 次幂的通式，即

$$P = 100\left(\dfrac{d}{D}\right)^n \tag{4-16}$$

式中　P, d, D——意义同前；

　　　　n——试验指数。

根据试验认为 $n = 0.3 \sim 0.6$ 时，矿质混合料具有较好的密实度。

2. 矿质混合料的组成设计方法

天然或人工轧制的一种集料的级配往往很难完全符合某一种级配范围的要求，因此必须采用两种或两种以上的集料配合起来才能符合级配范围的要求。矿质混合料设计的任务就是

确定组成混合料各集料的比例。确定混合料配合比的方法很多,但是归纳起来主要可分为数解法与图解法两大类。

1)数解法

用数解法解矿质混合料组成的方法很多,最常用的为试算法和正规方程法(或称线性规划法)。前者用于 3～4 种矿料组成,后者可用于多种矿料组成。后者所得结果准确,但计算较为繁杂,不如图解法简便。

2)图解法

我国现行规范推荐采用的图解法为修正平衡面积法。由 3 种以上的多种集料进行级配时,采用此方法进行设计十分方便。

1)计算步骤

(1)绘制级配曲线坐标图。在设计说明书上按规定尺寸绘一方形图框。通常纵坐标为通过百分率,取 10 cm,横坐标为筛孔尺寸(或粒径),取 15 cm。连对角线作为要求级配曲线中值。纵坐标按算术标尺,标出通过量百分率(0～100％)。根据要求将级配中值(表 4-4)的各筛孔通过百分率标于纵坐标上,由纵坐标引水平线与对角线相交,再从交点作垂线与横坐标相交,其交点即为各相应筛孔尺寸。

表 4-4 细粒式沥青混凝土 AC-13 矿料级配范围

筛孔尺寸/mm	16.0	13.2	9.5	4.75	2.36	1.18	0.6	0.3	0.15	0.075
级配范围/％	100	90～100	68～85	38～68	24～50	15～38	10～28	7～20	5～15	4～8
级配中值/％	100	95.0	76.5	53.0	37.0	26.5	19.0	13.5	10.0	6.0

(2)确定各种集料用量。将各种集料的通过量绘于级配曲线坐标图上。实际集料的相邻级配曲线可能有下列三种情况。根据各集料之间的关系,按下述方法即可确定各种集料用量。矿质混合料级配曲线图如图 4-2 所示。

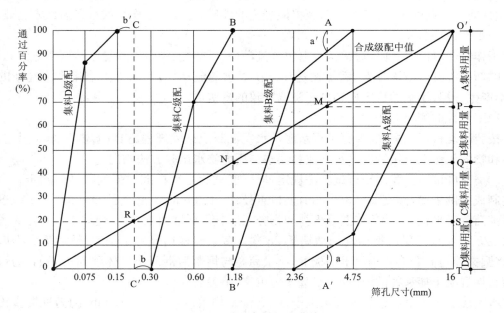

图 4-2 矿质混合料级配曲线图

①两相邻级配曲线重叠

如集料 A 级配曲线的下部与集料 B 级配曲线上部搭接时,在两级配曲线之间引一根垂直于横坐标的直线 AA'(使 $a=a'$)与对角线 OO',交于点 M,通过 M 作一水平线与纵坐标交于 P 点。$O'P$ 即为集料 A 的用量。

②两相邻级配曲线相接

如集料 B 的级配曲线末端与集料 C 的级配曲线首端正好在一垂直线上时,将前一集料曲线末端与后一集料曲线首端作垂线相连,垂线 BB' 与对角线 OO' 相交于点 N。通过 N 作一水平线与纵坐标交于 Q 点。PQ 即为集料 B 的用量。

③两相邻级配曲线相离

如集料 C 的集配曲线末端与集料 D 的级配曲线首端,在水平方向彼此离开一段距离时,作一垂直平分相离开的距离(即 $b=b'$),垂线 CC' 与对角线 OO',相交于点 R,通过 R 作一水平线与纵坐标交于 S 点,QS 即为 C 集料的用量。剩余 ST 即为集料 D 的用量。

(3)校核

按图解所得的各种集料用量,校核计算所得合成级配是否符合要求。如不能符合要求(超出级配范围),应调整各集料的用量。

典型工作任务 2　混凝土和易性测定及评定

4.2.1　普通水泥混凝土主要技术性质

水泥混凝土的主要技术性质包括新拌混凝土的工作性,以及硬化后混凝土的力学性和耐久性。

1. 新拌水泥混凝土的工作性(和易性)

水泥混凝土在尚未凝结硬化以前,称为新拌混凝土或称混凝土拌和物。新拌水泥混凝土是不同粒径的矿质集料粒子的分散相在水泥浆体的分散介质中的一种复杂分散系,它具有弹、粘、塑性质。目前在生产实践上,对新拌混凝土的性质,主要用工作性或称和易性来表征。

1)工作性的含义

工作性(或称和易性),通常认为它包含流动性、可塑性、稳定性和易密性这四方面的含义。优质的新拌混凝土应该具有:满足输送和浇捣要求的流动性;不为外力作用产生脆断的可塑性;不产生分层、泌水的稳定性和易于浇捣密致的密实性。

2)工作性的测定方法

按我国现行行业标准《公路工程水泥及水泥混凝土试验规程》JTG E30—2005 规定,混凝土拌和物的工作性可用稠度试验方法和泌水与压力泌水试验方法测定。

①坍落度试验。我国现行试验法规定:坍落度试验是用标准坍落度圆锥筒测定。该筒为钢皮制成的圆锥筒,高度 $H=300$ mm,上口直径 $d=100$ mm,下底直径 $D=200$ mm。试验时,将圆锥筒置于平板上,然后将混凝土拌和物分三层装入标准圆锥筒内(使捣实后每层高度为筒高的 1/3 左右),每层用捣棒均匀地捣插 25 次。多余试样用镘刀刮平,　然后垂直提取圆锥筒,将圆锥筒与混合料并排放于平板上,测量筒高与坍落后混凝土试体顶面中心的垂直距离,即为新拌混凝土拌和物的坍落度,以毫米为单位(精确至 5 mm)。

本方法适用于骨料最大粒径不大于 31.5 mm、坍落度为 $10\sim100$ mm 的塑性混凝土拌和物稠度测定;进行坍落度试验同时,应观察混凝土拌和物的黏聚性、保水性和含砂情况等,以便全面地评价混凝土拌和物的工作性。坍落度是新拌混凝土自重引起的变形,坍落度只有对富水泥浆的新拌混凝土才比较敏感。相同性质的新拌混凝土,不同试样,坍落度可能相差很大;相反,不同组成的新拌混凝土,它们工作性虽有很大的差别,但却可得到相同的坍落度。因此,坍落度不是满意的工作性能指标。

根据坍落度不同,可将混凝土分为大流动性混凝土(坍落度大于 160 mm);流动性混凝土(坍落度为 100～150 mm);塑性混凝土(坍落度为 10～100 mm);干硬性混凝土(坍落度小于10 mm)。

②维勃稠度试验。维勃稠度试验方法是将坍落度筒放在圆筒中,圆筒安装在专用的振动台上。按坍落度试验的方法将新拌混凝土装入坍落度筒内后再拔去坍落度筒,并在新拌混凝土顶上置一透明圆盘。开动振动台并记录时间,从开始振动至透明圆盘底面被水泥浆布满瞬间止,所经历的时间(以秒计,精确至 1 s)即为新拌混凝土的维勃稠度值。

本方法适用于骨料最大粒径不大于 31.5 mm,维勃稠度在 5～30 s 之间的干硬性混凝土拌和物稠度测定。

3)影响新拌混凝土的工作性的因素

影响因素主要有:内因——组成材料的质量及其用量;外因——环境条件(如温度、湿度和风速)以及时间。

(1)组成材料质量及其用量的影响

①水泥特性的影响。水泥的品种、细度、矿物组成以及混合材料的掺量等都会影响需水量。由于不同品种的水泥达到标准稠度的需水量不同,所以不同品种水泥配制成的混凝土拌和物具有不同的工作性。通常普通水泥的混凝土拌和物比矿渣和火山灰的工作性好。矿渣水泥拌和物的流动性虽大,但黏聚性差,易泌水离析;火山灰水泥流动性小,但黏聚性最好。此外,水泥细度对混凝土拌和物的工作性亦有影响,适当提高水泥的细度可改善混凝土拌和物的黏聚性和保水性,减少泌水、离析现象。

②集料特性的影响。集料的特性包括集料的最大粒径、形状、表面纹理(卵石或碎石)、级配和吸水性等,这些特性将不同程度地影响新拌混凝土的工作性。其中最为明显的是,卵石拌制的混凝土拌和物较碎石的好。集料的最大粒径增大,可使集料的总表面积减小,拌和物的工作性也随之改善。此外,具有优良级配的混凝土拌和物具有较好的工作性。

③集浆比的影响。集浆比就是单位混凝土拌和物中,集料绝对体积与水泥浆绝对体积之比。水泥浆在混凝土拌和物中,除了填充集料间的空隙外,还包裹集料的表面,以减少集料颗粒间的摩阻力,使混凝土拌和物具有一定的流动性。在单位体积的混凝土拌和物中,如水灰比保持不变,则水泥浆的数量越多,拌和物的流动就越大。但若水泥浆数量过多,则集料的含量相对减少,达到一定限度时,将会出现流浆现象,使混凝土拌和物的黏聚性和保水性变差,同时对混凝土的强度和耐久性也会产生一定的影响。此外水泥浆数量增加,就要增加水泥用量。相反若水泥浆数量过少,不足以填满集料的空隙和包裹集料表面,则混凝土拌和物的黏聚性变差,甚至产生崩坍现象。因此,混凝土拌和物中水泥浆数量应根据具体情况决定,在满足工作性要求的前提下,同时要考虑强度和耐久性要求,尽量采用较大的集浆比(即较少的水泥浆用量),以节约水泥用量。

④水灰比的影响。在单位混凝土拌和物中,集浆比确定后,即水泥浆的用量为一固定数值时,水灰比即决定水泥浆的稠度。水灰比较小,则水泥浆较稠,混凝土拌和物的流动性亦较小,当水灰比小于某一极限以下时,在一定施工方法下就不能保证密实成型;反之,水灰比较大,水

泥浆较稀,混凝土拌和物的流动性虽然较大,但黏聚性和保水性却随之变差。当水灰比大于某一极限以上时,将产生严重的离析、泌水现象。因此,为了使混凝土拌和物能够密实成型,所采用的水灰比值不能过小;为了保证混凝土拌和物具有良好的黏聚性和保水性,所采用的水灰比值又不能过大。在实际工程中,为增加拌和物的流动性而增加用水量时,必须保证水灰比不变,同时增加水泥用量,否则将显著降低混凝土的质量。因此,决不能以单纯改变用水量的办法来调整混凝土拌和物的流动性。在通常使用范围内,当混凝土中水量一定时,水灰比在小的范围内变化,对混凝土拌和物的流动性影响不大。

⑤砂率的影响。砂率是混凝土中砂的质量占砂石总质量的百分率。砂率表征混凝土拌和物中砂与石相对用量比例的组合。由于砂率变化,可导致集料的空隙率和总表面积的变化,因而混凝土拌和物的工作性亦随之产生变化。

混凝土拌和物坍落度与砂率的关系为当砂率过大时集料的空隙率和总表面积增大,在水泥浆用量一定的条件下,混凝土拌和物就显得干稠,流动性小。当砂率过小时,虽然骨料的总表面积减小,但由于砂浆量不足,不能在粗骨料的周围形成足够的砂浆层来起润滑作用,因而使混凝土拌和物的流动性降低。更严重的是影响了混凝土拌和物的黏聚性与保水性,使拌和物显得粗涩、粗骨料离析、水泥浆流失,甚至出现溃散等不良现象。因此,在不同的砂率中应有一个合理砂率值。

混凝土拌和物的合理砂率是指在用水量和水泥用量一定的情况下,能使混凝土拌和物获得最大的流动性,且能保持黏聚性和保水性能良好的砂率。

⑥外加剂的影响。在拌制混凝土拌和物时,加入少量外加剂,可在不增加水泥用量的情况下,改善拌和物的工作性,同时尚能提高混凝土的强度和耐久性。

(2)环境条件的影响。引起混凝土拌和物工作性降低的环境因素,主要有温度、湿度和风速。对于给定组成材料性质和配合比例的混凝土拌和物,其工作性的变化主要受水泥的水化率和水分的蒸发率所支配。因此,混凝土拌和物从搅拌至捣实的这段时间里,温度的升高会加速水化率以及水由于蒸发而损失,这些都会导致拌和物坍落度的减小。同样,风速和湿度因素会影响拌和物水分的蒸发率,因而影响坍落度。在不同环境条件下,要保证拌和物具有一定的工作性,必须采取相应的改善工作性的措施。

(3)时间的影响。混凝土拌和物在搅拌后,其坍落度随时间的增长而逐渐减小,称为坍落度损失,它是拌和物中自由水随时间而蒸发、集料的吸水和水泥早期水化而损失的结果。混凝土拌和物工作性的损失率,受组成材料的性质(如水泥的水化和发热特性、外加剂的特性、集料的空隙率等)以及环境因素的影响。

4)改善新拌混凝土工作性的措施

(1)调节混凝土的材料组成。在保证混凝土强度、耐久性和经济性的前提下,适当调整混凝土的组成配合比例以提高工作性。

(2)掺加各种外加剂。如减水剂、流化剂等均能提高新拌混凝土的工作性,同时提高强度、耐久性以及节约水泥。

(3)提高振捣机械的效能。由于振捣效能提高,可降低施工条件对混凝土拌和物工作性的要求,因而保持原有工作性亦能达到捣实的效果。

5)混凝土拌和物的工作性选择

混凝土拌和物的工作性,依据结构物的断面尺寸、钢筋配置的疏密以及捣实的机械类型和施工方法等来选择。一般对无筋大结构、钢筋配置稀疏易于施工的结构,尽可能选用较小的坍落度,以节约水泥。反之,对断面尺寸较小、形状复杂或配筋特密的结构,则应选用较大的坍落度,可易于浇捣密实,以保证施工质量。

　　公路桥涵用混凝土拌和物的工作性根据公路桥涵技术规范有关规定选择,表 4-5 可供选用参考。

表 4-5　公路桥涵用混凝土拌和物的坍落度

项次	结构种类	坍落度
1	桥涵基础、墩台、仰拱、挡土墙及大型制块等便于灌注捣实的结构	0~20 mm
2	上列桥涵墩台等工程中较不便施工处	10~30 mm
3	普通配筋的钢筋混凝土结构	30~50 mm
4	钢筋较密、断面较小的钢筋混凝土结构(梁、柱、墙)	50~70 mm
5	钢筋配置特密、断面高而狭小极不便灌注捣实的特殊结构部位	70~90 mm

　　水泥混凝土路面用道路混凝土拌和物的工作性,按《公路水泥混凝土路面施工技术细则》(JTG/T F30—2014)规定,对于滑模摊铺机施工的碎石混凝土最佳工作性坍落度为 25~50 mm,卵石混凝土为 20~40 mm。

4.2.2　水泥混凝土拌和物的拌和与现场取样方法

　　本方法规定了在常温环境中室内水泥混凝土拌和物的拌和与现场取样方法。

　　轻质水泥混凝土、防水水泥混凝土、碾压水泥混凝土等其他特种水泥混凝土的拌和与现场取样方法,可以参照本方法进行,但因其特殊性所引起的对试验设备及方法的特殊要求,均应遵照对这些水泥混凝土的有关技术规定进行。

　　1. 仪器设备

　　(1)搅拌机:自由式或强制式。

　　(2)振动台:标准振动台,符合《混凝土试验用振动台》的要求。

　　(3)磅秤:感量满足称量总量 1% 的磅秤。

　　(4)天平:感量满足称量总量 0.5% 的天平。

　　(5)其他:铁板、铁铲等。

　　2. 材料

　　(1)所有材料均应符合有关要求,拌和前材料应放置在温度(20±5)℃的室内。

　　(2)为防止粗集料的离析,可将集料按不同粒径分开,使用时再按一定比例混合。试样从抽取至试验完毕过程中,不要风吹日晒,必要时应采取保护措施。

　　3. 拌和步骤

　　(1)拌和时保持室温(20±5)℃。

　　(2)拌和物的总量至少应比所需量高 20% 以上。拌制混凝土的材料用量应以质量计,称量的精确度:集料为 ±1%,水、水泥、掺和料和外加剂为 ±0.5%。

　　(3)粗集料、细集料均以干燥状态为基准,计算用水量时应扣除粗集料、细集料的含水量。干燥状态是指含水率小于 0.5% 的细集料和含水率小于 0.2% 的粗集料。

　　(4)外加剂的加入

　　对于不溶于水或难溶于水且不含潮解型盐类,应先和一部分水泥拌和,以保证充分分散。

对于不溶于水或难溶于水但含潮解型盐类,应先和细集料拌和。

对于水溶性或液体,应先和水拌和。

其他特殊外加剂,应遵守有关规定。

(5)拌制混凝土所用各种用具,如铁板、铁铲、抹刀,应预先用水润湿,使用完后必须清洗干净。

(6)使用搅拌机前,应先用少量砂浆进行涮膛,再刮出涮膛砂浆,以避免正式拌和混凝土时水泥砂浆黏附筒壁的损失。涮膛砂浆的水灰比及砂灰比,应与正式的混凝土配合比相同。

(7)用搅拌机拌和时,拌和量宜为搅拌机公称容量 1/4～3/4 之间。

(8)搅拌机搅拌时,按规定称好原材料,往搅拌机内顺序加入粗集料、细集料、水泥。开动搅拌机,将材料拌和均匀,在拌和过程中徐徐加水,全部加料时间不宜超过 2 min。水全部加入后,继续拌和约 2 min,而后将拌和物倾出在铁板上,再经人工翻拌 1～2 min,务必使拌和物均匀一致。

(9)人工拌和时,先用湿布将铁板、铁铲润湿,再将称好的砂和水泥在铁板上拌匀,加入粗集料,再混合搅拌均匀。而后将此拌和物堆成长堆,中心扒成长槽,将称好的水倒入约一半,将其与拌和物仔细拌匀,再将材料堆成长堆,扒成长槽,倒入剩余的水,继续进行拌和,来回翻拌至少 6 遍。

(10)从试样制备完毕到开始做各项性能试验不宜超过 5 min(不包括成型试件)。

4. 现场取样

(1)新混凝土现场取样:凡由搅拌机、料斗、运输小车以及浇制的构件中采取新拌混凝土代表性样品时,均须从三处以上的不同部位抽取大致相同分量的代表性样品(不要抽取已经离析的混凝土),集中用铁铲翻拌均匀,而后立即进行拌和物的试验。拌和物取样量应多于试验所需数量的 1.5 倍,其体积不小于 20 L。

(2)为使取样具有代表性,宜采用多次采样的方法,最后集中用铁铲翻拌均匀。

(3)从第一次取样到最后一次取样不宜超过 15 min。取回的混凝土拌和物应经过人工再次翻拌均匀,而后进行试验。

4.2.3 水泥混凝土拌和物稠度试验(坍落度仪法)

1. 目的与适用范围

本方法规定了采用坍落度仪测定水泥混凝土拌和物稠度的方法和步骤。

本方法适用于坍落度大于 10 mm,集料公称最大粒径不大于 31.5 mm 的水泥混凝土的坍落度测定。

2. 仪器设备

(1)坍落筒:如图 4-3 所示,坍落筒为铁板制成的截头圆锥筒,厚度不小于 1.5 mm,内侧平滑,没有铆钉头之类的突出物,在筒上方约 2/3 高度处有两个把手,近下端两侧焊有两个踏脚板,保证坍落筒可以稳定操作,坍落筒尺寸如表 4-6所示。

(2)捣棒:为直径 16 mm、长约 600 mm 并具有半球形端头的钢质圆棒。

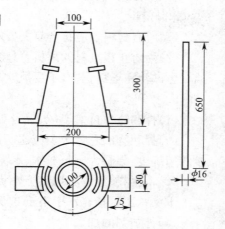

图 4-3 坍落度筒和捣棒

(3)其他：小铲、木尺、小钢尺、馒刀和钢平板等。

3.　试验步骤

(1)试验前将坍落筒内外洗净，放在经水润湿过的平板上(平板吸水时应垫以塑料布)，踏紧踏脚板。

表 4-6　坍落筒尺寸表

集料公称最大粒径/mm	筒的名称	筒的内部尺寸/mm		
		底面直径	顶面直径	高度
<31.5	标准坍落筒	200±2	100±2	300±2

(2)将代表样分三层装入筒内，每层装入高度稍大于筒高的 1/3，用捣棒在每一层的横截面上均匀插捣 25 次，插捣在全部面积上进行，沿螺旋线由边缘至中心，插捣底层时插至底部，插捣其他两层时，应插透本层并插入下层约 20～30 mm，插捣须垂直压下(边缘部分除外)，不得冲击。

(3)在插捣顶层时，装入的混凝土应高出坍落筒口，随插捣过程随时添加拌和物，当顶层插捣完毕后，将捣棒用锯和滚的动作，清除掉多余的混凝土，用馒刀抹平筒口，刮净筒底周围的拌和物。而后立即垂直地提起坍落筒，提筒在 5～10 s 内完成，并使混凝土不受横向力及扭力作用。

(4)从开始装料到提出坍落度筒整个过程应在 150 s 内完成。

(5)将坍落筒放在锥体混凝土试样一旁，筒顶平放木尺，用小钢尺量出木尺底面至试样顶面最高点垂直距离，即为该混凝土拌和物的坍落度，精确至 1 mm。

(6)当混凝土试件的一侧发生崩塌或一边剪切破坏，则应重新取样另测。如果第二次仍发生上述情况，则表示该混凝土和易性不好，应记录。

(7)当混凝土拌和物的坍落度大于 220 mm 时，用钢尺测量混凝土扩展后最终的最大直径和最小直径，在这两个直径之差小于 50 mm 的条件下，用其算术平均值作为坍落扩展度值；否则，此次试验无效。

(8)坍落度试验的同时，可用目测方法评定混凝土拌和物的下列性质，并予以记录。

①棍度：按插捣混凝土拌和物时难易程度评定，分"上"、"中"、"下"三级。

"上"表示插捣容易；

"中"表示插捣时稍有石子阻滞的感觉；

"下"表示很难插捣。

②含砂情况：按拌和物外观含砂多少而评定，分"多"、"中"、"少"三级。

"多"表示用馒刀抹拌和物表面时，一两次即可使拌和物表面平整无蜂窝；

"中"表示抹五、六次才可使表面平整无蜂窝；

"少"表示抹面困难，不易抹平，有空隙及石子外露等现象。

③黏聚性：观测拌和物各组分相互黏聚情况，评定方法是用捣棒在已坍落的混凝土锥体侧面轻打，如锥体在轻打后逐渐下沉，表示黏聚性良好；如锥体突然倒坍，部分崩裂或发生石子离析现象，即表示黏聚性不好。

④保水性：指水分从拌和物中析出的情况，分"多量"、"少量"、"无"三级评定。

"多量"表示提起坍落筒后，有较多水分从底部析出；

"少量"表示提起坍落筒后，有少量水分从底部析出；

"无"表示提起坍落筒后,没有水分从底部析出。

4. 结果整理

混凝土拌和物坍落度和坍落扩展度值以毫米为单位,测量精确至 1 mm,结果修约至最接近的 5 mm。

用加大坍落筒量测时,应乘系数 0.67,以换算为标准坍落筒之坍落度。

 知识拓展

1. 流动度试验

(1)坍扩度试验

当混凝土的坍落度大于 100 mm 时,在坍落度测试完毕后,用钢尺测量混凝土扩展后最终的最大直径和最小直径,在这两个直径之差小于 50 mm 的条件下,用其算术平均值作为坍落扩展度值;否则,此次试验无效。坍扩度是用于补充评价高性能混凝土流动度的最简便的附加指标。

(2)L 型坍落度试验

试验时,将垂直部分的混凝土捣实后,上提隔板,测混凝土向水平方向移动的距离 L_f,移动开始到停止的时间 t,垂直部分混凝土下沉量 L_s(L 型坍落度)。$\dfrac{L_f}{t}$ 称为 L 型流动速度。在剪切应力不变的条件下,代表黏度参数,既能表示与传统坍落度同样的屈服值,又能反映拌和物的黏度,被认为是评价高性能混凝土拌和物流动度的适宜方法。

2. 泌水及压力泌水试验

(1)泌水试验

混凝土拌和物的泌水性能是混凝土拌和物在施工中的重要性能之一,尤其是对于大流动性的泵送混凝土来说更为重要。在混凝土的施工过程中泌水过多,会使混凝土丧失流动性,从而影响混凝土的可泵性和工作性,会给工程质量造成严重后果。将混凝土试样装入容量 5 L 的试样筒内,可采用振动台振实法或捣棒捣实。用振动台振实时将试样一次装入试筒内,开启振动台,振动到表面出浆为止并使混凝土拌和物表面低于试样筒筒口(30±3)mm,用抹刀抹平后,立即计时并称量;盖好容量筒盖子,保持室温在(20±2)℃,从计时开始后 60 min 内,每隔10 min吸取 1 次试样表面渗出的水;60 min 后,每隔 30 min 吸 1 次水,直至认为不再泌水为止。式(4-17)及式(4-18)分别为计算泌水量和泌水率公式。

$$B_a = \frac{V}{A} \tag{4-17}$$

式中　B_a——泌水量(mL/mm²);

　　　V——最后一次吸水后累计的泌水量(mL);

　　　A——试样外露的表面面积(mm²)。

$$B = \frac{V_W}{(W/C)G_W} \times 100 \tag{4-18}$$

式中　B——泌水率(%);

　　　V_W——泌水总量(mL);

　　　G_W——试样质量(g);

　　　W——混凝土拌和物总用水量(mL);

G——混凝土拌和物总质量(g)。

②压力泌水试验。压力泌水性能是泵送混凝土的重要性能之一,它是衡量混凝土拌和物在压力状态下的泌水性能,关系到混凝土在泵送过程中是否会离析而堵泵。将混凝土拌和物分两层装入压力泌水仪的缸体容器内,每层插捣 20 次并振实,压力泌水仪按规定安装完毕后应立即给混凝土试样施加压力至 3.2 MPa,并打开泌水阀门同时开始计时,加压至 10 s 时读取泌水量 V_{10},加压至 140 s 时读取泌水量 V_{140},计算压力泌水率。

$$B_V = \frac{V_{10}}{V_{140}} \times 100 \tag{4-19}$$

式中　B_V——压力泌水率(%);

V_{10}——加压至 10 s 时的泌水量(mL);

V_{140}——加压至 140 s 时的泌水量(mL)。

典型工作任务 3　混凝土强度测定

4.3.1　基本知识

硬化混凝土的力学性质:硬化后混凝土的力学性质,主要包括强度和变形两方面。

1)强度

强度是混凝土硬化后的主要力学性能,按我国现行行业标准《公路工程水泥及水泥混凝土试验规程》JTG E30—2005 规定,混凝土强度有立方体抗压强度、棱柱体抗压强度、劈裂抗拉强度、抗弯拉强度等。

(1)抗压强度标准值和强度等级

①立方体抗压强度(f_{cu}):按照标准的制作方法制成边长为 150 mm 的正立方体试件,在标准养护条件[温度(20±2)℃,相对湿度 95% 以上]下,养护至 28 d 龄期,按照标准的测定方法测定其抗压强度值,称为"混凝土立方体试件抗压强度"(简称"立方抗压强度"),以 f_{cu} 表示,按下式计算,以 MPa 计。

$$f_{cu} = \frac{F}{A} \tag{4-20}$$

式中　F——破坏荷载(N);

A——试件承压面积(mm^2)。

以三个试件为一组,取三个试件强度的算术平均值作为每组试件的强度代表值。

当用非标准尺寸试件测得的立方体强度,应乘以换算系数,折算为标准试件的立方体抗压强度。混凝土强度等级低于 C60 时,200 mm×200 mm×200 mm 试件换算系数为 1.05;对于 100 mm×100 mm×100 mm 试件,换算系数为 0.95。当混凝土强度等级高于 C60 时,宜采用标准试件;使用非标准试件时,尺寸换算系数应由试验确定。

②立方体抗压强度标准值($f_{cu,k}$):混凝土立方体抗压强度标准值的定义是按照标准方法制作和养护的边长为 150 mm 的立方体试件,在 28 d 龄期,用标准试验方法测定的具有 95% 保证率的抗压强度,以 MPa 计。立方体抗压强度标准值以 $f_{cu,k}$ 表示。

从以上定义可知,立方体抗压强度(f_{cu})只是一组混凝土试件抗压强度的算术平均值,并未涉及数理统计、保证率的概念。而立方体抗压强度标准值($f_{cu,k}$)是按数理统计方法确定,具有不低于 95% 保证率的立方体抗压强度。

③强度等级：混凝土强度等级是根据"立方体抗压强度标准值"来确定的。强度等级表示方法，是用符号"C"和"立方体抗压强度标准值"两项内容表示。例如"C30"即表示混凝土立方体抗压强度标准值 $f_{cu,k}$＝30 MPa。

我国现行《混凝土结构设计规范》GB 50010—2010 规定，普通混凝土按立方体抗压强度标准值划分为 C15、C20、C25、C30、C35、C40、C45、C50、C55、C60、C65、C70、C75、C80 等 14 个强度等级。

（2）轴心抗压强度（f_{cp}）

混凝土立方体试件在进行抗压强度试验时，由于材料试验机的承压板对试件端部的摩阻效应，使其强度有较大的提高。为使混凝土试件中抗压强度试验时的受力状态更接近其在结构中的承压状态，通常采用棱柱体（高宽比 h/b＝2 或圆柱体高径比 h/d＝2）的试件，测定其轴心抗压强度；一般轴心抗压强度为抗压强度的 0.7～0.8。我国现行行业标准《公路工程水泥及水泥混凝土试验规程》（JTG E30－2005）规定，采用 150 mm×150 mm×300 mm 棱柱体作为标准试件，轴心抗压强度以 f_{cp} 表示，按下式计算，以 MPa 计。

$$f_{cp}=\frac{F}{A} \tag{4-21}$$

式中　F——破坏荷载（N）；

　　　A——试件承压面积（mm^2）。

（3）劈裂抗拉强度（f_{ts}）

由于混凝土轴心抗拉强度试验的装置设备制作困难以及握固设备易引入二次应力等原因，我国现行标准《公路工程水泥及水泥混凝土试验规程》JTG E30－2005 规定，采用 150 mm×150 mm×150 mm 的立方体作为标准试件，按规定的劈裂抗拉试验装置检测劈裂抗拉强度，由于混凝土是一种脆性材料，其抗拉强度很小，仅为抗压强度的 1/10～1/20。混凝土劈拉强度按下式计算，以 MPa 计。

$$f_{ts}=\frac{2F}{\pi A}=0.637\frac{F}{A} \tag{4-22}$$

式中　F——破坏荷载（N）；

　　　A——试件劈裂面面积（mm^2）。

（4）抗弯拉强度（f_f）

道路路面或机场道面用水泥混凝土，以抗弯拉强度（或称抗折强度）控制。根据《公路水泥混凝土路面设计规范》（JTGD40—2011）规定，不同交通量等级的水泥混凝土弯拉强度标准值如表 4-7 所示。

表 4-7　路面水泥混凝土抗弯拉强度标准值

交通等级	特重	重	中等	轻
抗弯拉强度标准值/MPa	5.0	5.0	4.5	4.0

道路水泥混凝土的抗弯拉强度是以标准操作方法制备成 150 mm×150 mm×550 mm 的梁形试件，在标准条件下，经养护 28 d 后，测定其抗弯拉强度（f_f），按下式计算，以 MPa 计。

$$f_f=\frac{Fl}{bh^2} \tag{4-23}$$

式中　F——破坏荷载（N）；

　　　l——支座间距（mm）；

　　　b——试件宽度（mm）；

　　　h——试件高度（mm）。

　　2）影响硬化后水泥混凝土强度的因素

　　（1）材料组成对混凝土强度的影响。材料组成是混凝土强度形成的内因，主要取决于组成材料的质量及其在混凝土中的数量。

　　①水泥的强度和水灰比：水泥混凝土的强度主要取决于其内部起胶结作用的水泥石的质量，水泥石的质量则取决于水泥的特性和水灰比。

　　水灰比对强度的影响虽不是唯一的影响因素，但在实际应用中，由于水灰比公式计算简便，仍为各国广泛采用。我国根据大量的试验资料统计结果，提出了水灰比、水泥实际强度与混凝土 28 d 立方体抗压强度的关系式：

$$f_{cu,28} = \alpha_a f_{ce} \left(\frac{C}{W} - \alpha_b \right) \tag{4-24}$$

式中　$f_{cu,28}$——混凝土 28 d 龄期的立方体抗压强度（MPa）；

　　　　f_{ce}——水泥实际强度（MPa）；

　　　　$\dfrac{C}{W}$——灰水比；

　　　　α_a, α_b——回归系数。

　　按《普通混凝土配合比设计规程》JGJ 55—2011 规定，混凝土强度公式的回归系数列于表 4-8 中。

　　②集料特性：对混凝土的强度有明显的影响，特别是粗集料的形状和表面特性与强度有着直接的关系。在我国现行混凝土强度公式中，对表面粗糙、有棱角的碎石以及表面光滑浑圆的卵石，回归系数各不相同。

表 4-8　混凝土强度公式的回归系数

集料品种	回归系数	
	α_a	α_b
碎石	0.46	0.07
卵石	0.48	0.33

　　③浆集比：混凝土中水泥浆的体积和集料体积之比值，对混凝土的强度也有一定的影响。特别是高强度的混凝土更为明显，在水灰比相同的条件下，在达到最优浆集比后，混凝土的强度随着浆集比的增加而降低。

　　（2）养护条件对混凝土强度的影响。对于相同配合比组成和相同施工方法的水泥混凝土，其力学强度取决于养护的湿度、温度和养护的时间（龄期）。

　　①湿度：混凝土浇筑成型后，如能保持湿润的状态，混凝土的强度将随龄期按水泥的特性成对数关系增长。

　　②温度：养护温度对混凝土强度发展有很大影响。在相同湿度的养护条件下，低温养护强度发展较慢，为了达到一定强度，低温养护较高温养护需要更长的龄期。

　　③龄期：混凝土的强度随着龄期的增长而提高。一般早期增长比例较为显著，后期较为缓慢。在相同养护条件下，其关系可用下式表达：

$$f_{c,n} = f_{c,a} \frac{\lg n}{\lg a} \tag{4-25}$$

式中　$f_{c,a}$——a 天龄期的混凝土抗压强度；

　　　　$f_{c,n}$——n 天龄期的混凝土抗压强度。

　　由于影响混凝土强度的因素较为复杂，目前尚无准确的推算方法，按上式推算的混凝土强度结果只能作为参考。

　　（3）试验条件对混凝土强度的影响。相同材料组成、相同制备条件和养护条件制成的混凝土试件，其力学强度还取决于试验条件。影响混凝土力学强度的试验条件主要有：试件形状与尺寸、试件湿度、试件温度、支承条件和加载方式等。

3）提高混凝土强度的措施

（1）选用高强度水泥和早强型水泥。为提高路面用混凝土的强度，应选用高强度的水泥，目前重型交通的路面，抗折强度应大于 5.0 MPa，水灰比不大于 0.46，水泥用量不大于 360 kg/m³ 的条件下，必须采用高强水泥或道路水泥，才能满足混凝土强度高且水泥用量少的要求。为缩短养护时间，及早通车，在供应条件允许时，应优先选用早强型水泥。

（2）采用低水灰比和浆集比。为提高路面混凝土的强度，通常采用的水灰比对于高速公路、一级公路不超过 0.44，二级公路不超过 0.46，对于滑模摊铺机施工的用水量不超过 160 kg/m³（卵石不超过 155 kg/m³）。对于掺加外加剂的混凝土还可采用更低的水灰比和用水量。采用低的水灰比，以减少混凝土中的游离水，从而减小混凝土中的空隙，提高混凝土的密实度和强度。另一方面降低了浆集比，减薄水泥浆层的厚度，可以充分发挥集料的骨架作用，对混凝土强度的提高亦有帮助。如采用适宜的最大粒径，可调节抗压和抗折强度之间的关系，以达到提高抗折强度的效果。

（3）掺加混凝土外加剂和掺和料。目前桥梁工程用预应力混凝土，通常要求设计强度为 C50 以上，除了采用 42.5 MPa 或 52.5 MPa 强度等级的普通硅酸盐水泥外，水灰比必须在 0.35～0.40 之间才能达到强度要求。而混凝土拌和物的坍落度又要求在 50 mm 以上，必须采用高效减水剂等外加剂，才能保证混凝土拌和物的工作性和混凝土的强度。

（4）采用湿热处理——蒸汽养护和蒸压养护。桥梁预制构件，除了采用前述措施外，还可以采用湿热处理来提高混凝土的强度。

①蒸汽养护。蒸汽养护是使浇筑好的混凝土构件经 1～3 h 预养后，在 90% 以上的相对湿度 60 ℃ 以上温度的饱和水蒸气中养护，以加速混凝土强度的发展。

普通水泥混凝土经过蒸汽养护后，早期强度提高快，一般经过一昼夜蒸汽养护，混凝土强度能达到标准强度的 70%，但对后期强度增长有影响，所以用普通水泥配制的混凝土养护温度不宜太高，时间不宜太长，一般养护温度为 60～80 ℃，恒温养护时间 5～8 h 为宜。

用火山灰质水泥和矿渣水泥配制的混凝土，蒸汽养护效果比普通水泥混凝土好，不但早期强度增加快，而且后期强度比自然养护还稍有提高。这两种水泥混凝土可以采用较高的温度养护，一般可达 90 ℃，养护时间不超过 12 h。

②蒸压养护。蒸压养护是将浇筑完的混凝土构件静停 8～10 h 后，放入蒸压釜内，在高压、高温饱和蒸汽中进行养护。

在高温、高压蒸汽下，水泥水化时析出的氢氧化钙不仅能充分与活性的氧化硅结合，而且也能与结晶状态的氧化硅结合而生成含水硅酸盐结晶，从而加速水泥的水化和硬化，提高混凝土的强度。此法比蒸汽养护的混凝土质量好，特别是对采用掺活性混合材料水泥及掺入磨细石英砂的混合硅酸盐水泥更为有效。

（5）采用机械搅拌和振捣。混凝土拌和物在强力搅拌和振捣作用下，水泥浆的凝聚结构暂时受到破坏，因而降低了水泥浆的黏度和集料间的摩阻力，提高了拌和物的流动性，从而混凝土拌和物能更好地充满模型并均匀密实，混凝土强度得到提高。

4.3.2　试验准备

1. 主要仪器设备准备

（1）压力机或万能试验机：压力机除符合《电液伺服水泥压力试验机技术条件》（JB/T

8763—2013)及《试验机通用技术要求》GB/T 2611 中的要求外,其测量精度为 1‰,试件破坏荷载应大于压力机全量程的 20％且小于压力机全量程的 80％。同时应具有加荷速度指示装置或加荷速度控制装置。上下压板平整并有足够刚度,可以均匀地连续加荷、卸荷,可以保持固定荷载,开机停机均灵活自如,能够满足试件破型吨位要求。

(2)球座:钢质坚硬,面部平整度要求在 100 mm 距离内高低差值不超过 0.05 mm,球面及球窝粗糙度为 0.32,研磨、转动灵活,不应在大球座上做小试件破型,球座最好放置在试件顶面(特别是棱柱试件),并使凸面朝上,当试件均匀受力后,一般不宜再敲动球座。

(3)混凝土强度等级大于等于 C60 时,试验机上、下压板之间应各垫一钢垫板,平面尺寸应不小于试件的承压面,其厚度至少为 25 mm。钢垫板应机械加工,其平面度允许偏差 0.04 mm;表面硬度大于等于 55HRC;硬化层厚度约 5 mm。试件周围应设置防崩裂网罩。

2. 试件制备和养护准备

(1)试件制备和养护应符合相关规定。

(2)混凝土抗压强度试件尺寸符合规定。

(3)集料公称最大粒径符合规定。

(4)混凝土抗压强度试件应同龄期者为一组,每组为 3 个同条件制作和养护的混凝土试块。

4.3.3　水泥混凝土立方体抗压强度试验

1. 目的与适用范围

本方法规定了测定水泥混凝土抗压极限强度的方法和步骤。可用于确定水泥混凝土的强度等级,作为评定水泥混凝土品质的主要指标。

本方法适于各类水泥混凝土立方体试件的极限抗压强度试验。

2. 试验步骤

(1)至试验龄期时,自养护室取出试件,应尽快试验,避免其湿度变化。

(2)取出试件,检查其尺寸及形状,相对两面应平行。量出棱边长度,精确至 1 mm。试件受力截面积按其与压力机上下接触面的平均值计算。在破型前,保持试件原有湿度,在试验时擦干试件。

(3)以成型时侧面为上下受压面,试件中心应与压力机几何对中(指试件或球座偏离机台中心在 5 mm 以内)。

(4)强度等级小于 C30 的混凝土取 0.3～0.5 MPa/s 的加荷速度;强度等级大于 C30 小于 C60 时,则取 0.5～0.8 MPa/s 的加荷速度;强度等级大于 C60 的混凝土取 0.8～1.0 MPa/s 的加荷速度。当试件接近破坏而开始迅速变形时,应停止调整试验机油门,直至试件破坏,记录破坏极限荷载。

3. 结果整理

(1)混凝土立方体试件抗压强度按下式计算:

$$f_{cu} = \frac{F}{A} \tag{4-26}$$

式中　f_{cu}——混凝土抗压强度(MPa);

　　　F——试件极限荷载(N);

　　　A——受压面积(mm²)。

(2)以 3 个试件测值的算术平均值为测定值,计算精确至 0.1 MPa。三个测值中的最大值或最小值中如有一个与中间值之差超过中间值的 15%，则取中间值为测定值；如最大值和最小值与中间值之差均超过中间值的 15%，则该组试验结果无效。

（3）混凝土强度等级小于 C60 时，非标准试件的抗压强度应乘以尺寸换算系数（表 4-9），并应在报告中注明。当混凝土强度等级大于等于 C60 时，宜用标准试件，使用非标准试件时，换算系数由试验确定。

表 4-9　抗压强度尺寸换算系数表

试件尺寸/mm	尺寸换算系数
100×100×100	0.95
150×150×150	1.00
200×200×200	1.05

 知识拓展

1. 混凝土的变形

硬化后水泥混凝土的变形，包括非荷载作用下的化学变形，干湿变形和温度变形以及荷载作用下的弹—塑性变形和徐变。

1）非荷载作用的变形

（1）化学收缩。混凝土拌和物由于水泥水化产物的体积比反应前物质的总体积要小，因而产生收缩，称为化学收缩。这种收缩随龄期增长而增加，40 d 以后渐趋稳定，化学收缩是不能恢复的，一般对结构没有什么影响。

（2）干缩变形。这种变形主要表现为湿胀干缩。混凝土在干燥空气中硬化时，随着水分的逐渐蒸发，体积也将逐渐发生收缩，如在水中或潮湿条件下养护时，则混凝土的干缩将随之减少或略产生膨胀。混凝土收缩值较膨胀值大，混凝土的干缩往往是表面较大，常在表面产生细微裂缝。当干缩变形受到约束时，常会引起构件的翘曲或开裂，影响混凝土的耐久性。因此，应通过调节集料级配、增大粗集料的粒径，减少水泥浆用量，适当选择水泥品种，以及采用振动捣实，早期养护等措施来减小混凝土的干缩变形。

（3）温度变形。混凝土具有热胀冷缩的性质，对大体积及大面积混凝土工程极为不利。因为混凝土是不良导体，水泥水化初期放出大量热量难于散发，浇注后大体积混凝土内部温度远较外部高，温差有时可达 50~70 ℃，这将使内部混凝土产生显著的体积膨胀，而外部混凝土却随气温降低而冷却收缩。内部膨胀和外部收缩互相制约，将产生很多应力，外部混凝土所受拉应力一旦超过混凝土当时的极限抗拉强度，就将产生裂缝。因此，对大体积混凝土工程，应设法降低混凝土的发热量，如采用低热水泥，减少水泥用量，采用人工降温等措施。对于纵长的钢筋混凝土结构物，应每隔一段长度设置伸缩缝，在结构物内配置温度钢筋。

2）荷载作用变形

（1）弹—塑性变形与弹性模量：混凝土是一种弹—塑性体，在持续荷载作用下会产生可以恢复的弹性变形（ε_r）和不可恢复的塑性变形（ρ'_{cp}）。

在桥梁工程中以应力为棱柱体极限抗压强度的 40% 时的割线弹性模量，作为混凝土的弹性模量。

在道路路面及机场跑道工程中水泥混凝土应测定其抗折时的平均弹性模量作为设计参数，取抗折强度 50% 时的加荷割线模量。

在路面工程中混凝土要求有高的抗折强度，而且要有较低的抗折弹性模量以适应混凝土路面受荷载后具有较大的变形能力。

（2）徐变。混凝土在持续荷载作用下，随时间增加的变形称为徐变，也称蠕变。徐变是在恒定荷载作用下随着时间的增长而产生的变形，是不可恢复的。初期增长较快，以后逐渐变慢，到一定时期后，可以稳定下来。一般为 2～3 年。

混凝土的徐变与许多因素有关，混凝土水灰比愈大，龄期愈短，徐变量愈大；荷载作用时大气湿度小，徐变大；荷载应力大，徐变大；混凝水泥用量多时，徐变量大。另外，混凝土弹性模量小，徐变大。混凝土无论是受压、受拉或受弯时，均有徐变现象。在预应力钢筋混凝土桥梁构件中，混凝土的徐变可使钢筋的预加应力受到损失，但是，徐变也能消除钢筋混凝土的部分应力集中，使应力较均匀地分布，对于大体积混凝土，能消除一部分由于温度变形所产生的破坏应力。

2. 混凝土的耐久性

道路与桥梁工程用混凝土除了要满足前述的工作性和强度要求外，还要求具有优良的耐久性。对道路与桥梁建筑用混凝土，由于无遮盖而裸露在大气中，长期受风霜雨雪的侵蚀，因此耐久性的首要要求是抗冻性，其次对道路混凝土，因受车辆轮胎的作用，还要求其有耐磨性；桥梁墩台混凝土受海水或污水的侵蚀，还要求具抗化学侵蚀的耐蚀性。此外，近年来，碱—集料反应对高速公路及桥梁的破坏，也引起人们的关注。

（1）抗冻性。混凝土遭受冻融的循环作用，可导致强度降低甚至破坏。为评价混凝土的抗冻性，采用抗冻性能试验方法，我国现行标准《公路工程水泥及水泥混凝土试验规程》JTG E30—2005 规定采用"快冻法"。该方法是以 100 mm×100 mm×400 mm 棱柱体混凝土试件，经 28 d 的试件有吸水饱和后，于−17 ℃ 和 5 ℃ 条件下快速冻结和融化循环。每 25 次冻融循环，对试件进行一次横向基频的测试并称重。当冻融至 300 次，或相对动弹模量下降至 60% 以下，或质量变化率达到 5%，即停止试验。此时的循环次数即为混凝土的抗冻标号。抗冻标号分为 D10、D15、D25、D50、D100、D150、D200、D250 和 D300 等。

①混凝土相对动弹模量按下式计算：

$$P = \frac{f_n^2}{f_0^2} \times 100 \tag{4-27}$$

式中　P——经 n 次冻融循环后试件的相对动弹模量；

　　　f_n——n 次冻融循环后试件的横向基频（Hz）；

　　　f_0——试验前试件的横向基频（Hz）。

②混凝土质量变化率按下式计算：

$$W_n = \frac{m_0 - m_n}{m_0} \times 100 \tag{4-28}$$

式中　W_n——n 次冻融循环后试件的质量变化率（%）；

　　　m_0——冻融试验前的试件质量（kg）；

　　　m_n——n 次冻融循环后的试件质量（kg）。

当混凝土相对动弹模量降低至小于或等于 60%，或质量损失达 5% 时的循环次数，即为混凝土的抗冻标号。

③混凝土抗冻性亦可用相对耐久性指数表示。按下式计算：

$$K_n = \frac{PN}{300} \tag{4-29}$$

式中　K_n——混凝土耐久性指数（%）；

　　　N——达到前述规定的冻融循环次数；

P——经 n 次冻融循环后试件的相对动弹性模量(%)。

(2)耐磨性:耐磨性是路面和桥梁用混凝土的重要性能之一。作为高级路面的水泥混凝土,必须具有抵抗车辆轮胎磨耗和磨光的性能。作为大型桥梁的墩台用水泥混凝土也需要具有抵抗湍流空蚀的能力。混凝土耐磨性评价,按我国现行标准《公路工程水泥及水泥混凝土试验规程》JTG E30—2005 规定:以 150 mm×150 mm×150 mm 立方体试件,养护至 28 d 龄期,在 60 ℃烘干至恒重,然后在带有花轮磨头的混凝土磨耗试验机上,在 200 N 负荷下磨削 50 转。按下式计算磨损量:

$$C_C = \frac{m_1 - m_2}{0.012\ 5} \tag{4-30}$$

式中　C_C——单位面积磨损量(kg/m²);

　　　m_1——试件的初始质量(kg);

　　　m_2——试件磨损后的质量(kg);

　0.012 5——试件磨损面积(m²)。

(3)碱—集料反应:水泥混凝土中水泥的碱与某些碱活性集料发生化学反应,可引起混凝土膨胀、开裂,甚至破坏,这种化学反应称为碱—集料反应。含有这种碱活性矿物的集料,称为碱活性集料(简称碱集料)。碱—集料反应会导致高速公路路面或大型桥梁墩台的开裂和破坏,并且这种破坏会继续发展下去,难以补救,因此引起世界各国的普遍关注。近年来,我国水泥含碱量的增加、水泥用量的提高以及含碱外加剂的普遍应用,增加了碱—集料反应破坏的潜在危险,因此,对混凝土用砂石料的碱活性问题,必须引起重视。

碱—集料反应有两种类型:①碱—硅反应是指碱与集料中活性二氧化硅反应;②碱—碳酸盐反应是指碱与集料中活性炭酸盐反应。

碱—集料反应机理甚为复杂,而且影响因素较多,但是发生碱—集料反应必须具备三个条件:①混凝土中的集料具有活性;②混凝土中含有一定量可溶性碱;③有一定的湿度。对重要工程的混凝土使用的碎石(卵石)应进行碱活性检验。进行碱活性检验时,首先应采用岩相法检验活性集料的品种、类型(硅酸类或碳酸类岩石)和数量。若岩石中含有活性二氧化硅时,应采用化学法和砂浆长度法进行检验;含有活性炭酸岩集料时,应采用岩石柱法进行检验。

为防止碱—硅反应的危害,按现行规范规定:①应使用含碱量小于 0.6%的水泥或采用抑制碱—集料反应的掺和料;②当使用钾、钠离子的混凝土外加剂时,必须专门试验。

典型工作任务 4　混凝土配合比设计

4.4.1　普通水泥混凝土的配合比设计(以抗压强度为指标的计算)

混凝土配合比,是指混凝土中各组成材料之间的比例关系。普通水泥混凝土的配合比设计包括两个方面:

(1)选料:选择适合制备所需混凝土的材料。

(2)配料:选择混凝土各组成材料的最佳配合和用料量。

1. 混凝土配合比表示方法

混凝土配合比表示方法,通常有下列两种:

(1)单位用量表示方法:以 1 m³ 混凝土中各种材料的用量(kg/m³)表示:

水泥∶水∶细集料∶粗集料=m_{c0}∶m_{w0}∶m_{s0}∶m_{g0}=330∶165∶706∶1 265

(2)相对含量表示方法:以各种材料用料量的比例(以水泥质量为1)表示:

$$水泥:细集料:粗集料:水灰比=1:\frac{m_{s0}}{m_{c0}}:\frac{m_{g0}}{m_{c0}}:\frac{m_{w0}}{m_{c0}}=1:2.15:3.82:0.5$$

2. 混凝土配合比设计的基本要求

(1)满足结构物的设计强度要求;

(2)满足现场施工条件的工作性要求;

(3)满足工程所处环境的耐久性要求;

(4)在满足上述要求的前提下,尽量减少水泥用量,降低混凝土成本,以便取得较好的经济效果。

3. 混凝土配合比设计参数

(1)水灰比:混凝土中水与水泥的比例称为水灰比。如前所述,水灰比对混凝土和易性、强度和耐久性都具有重要的影响,因此,通常是根据强度和耐久性来确定水灰比的大小。一方面,水灰比较小时可以使强度更高且耐久性更好;另一方面,在保证混凝土和易性所要求用水量基本不变的情况下,只要满足强度和耐久性对水灰比的要求,选用较大水灰比时,可以节约水泥。

(2)砂率:砂子占砂石总量的百分率称为砂率。砂率对混合料的和易性影响较大,若选择不恰当,还会对混凝土强度和耐久性产生影响。砂率的选用应该合理,在保证和易性要求的条件下,宜取较小值,以利于节约水泥。

(3)用水量:用水量是指 1 m³ 混凝土拌和物中水的用量(kg/m³)。在水灰比确定后,混凝土中单位用水量也表示水泥浆与集料之间的比例关系。为节约水泥和改善耐久性,在满足流动性条件下,应尽可能取较小的单位用水量。

4. 混凝土配合比设计的基本原理

(1)绝对体积法:该法是假定混凝土拌和物的体积等于各组成材料绝对体积与混凝土拌和物中所含空气体积之和。

(2)假定表观密度法(假定容重法):如果原材料比较稳定,可先假设混凝土的表观密度为一定值,混凝土拌和物各组成材料的单位用量之和,即为其表观密度。通常普通混凝土的表观密度为 2 350~2 450 kg/m³。

(3)查表法:它是根据大量试验结果进行整理,将各种配比列成表,使用时根据相应条件查表,选取适当的配比。因为它是直接从工程实际中总结的结果,比较实用,所以在工程中应用较广。

5. 混凝土配合比设计的方法与步骤

1)混凝土配合比设计的基本资料

(1)设计要求的混凝土强度等级,承担施工单位的管理水平;

(2)工程所处的环境和设计对混凝土耐久性的要求;

(3)原材料品种及其物理力学性能指标;

(4)混凝土所处的部位、结构构造情况,施工条件等。

2)混凝土配合比计算初步配合比

(1)确定试配强度

$$f_{cu,0}=f_{cu,k}-t\sigma \tag{4-31}$$

式中 $f_{cu,0}$——混凝土的配制强度(MPa);

$f_{cu,k}$——设计要求的混凝土强度等级(MPa);

σ——混凝土强度标准差(MPa);

t——置信度界限,决定保证率 P 的积分下限。

现行规范对一般工程中混凝土要求为强度保证率 $P \geqslant 95\%$,对应的 $t=-1.645$,上式应写为:

$$f_{cu,0}=f_{cu,k}+1.645\sigma \tag{4-32}$$

混凝土强度标准差按下式计算:

$$\sigma=\sqrt{\frac{\sum\limits_{i=1}^{n}f_{cu,i}^{2}-n\mu^{2}f_{cu}}{n-1}} \tag{4-33}$$

混凝土标准差(σ)可根据近期同类混凝土强度资料求得,其试件组数不应少于 25 组。对 C20～C25 级混凝土,若强度标准差计算值低于 2.5 MPa 时,则计算配置强度时的标准差取为 2.5 MPa;对不低于 C30 级混凝土,若强度标准差计算值低于 3.0 MPa时,则计算配置强度时的标准差取为 3.0 MPa。

若无历史统计资料时,强度标准差可根据要求的强度等级按表 4-10 规定选用。

表 4-10　标准差

强度等级/MPa	低于 C20	C20～C35	高于 C35
标准差/MPa	4.0	5.0	6.0

(2)计算水灰比(W/C)

①按混凝土强度等级计算水灰比和水泥实际强度,将已确定的各参数代入混凝土强度公式。

$$f_{cu,0}=\alpha_{a}f_{ce}\left(\frac{C}{W}-\alpha_{b}\right) \tag{4-34}$$

式中　$f_{cu,0}$——混凝土配制强度(MPa);

α_{a}、α_{b}——回归系数(根据使用的粗、细集料经过试验得出的灰水比与混凝土强度关系式确定,若无上述试验统计资料时可采用表 4-8 数值);

f_{ce}——水泥 28 d 抗压强度实测值(MPa)。

当无水泥 28 d 抗压强度实测值时,可按下式确定:

$$f_{ce}=\gamma_{c}f_{ce,k} \tag{4-35}$$

式中　γ_{c}——水泥强度等级值的富余系数,可按实际统计资料确定;

$f_{ce,k}$——水泥强度标准值(MPa)。

f_{ce} 值也可根据 3 d 强度或快速强度推定得出。

由下式计算水灰比

$$\frac{W}{C}=\frac{\alpha_{a}f_{ce}}{f_{cu,0}+\alpha_{a}\alpha_{b}f_{ce}} \tag{4-36}$$

②按耐久性校核水灰比:根据上式计算所得的水灰比只能满足强度要求,还应根据混凝土所处的环境条件进行耐久性校核,参见表 4-11。

表 4-11　混凝土的最大水灰比和最小水泥用量

环境条件	结构物类别	最大水灰比			最小水泥用量/kg		
		素混凝土	钢筋混凝土	预应力混凝土	素混凝土	钢筋混凝土	预应力混凝土
干燥环境	正常的居住和办公用房室内部件	不作规定	0.65	0.60	200	260	300

续上表

环境条件		结构物类别	最大水灰比			最小水泥用量/kg		
			素混凝土	钢筋混凝土	预应力混凝土	素混凝土	钢筋混凝土	预应力混凝土
潮湿环境	无冻害	(1)高湿度的室内部件； (2)室外部件； (3)在非侵蚀性土和(或)水中的部件	0.70	0.60	0.60	225	280	300
	有冻害	(1)经受冻害的室外部件； (2)在非侵蚀性土和(或)水中且经受冻害的部件； (3)高湿度且经受冻害的室内件	0.55	0.55	0.55	250	280	300
有冻害和除冰剂的潮湿环境		经受冻害和除冰剂作用的室内和室外部件	0.50	0.50	0.50	300	300	300

（3）选定单位用水量（W_0）

根据粗集料的品种、数量、粒径及施工要求的混凝土拌和物稠度值(坍落度或维勃稠度)选择每立方米混凝土拌和物的用水量。一般可根据施工单位对所用材料的经验选定。如使用经验不足,可参照表 4-12 选取。

4)计算单位水泥用量（m_{c0}）

①按强度要求计算单位用灰量。每立方米混凝土拌和物的用水量（m_{w0}）选定后,即可根据强度或耐久性要求已求得的水灰比（W/C）值计算水泥单位用量。

表 4-12　混凝土的用水量选用表

拌和物稠度		卵石最大粒径/mm				碎石最大粒径/mm			
项目	指标	10	20	31.5	40	16	20	31.5	40
坍落度/mm	10—30	190	170	160	150	200	185	175	165
	35—50	200	180	170	160	210	195	185	175
	55—70	210	190	180	170	220	205	195	185
	75—90	215	195	185	175	230	215	205	195
维勃稠度/s	16—20	175	160	—	145	180	170	—	155
	11—15	180	165	—	150	185	175	—	160
	5—10	185	170	—	155	190	180	—	165

注：1. 本表用水量系采用中砂时的平均取值。采用细砂时,每立方米混凝土用水量可增加 5～10 kg；采用粗砂时,则可减少 5～10 kg。

2. 掺用各种外加剂或掺和料时,用水量应相应调整。

3. 本表所列集料最大粒径为 10 mm、16 mm、20 mm、31.5 mm、40 mm 的圆孔筛,分别约相当于 9.5 mm、13.2 mm、16 mm、26.5 mm 和 31.5 mm 的方孔筛。

$$m_{c0} = m_{w0} \times \frac{C}{W} \text{或} m_{c0} = \frac{m_{w0}}{\left(\frac{W}{C}\right)} \tag{4-37}$$

②按耐久性要求校核单位用灰量。根据耐久性要求,普通水泥混凝土的最小水泥用量,依结构物所处环境条件分别规定,如表 4-11 所示。

按强度要求由式(4-34)计算得的单位水泥用量,应不低于表 4-11 规定的最小水泥用量。

(5)选定砂率(β_{s})。根据粗骨料品种、最大粒径和混凝土拌和物的水灰比确定砂率。一般可根据施工单位所用材料的使用经验选定,如使用经验不足,可参照表 4-13 选取。

表 4-13　混凝土的砂率

水灰比(W/C)	卵石最大粒/mm			碎石最大粒径/mm		
	10	20	40	16	20	40
0.40	26～32	25～31	24～30	30～35	29～34	27～32
0.50	30～35	29～34	28～33	33～38	32～37	30～35
0.60	33～38	32～37	31～36	36～41	35～40	33～38
0.70	36～41	35～40	34～39	39～44	38～43	36～41

注:1. 本表数值系中砂的选用砂率,对细砂或粗砂,可相应地减少或增大砂率。

　　2. 本表适用于坍落度为 10～60 mm 的混凝土,坍落度如大于 60 mm 或小于 10 mm 的混凝土,应相应的增大或减少砂率,按坍落度每增大 20 mm,砂率增大 1%的幅度予以调整;坍落度小于 10 mm 的混凝土,其砂率应经试验确定。

　　3. 只用一个单粒级粗骨料配制混凝土时,砂率应适当增大。

　　4. 掺有各种外加剂或掺和料时,其合理砂率应经试验或参照其他有关规定确定。

　　5. 对薄壁构件砂率取偏大值。

(6)计算粗、细集料单位用量(m_{g0},m_{s0})

①质量法:质量法又称假定表观密度法。该法是假定混凝土拌和物的表观密度为固定值,混凝土拌和物各组成材料的单位用量之和即为其表观密度。在砂率值为已知的条件下,粗、细骨料的单位用量可由下面关系式得:

$$\left.\begin{array}{r} m_{c0}+m_{w0}+m_{s0}+m_{g0}=\rho_{cp} \\ \dfrac{m_{s0}}{m_{s0}+m_{g0}}\times100=\beta_{s} \end{array}\right\} \tag{4-38}$$

由式(4-38)得

$$m_{s0}=(\rho_{cp}-m_{c0}-m_{w0})\beta_{s}$$
$$m_{g0}=(\rho_{cp}-m_{c0}-m_{w0})-m_{s0}$$

式中　　　　　β_{s}——砂率(%);

m_{c0}、m_{w0}、m_{s0}、m_{g0}——每立方米混凝土的水泥、水、细骨料和粗骨料的用量(kg);

　　　　　　ρ_{cp}——每立方米混凝土拌和物的湿表观密度(kg/m³),其值可根据施工单位积累的试验资料确定(如缺乏资料时,可根据集料的表观密度、粒径以及混凝土强度等级在 2 260～2 450 kg/m³ 范围内选定),也可由表 4-14 查得。

表 4-14　混凝土假定湿度表观密度参考表

混凝土强度等级	C15	C20～C30	>C40
假定湿度表观密度/(kg·m⁻³)	2 300～2 350	2 350～2 400	2 450

②体积法:体积法又称绝对体积法。该方法是假定混凝土拌和物的体积等于各组成材料绝对体积和混凝土拌和物中所含空气体积之总和。在砂率值为已知的条件下,粗、细集料的单位用量可由下式求得:

$$\left.\begin{array}{l} \dfrac{m_{c0}}{\rho_c}+\dfrac{m_{w0}}{\rho_w}+\dfrac{m_{g0}}{\rho_g}+\dfrac{m_{s0}}{\rho_s}+0.01\alpha=1 \\[4mm] \dfrac{m_{s0}}{m_{g0}+m_{s0}}\times100=\beta_s \end{array}\right\} \tag{4-39}$$

式中　ρ_c、ρ_w——水泥、水的密度(kg/m^3)，可分别取 2 900～3 100 kg/m^3 和 1 000 kg/m^3；

ρ_g、ρ_s——粗集料、细集料的表观密度(kg/m^3)；

α——混凝土的含气量百分率$(\%)$，在不使用引起型外加剂时，α 可取为 1。

以上两种确定粗、细集料单位用量的方法，一般认为，质量法比较简单，不需要各种组成材料的密度资料，如施工单位已积累有当地常用材料所组成的混凝土湿表观密度资料，亦可得到准确的结果。体积法由于是根据各组成材料实测的密度来进行计算的，所以可获得较为精确的结果。

3）基准配合比的确定

（1）试拌

①试拌材料要求：试配混凝土所用各种原材料，要与实际工程使用的材料相同，粗、细集料的称量均以干燥状态为基准。如不是用干燥集料配制，称料时应在用水量中扣除集料中超过的含水量值，集料称量也应相应增加。但在以后试配调整时配合比仍应取原计算值，不计该项增减数值。

②搅拌方法和拌和物数量：混凝土搅拌方法，应尽量与生产时使用方法相同。试拌时，每盘混凝土的数量一般应不少于表 4-15 中的建议值。如需进行抗折强度试验，则应根据实际需要计算用量。采用机械搅拌时，其搅拌量应不小于搅拌机额定搅拌量的 1/4。

表 4-15　混凝土试配的最小搅拌量

骨料最大粒径/mm	拌和物数量/L	骨料最大粒径/mm	拌和物数量/L
31.5 及以下	15	40	25

（2）校核工作性、调整配合比

按计算出的初步配合比进行试拌，以校核混凝土拌和物的工作性。如试拌得出的拌和物的坍落度（或维勃稠度）不能满足要求，或黏聚性和保水性能不好时，则应在保证水灰比不变的条件下，相应调整用水量或砂率，直到符合要求为止。然后提出供混凝土强度校核用的"基准配合比"，即 m_{ca}：m_{wa}：m_{sa}：m_{ga}。

4）确定试验室配合比

（1）制作试件、检验强度。为校核混凝土的强度，至少拟定三个不同的配合比，其中一个为按上述得出的基准配合比，另外两个配合比的水灰比值，应较基准配合比分别增加及减少 0.05（或 0.10），其用水量应该与基准配合比相同，但砂率值可增加及减少 1%。制作检验混凝土强度的试件时，尚应检验拌和物的坍落度（或维勃稠度）、黏聚性、保水性及测定混凝土的表观密度，并以此结果表征该配合比的混凝土拌和物的性能。

为检验混凝土强度，每种配合比至少制作一组（三块）试件，在标准养护 28 d 条件下进行抗压强度测试。有条件的单位可同时制作几组试件，供快速检验或较早龄期（3 d、7 d 等）时抗压强度测试，以便尽早提出混凝土配合比供施工使用。但必须以标准养护 28 d 强度的检验结果为依据调整配合比。

（2）确定试验室配合比。根据强度检验结果和湿表观密度测定结果，进一步修正配合比，即可得到试验室配合比设计值。

①根据强度检验结果修正配合比

a. 确定用水量(m_{wb})。取基准配合比中的用水量,并根据制作强度检验试件时测得的坍落度(或维勃稠度)值加以适当调整。

b. 确定水泥用量(m_{cb})。取用水量乘以由"强度—灰水比"关系定出的,为达到配制强度($f_{cu,0}$)所必需的灰水比值。

c. 确定粗、细集料用量(m_{gb} 和 m_{sb})。取基准配合比中的砂、石用量,并按定出的水灰比作适当调整。

②根据实测拌和物湿表观密度修正配合比

a. 根据强度检验结果修正后定出的混凝土配合比,计算出混凝土的"计算湿表观密度"(ρ'_{cp}),即

$$\rho'_{cp} = m_{cb} + m_{sb} + m_{gb} + m_{wb} \tag{4-40}$$

b. 将混凝土的实测表观密度值(ρ_{cp})除以计算湿表观密度值(ρ'_{cp})得出"校正系数"δ,即

$$\delta = \frac{\rho_{cp}}{m_{cb} + m_{sb} + m_{gb} + m_{wb}} = \frac{\rho_{cp}}{\rho'_{cp}} \tag{4-41}$$

c. 将混凝土配合比中各项材料用量乘以校正系数,即得最终确定的试验室配合比设计值:

$$m'_{cb} = m_{cb} \cdot \delta$$
$$m'_{sb} = m_{sb} \cdot \delta$$
$$m'_{gb} = m_{gb} \cdot \delta$$
$$m'_{wb} = m_{wb} \cdot \delta$$

$$m'_{cb} : m'_{sb} : m'_{gb} : m'_{wb} = 1 : \frac{m'_{sb}}{m'_{cb}} : \frac{m'_{gb}}{m'_{cb}} : \frac{m'_{wb}}{m'_{cb}}$$

5)换算施工配合比

试验室最后确定的配合比,是按绝干状态集料计算的。而施工现场砂、石材料为露天堆放,都有一定的含水率。因此,施工现场应根据现场砂、石的实际含水率的变化,将试验室配合比换算为施工配合比。

设施工现场实测砂、石含水率分别为 $a\%$、$b\%$,则施工配合比的各种材料单位用量(kg/m³)为

$$\left. \begin{aligned} m_c &= m'_{cb} \\ m_s &= m'_{sb}(1+a\%) \\ m_g &= m'_{gb}(1+b\%) \\ m_w &= m'_{wb} - (m'_{sb}a\% + m'_{gb}b\%) \end{aligned} \right\} \tag{4-42}$$

施工配合比为

$$1 : X : Y = 1 : \frac{m_s}{m_c} : \frac{m_g}{m_c}, \frac{W}{C} = \frac{m_w}{m_c}$$

根据确定的混凝土施工配合比,每盘混凝土材料称量值,按下式计算:

$$m = Vm_i \tag{4-43}$$

式中　m——材料的称量(kg/m³);

　　　m_i——施工配合比中 i 材料的用量(kg/m³);

　　　V——每盘搅拌量(m³)。

4.4.2　普通水泥混凝土的配合比设计实例

试设计钢筋混凝土桥 T 形预制梁用混凝土配合比。（水泥混凝土配合比设计是以抗压强度为指标的设计方法。）

【原始资料】

已知混凝土设计强度等级为 C30，无强度历史统计资料，要求混凝土拌和物坍落度为 30～50 mm。桥梁所在地区属潮暖地区。组成材料：采用强度等级为 42.5 MPa 的普通硅酸盐水泥，密度 $\rho_c = 3.10 \ \text{kg/m}^3$，富裕系数 $\gamma_c = 1.13$。砂为中砂，表观密度 $\rho_s = 2.65 \ \text{kg/m}^3$。碎石最大粒径 $d = 31.5 \ \text{mm}$，表观密度 $\rho_g = 2.70 \ \text{kg/m}^3$。

【设计要求】

(1)按题给资料计算出初步配合比。

(2)按初步配合比在试验室进行试拌调整得出试验室配合比。

【设计步骤】

1. 计算初步配合比

(1)确定混凝土配制强度（$f_{cu,0}$）

根据设计要求混凝土强度确定试配强度：$f_{cu,k} = 30$ MPa，无历史统计资料，按表 4-10 标准差 $\sigma = 5.0$ MPa。

按式(4-31)，混凝土配制强度 $f_{cu,0} = f_{cu,k} + 1.645\sigma = 30 + 1.645 \times 5 = 38.2$(MPa)。

(2)计算水灰比（W/C）

①按强度要求计算水灰比

a. 计算水泥实际强度。由题意已知采用强度等级 42.5 MPa 的硅酸盐水泥，其 $f_{cu,k} = 42.5$ MPa，水泥富裕系数 $\gamma_c = 1.13$。水泥实际强度 $f_{ce} = 1.13 \times 42.5 = 48$(MPa)。

b. 计算混凝土水灰比。已知混凝土配制强度 $f_{cu,0} = 38.2$ MPa，水泥实际强度 $f_{ce} = 48$ MPa。本单位无混凝土强度回归系数统计资料，采用表 4-8 中碎石 $\alpha_a = 0.46$，$\alpha_b = 0.07$。按式(4-36)计算水灰比：

$$\frac{W}{C} = \frac{\alpha_a f_{ce}}{f_{cu,0} + \alpha_a \alpha_b f_{ce}} = \frac{0.46 \times 48}{38.2 + 0.46 \times 0.07 \times 48} = 0.56$$

②按耐久性校核水灰比

根据混凝土所处环境条件属于潮暖地区，查表 4-11，允许最大水灰比为 0.60，可采用水灰比为 0.56。

(3)选定单位用水量（m_{w0}）

由题意已知，要求混凝土拌和物坍落度 30～50 mm，碎石最大粒径为 31.5 mm。查表4-12选用混凝土用水量 $m_{w0} = 185 \ \text{kg/m}^3$。

(4)计算单位用灰量（m_{c0}）

①按强度计算单位用灰量

已知混凝土单位用水量 $m_{w0} = 185 \ \text{kg/m}^3$，水灰比 $W/C = 0.56$，按式(4-37)计算混凝土单位用灰量：

$$m_{c0} = \frac{m_{w0}}{W/C} = \frac{185}{0.56} = 330 \quad (\text{kg/m}^3)$$

②按耐久性校核单位用灰量

　　根据混凝土所处环境条件属潮暖地配筋混凝土,查表 4-11,最小水泥用量不得低于 280 kg/m³。按强度计算单位用灰量 330 kg/m³,符合耐久性要求。采用单位用灰量为 330 kg/m³。

　　(5)选定砂率(β_s)

　　按前已知集料采用碎石、最大粒径 $d=31.5$ mm,水灰比 $W/C=0.56$。查表 4-13 选定混凝土砂率 $\beta_s=35\%$。

　　(6)计算砂石用量

　　①采用质量法

　　已知:单位用灰量 $m_{c0}=330$ kg/m³,单位用水量 $m_{w0}=185$ kg/m³,混凝土拌和物湿表观密度 $\rho_{cp}=2\,400$ kg/m³,砂率 $\beta_s=0.35$。

　　由式(4-38)得

$$m_{s0}+m_{g0}=2\,400-330-185=\frac{m_{s0}}{m_{s0}+m_{g0}}=0.35$$

　　解得:砂用量 $m_{s0}=659$ kg/m³,碎石用量 $m_{g0}=1\,226$ kg/m³。

　　按质量法计算得初步配合比:

$$m_{c0}:m_{s0}:m_{g0}:m_{w0}=330:659:1\,226:185=1:2.00:3.72:0.56$$

　　②采用体积法

　　已知:水泥密度 $\rho_c=3.10$ kg/m³,砂表观密度 $\rho_s=2.65$ kg/m³,碎石表观密度 $\rho_g=2.70$ kg/m³。

　　由体积法公式得

$$\frac{m_{c0}}{\rho_c}+\frac{m_{w0}}{\rho_w}+\frac{m_{g0}}{\rho_g}+\frac{m_{s0}}{\rho_s}+0.01\alpha=1$$

$$\frac{m_{s0}}{m_{g0}+m_{s0}}\times100=\beta_s$$

　　非引气混凝土 $\alpha=1$,代入数据整得

$$\frac{330}{3.10}+\frac{185}{1}+\frac{m_{s0}}{2.65}+\frac{m_{g0}}{2.70}+10=1\,000$$

$$\frac{m_{s0}}{m_{s0}+m_{g0}}=0.35$$

　　解联立方程得:砂用量 $m_{s0}=665$ kg/m³,碎石用量 $m_{g0}=1\,220$ kg/m³。

　　按体积法计算得初步配合比为:

$$m_{c0}:m_{w0}:m_{s0}:m_{g0}=330:185:665:1\,220$$

　　2. 调整工作性、提出基准配合比

　　(1)计算试拌材料用量

　　按计算初步配合比(以绝对体积法计算结果为例)试拌 15 L 混凝土拌和物,各种材料用量如下:

　　水泥 $330\times0.015=4.95$ kg;

　　水 $185\times0.015=2.78$ kg;

　　砂 $665\times0.015=9.98$ kg;

　　碎石 $1\,220\times0.015=18.30$ kg。

　　(2)调整工作性

　　按计算材料用量拌制混凝土拌和物,测定其坍落度为 10 mm,未满足题给的施工和易性

要求。为此,保持水灰比不变,增加 5% 水泥浆。再经拌和,其坍落度为 40 mm,黏聚性和保水性亦良好,满足施工和易性要求。此时混凝土拌和物各组成材料实际用量如下:

水泥 $4.95 \times (1+5\%) = 5.20$ kg;

水 $2.78 \times (1+5\%) = 2.92$ kg;

砂 9.84 kg;

碎石 18.05 kg。

则 1 m³ 混凝土拌和物各组成材料实际用量如下:

水泥 5.20 kg÷0.015=347 kg;

水 2.92 kg÷0.015=194 kg;

砂 9.84 kg÷0.015=656 kg;

碎石 18.05 kg÷0.015=1 203 kg。

(3)提出基准配合比

调整工作性以后,混凝土拌和物的基准配合比为

$$m_{ca} : m_{sa} : m_{ga} : m_{wa} = 347 : 656 : 1\ 203 : 194 = 1 : 1.89 : 3.47 : 0.56$$

3. 检验强度、测定试验室配合比

(1)检验强度

采用水灰比分别为 0.51、0.56 和 0.61 拌制三组混凝土拌和物。砂、碎石用量不变,用水量亦保持不变,则三组水泥分别为 A 组为 5.72 kg,B 组为 5.20 kg,C 组为 4.79 kg。除基准配合比一组外,其他两组亦经测定坍落度并观察其粘聚性和保水性,均属合格。

三组配合比经拌制成型,在标准条件养护 28 d 后,按规定方法测定其立方体抗压强度值,结果列于表 4-16。

表 4-16　不同水灰比的混凝土抗压强度值确定

组别	水灰比(W/C)	灰水比(C/W)	28 d 立方体抗压强度值 $f_{cu,28}$/MPa
A	0.51	1.96	45.8
B	0.56	1.79	39.5
C	0.61	1.64	34.2

经直线内插计算得到,相应混凝土配制强度 $f_{cu,0}$ =38.2 MPa 的灰水比 C/W =1.75,即水灰比 W/C =0.57。

(2)确定试验室配合比

按强度试验结果修正配合比,各材料用量为:

水 m_{wb} =194 kg;

水泥 m_{cb} =194÷0.57=340 kg。

砂、石用量按体积法计算:

$$\frac{m_{sb}}{2.65} + \frac{m_{gb}}{2.70} = 1\ 000 - \frac{340}{3.1} - \frac{194}{1} - 10 = 686 \text{ kg}$$

$$\frac{m_{sb}}{m_{sb} + m_{gb}} = 0.35$$

解得砂用量 m_{sb} =645 kg;碎石用量 m_{gb} =1 197 kg。

修正后配合比:

$$m_{cb} : m_{wb} : m_{sb} : m_{gb} = 340 : 194 : 645 : 1\ 197$$

$$m_{wb}/m_{cb} = 197/340 = 0.57$$

计算湿表观密度 $\rho'_{cn} = 340 + 194 + 645 + 1\ 197 = 2\ 376\ kg/m^3$；

实测湿表观密度 $\rho_{cn} = 2\ 400\ kg/m^3$；

修正系数 $\delta = 2\ 400/2\ 376 = 1.01$。

按实测湿表观密度修正后各种材料用量：

水泥 $m'_{cb} = 340 \times 1.01 = 343\ kg/m^3$；

水 $m'_{wb} = 194 \times 1.01 = 196\ kg/m^3$；

砂 $m'_{sb} = 645 \times 1.01 = 651\ kg/m^3$；

碎石 $m'_{gb} = 1\ 197 \times 1.01 = 1\ 209\ kg/m^3$。

因此，试验室配合比为：$m_{ca} : m_{sa} : m_{ga} : m_{wa} = 1 : 1.79 : 3.63 : 0.57$。

4. 换算工地配合比

根据工地实测，砂的含水率 $W_s = 5\%$，碎石的含水率 $W_g = 1\%$。各种材料的用量为：

水泥 $m_c = 343\ kg/m^3$；

砂 $m_s = 651(1 + 5\%) = 684\ kg/m^3$；

碎石 $m_g = 1\ 209(1 + 1\%) = 1\ 221\ kg/m^3$；

水 $m_w = 196 - (651 \times 5\% + 1\ 209 \times 1\%) = 151\ kg/m^3$。

因此，工地配合比为 $m_c : m_s : m_g : m_w = 1 : 1.99 : 3.56 : 0.44$。

 知识拓展

1. 路面水泥混凝土配合比设计方法（以抗弯拉强度为指标的设计方法）

水泥混凝土路面用混凝土配合比设计方法，按我国现行行业标准《公路水泥混凝土路面施工技术细则》JTG/T F30—2014 的规定，采用抗弯拉强度为指标的方法。下面介绍该规范推荐的抗弯拉强度为指标的混凝土配合比设计法。

路面水泥混凝土配合比设计的混凝土配合比表示方法、设计参数及基本原理与普通水泥混凝土的配合比设计相同。

1）设计要求

路面水泥混凝土配合比设计，应满足：

（1）施工工作性；

（2）抗弯拉强度；

（3）耐久性（包括耐磨性）；

（4）经济合理。

2）设计步骤

（1）计算初步配合比

①确定配制强度。混凝土配制抗弯拉强度的均值按下式计算：

$$f_c = \frac{f_r}{1 - 1.04C_v} + ts \tag{4-44}$$

式中　f_c——混凝土配制 28 d 抗弯拉强度的均值（MPa）；

　　　　f_r——混凝土设计抗弯拉强度（MPa）；

t——保证率系数,按确定;

C_v——抗弯拉强度变异系数,应按统计数据在表 4-17 的规定范围内取值。(在无统计数据时,抗弯拉强度变异系数应按设计取值;如施工配置抗弯拉强度超出设计给定的抗弯拉强度变异系数上限,则必须改进机械装备和提高施工控制水平。)

表 4-17 各级公路混凝土路面抗弯拉强度变异系数

公路等级	高速公路	一级公路	二级公路	三、四级公路		
混凝土抗弯拉强度变异系数水平等级	低	低	中	中	中	高
抗弯拉强度变异系数 C_v 允许变化范围	0.05~0.10	0.05~0.10	0.10~0.15	0.10~0.15	0.10~0.15	0.15~0.20

②计算水灰比(W/C)

根据粗集料的类型,水灰比可分别按下列统计公式计算:

对碎石或碎卵石混凝土

$$\frac{W}{C}=\frac{1.568\,4}{f_c+1.009\,7-0.359\,5f_s} \tag{4-45}$$

对卵石混凝土

$$\frac{W}{C}=\frac{1.261\,8}{f_c+1.549\,2-0.470\,9f_s} \tag{4-46}$$

式中 f_s——水泥实测 28 d 抗弯拉强度(MPa)。

掺用粉煤灰时,应计入超量取代法中代替水泥的那一部分粉煤灰用量(代替砂的超量部分不计入),用水胶比 $W/(C+F)$ 代替水灰比 W/C。

水灰比不得超过表 4-18 规定的最大水灰比。

表 4-18 混凝土满足耐久性要求的最大水灰比和最小单位水泥用量

公 路 等 级		高速公路、一级公路	二级公路	三、四级公路
最大水灰(胶)比		0.44	0.46	0.48
抗冰冻要求最大水灰(胶)比		0.42	0.44	0.46
抗盐冻要求最大水灰(胶)比		0.40	0.42	0.44
最小单位水泥用量/(kg·m⁻³)	42.5 级	300	300	290
	32.5 级	310	310	305
抗冰(盐)冻时最小单位水泥用量/(kg·m⁻³)	42.5 级	320	320	315
	32.5 级	330	330	325
掺粉煤灰时最小单位水泥用量/(kg·m⁻³)	42.5 级	260	260	255
	32.5 级	280	270	265
抗冰(盐)冻掺粉煤灰时最小位水泥用量(42.5 级水泥)/(kg·m⁻³)		280	270	265

③计算单位用水量(W_0)

混凝土拌和物每 1 m³ 的用水量(kg),按下式确定:

对于碎石混凝土

$$W_0=104.97+0.309S_L+11.27C/W+0.61 \tag{4-47}$$

对于卵石混凝土

$$W_0 = 86.89 + 0.370 S_L + 11.24 C/W + 1.00 \tag{4-48}$$

式中　S_L——混凝土拌和物坍落度(mm)；

　　　β_s——砂率(%)，参考表 4-19 选定。

表 4-19　砂的细度模数与最优砂率关系

砂细度模数		2.2~2.5	2.5~2.8	2.8~3.1	3.1~3.4	3.4~3.7
砂率 β_s/%	碎石	30~34	32~36	34~38	36~40	38~42
	卵石	28~32	30~34	32~36	34~38	36~40

按式(4-47)或式(4-48)计算得的用水量是按集料为自然风干状态计。

④计算单位水泥用量(C_0)

混凝土拌和物每 1 m³ 水泥用量(kg)，按下式计算：

$$C_0 = W_0/(W/C) \tag{4-49}$$

⑤计算砂石材料单位用量(S_0，G_0)

砂石材料单位用量可按前述绝对体积法或质量法确定。

按质量法计算时，混凝土单位质量可取 2 400~2 450 kg/m³；按体积法计算时，应计入设计含气量。采用超量取代法掺用粉煤灰时，超量部分应代替砂，并折减用砂量。经计算得到的配合比应验算单位粗集料填充体积率，且不宜小于 70%。

(2)试拌、调整、提出基准配合比

①试拌：取施工现场实际材料，配制 0.03 m³ 混凝土拌和物。

②测定工作性：测定坍落度(或维勃稠度)，并观察黏聚性和保水性。

③调整配比：如流动性不符合要求，应在水灰比不变情况下，增减水泥浆用量；如黏聚性和保水性不符合要求，应调整砂率。

④提出基准配合比：调整后，提出一个流动性、黏聚性和保水性均符合要求的基准配合。

(3)强度测定、确定试验室配合比

①制备抗弯拉强度试件：按基准配合比，增加和减少水灰比 0.03，再计算二组配合比，用三组配合比制备抗弯拉强度试件。

②抗弯拉强度测定：三组试件在标准条件下经 28 d 养护后，按标准方法测定其抗弯拉强度。

③确定试验室配合比：根据抗弯拉强度，确定符合工作性和强度要求，并且最经济合理的试验室配合比(或称理论配合比)。

(4)换算工地配合比

根据施工现场材料性质、砂石材料颗粒表面含水率，对理论配合比进行换算，最后得出施工配合比。

2. 混凝土外加剂

混凝土外加剂是在拌制混凝土过程中掺入用以改善混凝土性质的物质。掺量不应大于水泥质量的 5%(特殊情况除外)。

1)外加剂的分类

混凝土外加剂按其主要功能可分为下列五类。

(1)改善混凝土拌和物流变性能的外加剂，如各种减水剂、引气剂、泵送剂、保水剂、灌浆剂等。

（2）调节混凝土凝结时间和硬化性能的外加剂，如缓凝剂、早强剂、速凝剂等。

（3）改善混凝土耐久性的外加剂，如引气剂、阻锈剂、防水剂等。

（4）改善混凝土的工作性、力学性、耐久性及特殊性能的外加剂，如复合超塑化剂等。

（5）改善混凝土其他性能的外加剂，加气剂、膨胀剂、防冻剂、着色剂、碱～集料反应抑制剂等。

2）常用混凝土外加剂

1）减水剂

（1）减水剂的作用：减水剂是在混凝土坍落度基本相同的条件下，能减少拌和用水的外加剂。使用减水剂对混凝土主要有下列技术经济效益：

①在保证混凝土工作性和水泥用量不变的条件下，可以减少用水量，提高混凝土强度，特别是高效减水剂可大幅度减小用水量，制备早强、高强混凝土；

②在保持混凝土用水量和水泥用量不变的条件下，可增大混凝土的流变性，如采用高效减水剂可制备大流动性混凝土；

③在保证混凝土工作性和强度不变的条件下，可节约水泥用量。

（2）减水剂的分类

①按功能分类

a. 按塑化效果：可分为普通减水剂和高效减水剂。普通减水剂减水率在 5％以上；高效减水剂减水率可达 12％以上。

b. 按引气量：可分为引气减水剂和非引气减水剂。引气减水剂混凝土的含气量为 3.5％～5.5％；非引气减水剂的含气量小于 3％（一般在 2％左右）。

c. 按混凝土的凝结时间和早期强度：可分为标准型、缓凝型和早强型减水剂。掺标准型减水剂混凝土的初凝及终凝时间缩短不大于 1 h，延长不超过 2 h。早强型减水剂除具有减水增强作用外，还可提高混凝土的早期强度。1 d 强度提高 30％以上，3 d 强度提高 20％以上，7 d 强度提高 15％以上，28 d 强度提高 5％以上。初凝和终凝时间可延长不超过 2 h 或缩短不超过 1 h。掺缓凝型减水剂混凝土的初凝时间延长至少 1 h，但不小于 3.5 h；终凝时间延长不超过 3.5 h。

②按化学成分分类

a. 木质素磺酸盐类：木质素磺酸盐系减水剂的主要成分为木质素磺酸盐。应用较普遍的减水剂为木质素磺酸钙，它是由提取酒精后的木浆废液，经蒸发、磺化浓缩、喷雾干燥所制成的一种棕黄色的粉状物，简称 M 剂。M 剂中木质素磺酸钙约占 60％，含糖量低于 12％，水不溶物含量约 2.5％。木质素磺酸钙为阴离子表面活性剂，其基本结构为苯甲基丙烷衍生物，在水溶液中电解成阴离子亲水基团和 Ca^{2+}（或 Mg^{2+}、Na^+ 等）阳离子。

木质素磺酸盐类外加剂掺量为水泥质量的 0.2％～0.3％，减水率为 5％～15％，28 d 抗压强度可提高 10％～15％；在混凝土工作性和强度相近条件下，可节约水泥 5％～10％；当水泥用量不变，强度相近条件下，塑性混凝土的坍落度可增加 50～120 mm。这类减水剂适用于日最低温度 5 ℃以上的各种预制及现浇混凝土、钢筋混凝土及预应力混凝土、大体积混凝土、泵送混凝土、防水混凝土、大模板施工用混凝土及滑模施工用混凝土，但不宜单独用于蒸养混凝土。

b. 聚烷基芳族磺酸盐类：这类减水剂的主要成分为萘或萘的同系物磺酸盐与甲醛的缩合

物,属阴离子型高效减水剂。根据分子式中 R(烷基链)和 n(核体)数的不同,其性能稍有差异,国内现生产的有 MF(p—萘磺酸甲醛缩合物的钠盐)及 FDN、JN、UNF、SN-2 等均属此类。

这类减水剂均为高效减水剂。常用量为水泥质量的 0.5%～1%,减水率为 10%～25%;28 d 抗压强度可提高 15%～50%;当水泥用量相同和强度相近时,可使坍落度 20～30 mm 的低塑性混凝土的坍落度增加 100～150 mm;在混凝土工作性和强度相近条件下,可节约水泥 10%～20%。该类外加剂除适用于普通混凝土之外,更适用于高强混凝土、早强混凝土、流态混凝土、蒸养混凝土及特种混凝土。

c. 三聚氰胺甲醛树脂磺酸盐类:这类减水剂亦属阴离子型,系早强、非引气型的高效减水剂,如国产 SM 减水剂即属此类。磺化三聚氰胺树脂(SM)系由三聚氰胺、甲醛和亚硫酸钠缩聚而成。SM 在水泥碱性介质中,离解成的阴离子吸附于水泥颗粒表面,形成凝胶化膜,阻止或破坏水泥颗粒间产生的凝聚结构,从而加强水泥的分散作用。

这类外加剂的掺量为水泥质量的 0.5%～1.0%,减水率为 10%～27%;28d 强度提高 30%～50%;当水泥用量相同和强度相近时,可使塑性混凝土的坍落度增加 150 mm 以上。该外加剂对蒸气养护的适应性优于其他减水剂,适用于蒸养混凝土、高强混凝土、早强混凝土及流态混凝土。

此外,常用的还有糖蜜类和腐殖酸类减水剂。

(2)引气剂:引气剂为憎水性表面活性物质,由于它能降低水泥—水—空气的界面能,同时由于它的定向排列,形成单分子吸附膜,提高泡膜的强度,并使气泡排开水分而吸着于固相粒子表面,因而能使搅拌过程混进的空气形成微小(孔径 0.01～2 mm)而稳定的气泡,均匀分布于混凝土中。

常用的引气剂有松香热聚物、烷基磺酸钠和烷基苯碳酸钠等阴离子表面活性剂。适宜的掺加量为水泥用量的 0.005%～0.01%,混凝土中含气量为 3%～6%。对新拌混凝土,由于这些气泡的存在,可改善和易性、减少泌水和离析。对硬化后的混凝土,由于气泡彼此隔离,切断毛细孔通道,使水分不易渗入,又可缓冲其水分结冰膨胀的作用,因而提高混凝土的抗冻性、抗渗性和抗蚀性。但是,由于气泡的存在,混凝土强度有些降低。

(3)早强剂:早强剂是加速混凝土早期强度发展的外加剂。早强剂对水泥中的硅酸三钙和硅酸二钙等矿物的水化有催化作用,能加速水泥的水化和硬化,而具有早强的作用。通常采用复合早强剂,可以获得更为有效的早强作用。常用的早强剂按化学成分可分为无机盐类、有机盐类和有机复合的复合早强剂三类。现就具有代表性的氯化钙和三乙醇胺复合早强剂简介如下。

①氯化钙早强剂:氯化钙的早强作用是由于它能与水泥产生水化作用,增加水泥矿物的溶解度,而加速水泥矿物水化。同时,氯化钙还能与 C3A 作用生成水化氯铝酸钙($3CaO \cdot Al_2O_3 \cdot 2CaCl_2, 32H_2O$ 和 $3CaO \cdot Al_2O_3 \cdot CaCl_2 \cdot 10H_2O$),这些复盐能从水泥—水体系中晶析,因而能提高水泥的早期强度;此外 $CaCl_2$ 还能与 $Ca(OH)_2$ 反应,降低了水泥—水体系的碱度使 C_3S 水化反应易于进行,相应的也提高了水泥的早期强度。

在混凝土中掺入了 $CaCl_2$ 后,因为增加了溶液中的 Cl^- 离子,使钢筋与 Cl^- 离子之间产生较大的电极电位,因而对于混凝土中钢筋锈蚀影响较大。为此,在钢筋混凝土中 $CaCl_2$ 的掺加量不得超过 1%,在无筋混凝土中掺加量不得超过 3%。为了防止 $CaCl_2$ 对钢筋的锈蚀,$CaCl_2$ 早强剂一般与阻锈剂复合使用。常用阻锈剂有亚硝酸钠($NaNO_2$)等。亚硝酸钠在钢筋表面生成氧化保护膜,抑制钢筋锈蚀作用。

②三乙醇胺复合早强剂:这种早强剂由三乙醇胺与无机盐复合而成,其中无机盐常用氯化钙、亚硝酸钠、二水石膏、硫酸钠和硫代硫酸钠等。通过试验表明,以 0.05％三乙醇胺 $[N(C_2H_4OH)_3]$、0.1％亚硝酸钠($NaNO_2$)、2％二水石膏($CaSO_4 \cdot 2H_2O$)配制的复合剂,是一种较好的早强剂。三乙醇胺复合早强剂的早强作用,是由于微量三乙醇胺能加速水泥的水化速度,因此它在水泥水化过程中起着"催化作用"。亚硝酸盐或硝酸盐 C_3A 生成络盐(亚硝酸盐和硝酸盐、铝酸盐)能提高水泥石的早期强度和防止钢筋锈蚀。二水石膏的掺入提供了较多 SO_4^{2-} 离子,为较早较多地生成钙矾石创造了条件,对水泥石早期强度的发展起着积极的作用。

掺加三乙醇胺复合早强剂能提高混凝土的早期强度,2 d 的强度可提高 40％以上,能使混凝土达到 28 d 强度的养护时间缩短 1/2。对于混凝土的后期强度亦有一定提高。常用于混凝土快速低温施工。

(4)缓凝剂:缓凝剂是能延缓混凝土的凝结时间,对混凝土后期物理力学性能无不利影响的外加剂。缓凝剂所以能延缓水泥凝结时间,是因其在水泥及其水化物表面上的吸附作用,或与水泥反应生成不溶层而达到缓凝的效果。通常用的缓凝剂有下列几类。

①羟基羧酸盐,如酒石酸、酒石酸甲钠、柠檬酸、水杨酸等;

②多羟基碳水化合物,如糖蜜、含氧有机酸、多元醇等;

③无机化合物,如 Na_3PO_4、$Na_2B_4O_7$、Na_2SO_4 等。

缓凝剂用于桥梁大体积混凝土工程,可延缓混凝土的凝结时间,保持工作性,延长放热时间,消除或减少裂缝,保证结构整体性。

除上述几类最常用的外加剂外,泵送剂、防水剂、防冻剂、膨胀剂、喷射加速剂及多功能复合型外加剂等也是经常遇到的外加剂。

3. 掺外加剂普通混凝土配合比设计

(1)确定试配强度和水灰比。与前述普通水泥混凝土配合比设计方法相同,即按式(4-31)确定混凝土试配强度 $f_{cu,0}$,然后按式(4-36)计算水灰比。

(2)计算掺外加剂混凝土的单位用水量。根据集料品种和规格、外掺剂的类型和掺量以及施工和易性的要求,按下式确定每立方米混凝土的用水量:

$$m_{w,ad}=m_w(1-\beta_{cd}) \tag{4-50}$$

式中 m_w——每立方米基准混凝土(未掺外加剂混凝土)中的用水量(kg);

β_{cd}——外加剂的减水率,无减水作用的外加剂 $\beta_{cd}=0$;

$m_{w,ad}$——每立方米外加剂混凝土的用水量。

(3)计算外加剂混凝土的单位水泥用量:

$$m_{c,ad}=\frac{C}{W_{mw,ad}} \tag{4-51}$$

(4)计算单位粗、细集料用量。根据技术规范要求选定砂率(β_s),然后用质量法或体积法确定粗、细集料用量。

(5)试拌调整。根据计算所得各种材料用量进行混凝土试拌,如不满足要求则应对材料用量进行调整,重新计算和试拌,达到设计要求为止。

【例 4-2】 按普通水泥混凝土设计例题资料,掺加高效减水剂 UNF-5,掺加量 0.5％,减水率 $\beta_{cd}=10％$,试求该混凝土配合比。

【解】 (1)确定试配强度和水灰比

由例题 1 计算得试配强度 $f_{cu,0}=38.2$ MPa,水灰比 $W/C=0.56$。

(2)计算掺外加剂混凝土的单位用水量

$$m_{w,ad}=185(1-0.10)=167\ kg$$

(3)计算掺外加剂水泥混凝土单位水泥用量

$$m_{c,ad}=167/0.56=298\ kg$$

(4)计算掺外加剂混凝土单位粗细集料用量

砂率 $\beta_s=35\%$，按质量法计算得：砂用量 $m_{s,ad}=677\ kg$，碎石用量 $m_{g,ad}=1\ 258\ kg$。

(5)外加剂用量

$$m_{ad}=298\times0.5\%=1.49\ kg$$

(6)掺外加剂混凝土配合比

$$m_{c,ad} : m_{s,ad} : m_{g,ad}=298 : 677 : 1\ 258=1 : 2.27 : 4.22$$

(7)校核调整。校核调整方法同前。

4.4.5 普通水泥混凝土的质量控制

1. 常用的统计参数

(1)混凝土强度的平均值（$\mu_{f_{cu}}$）

$$\mu_{f_{cu}}=(f_{cu.1}+f_{cu.2}+f_{cu.3}+\cdots+f_{cu.i})\frac{1}{n} \tag{4-52}$$

(2)混凝土强度的标准差（σ）

$$\sigma=\sqrt{\frac{\sum\limits_{i=1}^{n}f_{cu,i}^2-n\mu_{f_{cu}}^2}{n-1}} \tag{4-53}$$

式中　$f_{cu,i}$——验收批第 i 组混凝土试件的强度值（MPa）；

　　　n——验收批混凝土试件的总组数。

(3)变异系统（C_v）

$$C_v=\frac{\sigma}{\mu_{f_{cu}}}\times100\% \tag{4-54}$$

2. 混凝土强度的评定方法

按照现行国标《混凝土强度检验评定标准》GB/T 50107—2010 的规定,混凝土强度应分批进行检验评定。一个验收批的混凝土应由强度等级相同、龄期相同以及生产工艺条件和配合比基本相同的混凝土组成。

1)统计方法

(1)已知标准差方法:当混凝土生产条件在较长时间内能保持一致,且同一品种混凝土的强度变异性能保持稳定时,应由连续的三组试件代表一个验收批。其强度应同时符合以下公式的要求:

$$\mu_{f_{cu}}\geqslant f_{cu,k}+0.7\sigma \tag{4-55}$$

$$f_{cu,min}\geqslant f_{cu,k}-0.7\sigma \tag{4-56}$$

当混凝土强度等级不高于 C20 时,其强度最小值尚应满足式(4-57)的要求:

$$f_{cu,min}\geqslant0.85f_{cu,k} \tag{4-57}$$

当混凝土强度等级高于 C20 时,其强度最小值尚应满足式(4-58)的要求:

$$f_{cu,min}\geqslant0.90f_{cu,k} \tag{4-58}$$

式中　$\mu_{f_{cu}}$——同一验收批混凝土强度的平均值（MPa）；

$f_{cu,k}$——设计的混凝土强度标准值(MPa)；

$f_{cu,min}$——同一验收批混凝土强度的最小值(MPa)；

σ——验收批混凝土强度的标准差(MPa)。

验收批混凝土强度标准差，应根据前一个检验期(不超过 3 个月)内同一品种混凝土试件强度数据，按下式确定：

$$\sigma = \frac{0.59}{m}\sum_{i=1}^{m}\Delta f_{cu,i} \tag{4-59}$$

式中　$\Delta f_{cu,i}$——前一检验期内第 i 验收批混凝土试件中强度最大值与最小值之差(MPa)；

m——前一检验期内验收批的总批数($m \geqslant 15$)。

2)未知标准差方法：当混凝土生产条件不能满足前述规定，或在前一个检验期内的同一品种混凝土没有足够的数据用以确定验收批混凝土强度的标准差时，应由不少于 10 组的试件代表一个验收批，其强度应同时符合以下两式的要求：

$$\mu_{f_{cu}} - \lambda_1\sigma \geqslant 0.9 f_{cu,k} \tag{4-60}$$

$$f_{cu,min} \geqslant \lambda_2 f_{cu,k} \tag{4-61}$$

式中　λ_1, λ_2——合格判定系数，按表 4-20 取用。

表 4-20　混凝土强度的合格判定系数

试件组数	10～14	15～24	＞25
λ_1	1.70	1.65	1.60
λ_2	0.90	0.85	0.85

验收批混凝土强度的标准差可按(4-53)式计算。

试件少于 10 组时，按非统计方法评定混凝土强度，其所保留强度应同时满足以下两式的要求：

$$f_{cu} \geqslant 1.15 f_{cu,k} \tag{4-62}$$

$$f_{cu,min} \geqslant 0.95 f_{cu,k} \tag{4-63}$$

式中符号含义同前。

3.混凝土强度的合格标准

检验结果满足上述规定，则该批混凝土强度判为合格；不能满足上述规定，该批混凝土强度判为不合格。

由不合格批混凝土制成的结构或构件，应进行鉴定。对不合格的结构或构件必须及时进行处理。当对混凝土试件强度的代表性有怀疑时，可采用从结构或构件中钻取试件的方法或采用非破损检验方法，按有关标准的规定对结构或构件中混凝土的强度进行推定。

 项目小结

通过本项目学习应掌握混凝土的一些常见品种，同时掌握普通混凝土的特点，以便进一步帮助我们分析普通混凝土的应用；了解混凝土的构成，利于我们很好的理解混凝土的形成过程；会设计混凝土初步配合比；会采用坍落度法检测所设计的初步配合比是否符合和易性的设计要求，并根据试验情况对配合比进行调整。

 复习思考题

1.何谓骨料级配？骨料级配的良好标准是什么？

2.什么是混凝土的耐久性？提高混凝土耐久性的措施有哪些？

3.某混凝土搅拌站原使用砂的细度模数为 2.5，后改用细度模数为 2.1 的砂。改砂后原混凝土配方不变，但发现混凝土坍落度明显变小，请分析原因。

4. 普通混凝土有哪些材料组成？它们在混凝土中各起什么作用？

5. 影响混凝土强度的主要因素有哪些？

6. 混凝土水灰比的大小对混凝土哪些性质有影响？确定水灰比大小的因素有哪些？

7. 从工地取回干砂试样 500 g 做筛分试验，筛分结果如下表所示，试计算该砂试样的细度模数，并判断该砂属于哪一类级配区。

筛孔尺寸/mm	4.75	2.36	1.18	0.6	0.3	0.15	<0.15
筛余量/g	10	20	60	130	125	130	25

8. 某混凝土的试验室配合比为 $1:2.1:4.0$，$W/C=0.60$，混凝土的体积密度 2 410 kg/m^3。求 1 m^3 混凝土各材料用量。

9. 已知混凝土经试拌调整后各项材料用量为：水泥 3.10 kg，水 1.86 kg，砂 6.24 kg，碎石 12.8 kg，并测得拌和物的表观密度为 2 500 kg/m^3，试计算：

(1)每方混凝土各项材料的用量为多少？

(2)如工地现场砂子含水率为 2.5%，石子含水率为 0.5%，求施工配合比。

项目5　砂浆性能检测

项目描述

建筑砂浆又被称作细骨料混凝土，是常用的建筑材料之一。本项目主要介绍建筑砂浆的材料组成、技术性能检测方法和砌筑砂浆的配合比。通过该项目的学习，掌握建筑砂浆的技术性能检测和砌筑砂浆配合比设计方法，能够根据不同的工程环境和使用要求，对建筑砂浆的质量作出准确判别。

拟实现的教学目标

1. 能力目标

(1)能根据国家标准进行砌筑砂浆配合比设计。

(2)能正确使用试验仪器对砌筑砂浆和易性进行检测。

(3)能正确使用试验仪器对砌筑砂浆强度进行检测，并依据国家标准对砌筑砂浆强度等级作出准确评定。

(4)能阅读砌筑砂浆强度质量检测报告。

2. 知识目标

(1)了解砂浆的材料组成、其他建筑砂浆的作用及特点。

(2)掌握砌筑砂浆的技术性能、配合比设计方法。

3. 素质目标

(1)具有良好的职业道德，勤奋学习，勇于进取。

(2)具有科学严谨的工作作风。

(3)具有较强的身体素质和良好的心理素质。

建筑砂浆是由胶凝材料、细骨料、掺和料和水拌制而成。在房屋建筑、铁路桥涵、隧道、路肩、挡土墙等砖石砌体中，需要用砂浆进行砌筑和灌缝；在墙面、地面、结构表面，需要用砂浆抹面或粘贴饰面材料，起着保护和装饰作用。因此，砂浆是土建工程中广泛应用的工程材料。

按所用胶凝材料种类，建筑砂浆可分为水泥砂浆、石灰砂浆、水泥混合砂浆、石灰黏土砂浆、水玻璃砂浆等。

按用途，建筑砂浆可分为砌筑砂浆、抹面砂浆、装饰砂浆、防水砂浆、防酸砂浆等。

典型工作任务1　砂浆和易性评定试验

用于砌筑砖石砌体的砂浆称为砌筑砂浆，在砌体中砌筑砂浆起着黏结、衬垫和传递应力的作用,是砌体结构中的重要材料,常用的砌筑砂浆有现场配制砂浆和预拌砂浆。

5.1.1　砂浆的组成材料

砌筑砂浆的组成材料主要有胶凝材料、细骨料(砂)、掺和料、水和外加剂。

1. 胶凝材料

砌筑砂浆中所用胶凝材料主要有水泥和石灰。水泥是配制各类砂浆的主要胶凝材料。为合理利用资源,节约原材料,在配制砂浆时应尽量选用中、低强度等级的水泥。水泥宜采用通用硅酸盐水泥或砌筑水泥,且应符合现行国家标准《通用硅酸盐水泥》GB 175 和《砌筑水泥》GB/T 3183 的规定。水泥强度等级应根据砂浆品种及强度等级的要求进行选择。M15 及以下强度等级的砌筑砂浆宜选用 32.5 级的通用硅酸盐水泥或砌筑水泥;M15 以上强度等级的砌筑砂浆宜选用 42.5 级通用硅酸盐水泥。

2. 砂

砂宜选用中砂,并应符合现行行业标准《普通混凝土用砂、石质量及检验方法标准》JGJ 52 的规定,且应全部通过 4.75 mm 的筛孔。

3. 水

配制砂浆用水应采用不含有害物质的洁净水,应符合国家标准《混凝土用水标准》JGJ 63—2006的规定。

4. 掺和料

为改善砂浆的和易性和节约水泥,降低生产成本,便于施工,在砂浆中常掺入部分掺和料。常用的掺和料有石灰膏、粉煤灰等。

(1)石灰膏

采用生石灰熟化成石灰膏时,应用筛孔尺寸不大于 3 mm×3 mm 的筛网过滤,熟化时间不得少于 7 d;磨细生石灰的熟化时间不得小于 2 d。沉淀池中储存的石灰膏,应采取防止干燥、冻结和污染的措施。严禁使用脱水硬化的石灰膏。

(2)电石膏

制作电石膏的电石渣应用筛孔尺寸不大于 3 mm×3 mm 的筛网过滤,检验时应加热至 70 ℃并保持 20 min,没有乙炔气味后,方可使用。

(3)消石灰粉不得直接用于砌筑砂浆中。

(4)石灰膏、黏土膏和电石膏试配时的稠度,应为(120±5)mm。

(5)粉煤灰

粉煤灰、粒化高炉矿渣粉、硅灰、天然沸石粉应分别符合国家现行标准《用于水泥和混凝土中的粉煤灰》GB/T 1596、《用于水泥和混凝土中的粒化高炉矿渣粉》GB/T 18046、《高强高性能混凝土用矿物外加剂》GB/T 18736 和《天然沸石粉在混凝土和砂浆中应用技术规程》JGJ/T 112的规定。当采用其他品种矿物掺合料时,应有充足的技术依据,并应在使用前进行试验验证。

5. 外加剂

为改善砂浆的和易性、抗裂性、抗渗性等,提高砂浆的耐久性,可在砂浆中掺入外加剂。外加剂应符合国家现行有关标准的规定,引气型外加剂还应有完整的型式检验报告。

5.1.2　砂浆和易性试验

1. 砂浆的和易性

新拌砂浆应具有良好的和易性,在运输和施工过程中不分层、泌水,能够在粗糙的砖石表面铺抹成均匀的薄层,并与底面材料黏结牢固。砂浆和易性是指砂浆拌和物便于施工操作,保证质量均匀,并能与所砌基面牢固黏结的综合性质,包括流动性和保水性两个方面。

2. 流动性(稠度)试验

砂浆的流动性是指砂浆在自重或外力作用下产生流动的性能,用沉入度表示。

沉入度是以砂浆稠度测定仪的圆锥体沉入砂浆内深度表示。

(1)主要仪器设备

①砂浆稠度仪:由支架、台座、带滑杆的试锥、测杆、刻度盘及盛砂浆容器组成。试锥高度为 145 mm,锥底直径为 75 mm,试锥连同滑杆的质量为 300 g。盛砂浆容器由钢板制成,筒高为 180 mm,锥底内径为 150 mm,砂浆稠度仪的结构和形式如图 5-1 所示。

②钢制捣棒:直径为 10 mm、长为 350 mm 的金属棒,端部磨圆。

③台秤:称量 10 kg,感量 5 g。

④磅秤:称量 50 kg,感量 50 g。

⑤砂浆搅拌机、拌和铁板、铁铲、抹刀、秒表、量筒等。

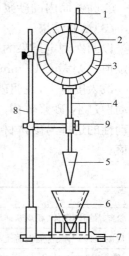

图 5-1 砂浆稠度测定仪
1—齿条测杆;2—指针;3—刻度盘;
4—滑杆;5—圆锥体;6—圆锥筒;
7—底座;8—支架;9—制动螺丝

(2)试验步骤

①先用少量润滑油轻擦滑杆,再将滑杆上多余的油用吸油纸擦净,使滑杆能自由滑动。

②按砂浆配合比称取各项材料用量,称量要准确,随即将各组成材料拌和均匀。拌和方法有人工拌和与机械拌和两种方法。

a. 采用人工拌和时

将称量好的砂子倒在拌板上,然后加入水泥,用拌铲拌和至混合物颜色均匀为止;将拌匀的混合物集中成圆锥形,在堆上作一凹坑,将称好的石灰膏或黏土膏倒入坑凹中,再加入适量的水将石灰膏或黏土膏稀释,然后与水泥、砂共同拌和,并用量筒逐次加水,仔细拌和,直至拌和物色泽一致。水泥砂浆每翻拌一次,需用铁铲将全部砂浆压切一次,拌和时间一般需要5 min;观察拌和物颜色,要求拌和物色泽一致,和易性符合要求即可。

b. 采用机械拌和时

先搅拌适量砂浆(应与正式拌和的砂浆配合比相同),使搅拌机内壁粘附一薄层水泥砂浆,保证正式拌和时砂浆配合比准确;将称好的砂、水泥装入砂浆搅拌机内;开动砂浆搅拌机,将水徐徐加入(混合砂浆需要将石灰膏或黏土膏用水稀释至浆状),搅拌时间约 3 min(从加水完毕算起),使物料拌和均匀;将砂浆拌和物倒在拌和铁板上,再用铁铲翻拌两次,使之均匀。

③先用湿布擦净盛砂浆容器和试锥表面,再将拌和好的砂浆拌和物一次装入容器内,并使砂浆表面低于容器口约 10 mm 左右,用捣棒自容器中心向边缘均匀插捣 25 次,然后轻轻地将容器摇动或敲击 5~6 下,使砂浆表面平整。

④将盛有砂浆的容器移至砂浆稠度仪的底座上,放松试锥滑杆的制动螺丝,向下移动滑杆,当试锥的尖端与砂浆表面刚好接触、并对准中心时,应拧紧制动螺丝。将齿条测杆的下端与滑杆的上端接触,并将刻度盘指针对准零点。

⑤拧开制动螺丝,使圆锥体自由沉入砂浆中,同时计时,待 10 s 时立即拧紧制动螺丝,并将齿条测杆的下端接触滑杆的上端,从刻度盘上读出下沉的深度,即为砂浆的稠度值,精确至

1 mm。

⑥圆锥筒内的砂浆，只允许测定一次稠度，重复测定时，应重新取样测定。

（3）试验结果

以两次测定结果的算术平均值作为砂浆稠度的最终试验结果，并精确至 1 mm。如两次测定值之差大于 10 mm，则应另取砂浆拌和后重新测定。

沉入度越大，说明砂浆的流动性越大。若流动性过大，砂浆较稀，施工时易分层、泌水；若流动性过小，砂浆较稠，不便施工操作，灰缝不易填充，所以新拌砂浆应具有适宜的稠度。砂浆流动性的选择与砌体材料的种类、施工方法及施工环境有关。不同砌体用砂浆稠度按表 5-1 取值。

表 5-1　砌筑砂浆的稠度

砌体种类	砂浆稠度/mm
烧结普通砖砌体、粉煤灰砖砌体	70～90
混凝土砖砌体、普通混凝土小型空心砌块砌体、灰砂砖砌体	50～70
烧结多孔砖砌体、烧结空心砖砌体、轻集料混凝土小型空心砌块砌体、蒸压加气混凝土砌块砌体	60～80
石砌体	30～50

3. 保水性试验

砂浆的保水性是指砂浆拌和物保持水分的能力。保水性好的砂浆，在存放、运输和使用过程中，能够很好地保持水分不致很快流失，各组分不易分离，在砌筑过程中容易铺成均匀密实的砂浆层，能使胶结材料正常水化，从而保证工程质量。

砂浆的保水性用保水率表示，即吸水处理后砂浆中保留的水的质量，并用原始水量的质量百分数来表示。

（1）主要仪器设备

①金属或硬塑料圆环试模，内径 100 mm，内部高度 25 mm；

②可密封的取样容器，应清洁、干燥；

③2 kg 的重物；

④医用棉纱，尺寸为 110 mm×110 mm，宜选用纱线稀疏，厚度较薄的棉纱；

⑤超白滤纸，符合《化学分析滤纸》GB/T 1914 中速定性滤纸，直径 110 mm，200 g/m²；

⑥2 片金属或玻璃的方形或圆形不透水片，边长或直径大于 110 mm；

⑦天平：量程 200 g，感量 0.1 g；量程 2 000 g，感量 1 g；

⑧烘箱。

（2）试验步骤

①称量下不透水片与干燥试模质量 m_1 和 8 片中速定性滤纸质量 m_2。

②将砂浆拌合物一次性填入试模，并用抹刀插捣数次，当填充砂浆略高于试模边缘时，用抹刀以 45°角一次性将试模表面多余的砂浆刮去，然后再用抹刀以较平的角度在试模表面反方向将砂浆刮平。

③抹掉试模边的砂浆，称量试模、下不透水片与砂浆总质量 m_3。

④用 2 片医用棉纱覆盖在砂浆表面，再在棉纱表面放上 8 片滤纸，用不透水片盖在滤纸表面，以 2 kg 的重物把不透水片压着。

⑤静止 2 min 后移走重物及不透水片，取出滤纸（不包括棉纱），迅速称量滤纸质量 m_4。

⑥通过砂浆的配比及加水量计算砂浆的含水率,若无法计算,可按第⑦步的规定测定砂浆的含水率。

⑦砂浆含水率测试方法:

称取 100 g 砂浆拌合物试样,置于一干燥并已称重的盘中,在(105 ± 5)℃的烘箱中烘干至恒重,砂浆含水率应按下式计算:

$$\alpha=\frac{m_5}{m_6}\times100\%$$

式中　α——砂浆含水率(%);

　m_5——烘干后砂浆样本损失的质量(g);

　m_6——砂浆样本的总质量(g)。

砂浆含水率值应精确至 0.1%。

(3)试验结果

砂浆保水率应按下式计算:

$$W=\left[1-\frac{m_4-m_2}{\alpha\times(m_3-m_1)}\right]\times100\%$$

式中　W——保水率(%);

　m_1——下不透水片与干燥试模质量(g);

　m_2——8 片滤纸吸水前的质量(g);

　m_3——试模、下不透水片与砂浆总质量(g);

　m_4——8 片滤纸吸水后的质量(g);

　α——砂浆含水率(%)。

取两次试验结果的平均值作为结果,如两个测定值中有 1 个超出平均值的 5%,则此组试验结果无效。

砂浆保水性大小与砂浆材料组成有关。胶凝材料数量不足时,砂浆保水性差;砂粒过粗,砂浆保水性随之降低。

水泥砂浆的保水率应$\geqslant80\%$,水泥混合砂浆的保水率应$\geqslant84\%$,预拌砂浆的保水率应$\geqslant88\%$。

 知识拓展

下面介绍砂浆拌和物的取样及试样拌制规定。

(1)建筑砂浆试验用料应根据不同要求,可从同一盘搅拌机或同一车运送的砂浆中取出;在试验室取样时,可从机械或人工拌制的砂浆中取出。

(2)施工中取样进行砂浆试验时,其取样方法和原则按相应的施工验收规范执行。应在使用地点的砂浆槽、砂浆运送车或搅拌机出料口,至少从三个不同部位集取。所取试样的数量不应少于试验所需的 4 倍。

(3)在试验室制备砂浆试样时,所用原材料应符合质量要求,并应提前 24 h 运入试验室内。拌和时试验室的温度应保持在(20 ± 5)℃。

(4)试验用水泥和其他原材料应与施工现场使用材料一致。水泥如有结块应充分混合均匀,以 900 μm 筛过筛,砂也应以 4.75 mm 筛过筛。

(5)试验室拌制砂浆时,材料用量应以质量计量。称量的精确度:水泥、外加剂和掺和料为±0.5%;砂为±1%。

(6)试验室用搅拌机拌制砂浆时,搅拌的用量宜为搅拌机容量的30%～70%,搅拌时间不宜少于2 min。

(7)砂浆拌和物取样后,应尽快进行试验。施工现场取来的试样,在试验前应经人工再翻拌,以保证其质量均匀。

典型工作任务 2　砂浆强度试验

砂浆在砌体中主要起黏结和传递荷载的作用,因此,应具有一定的强度和黏结力。

5.2.1　砂浆抗压强度试验

砂浆的抗压强度等级是以边长为 70.7 mm 的立方体试件,在标准养护条件下,用标准试验方法测得 28 d 龄期的抗压强度值为依据而确定的,水泥砂浆及预拌砂浆的强度等级可分为 M5、M75、M10、M15、M20、M25、M30;水泥混合砂浆的强度等级可分为 M5、M7.5、M10、M15。

1. 主要仪器设备

(1)压力试验机:精度为1%,试件破坏荷载应不小于压力机量程的20%,且不大于全量程的80%。

(2)试模:由钢制成的内壁尺寸为 70.7 mm×70.7 mm×70.7 mm 的带底试模,应具有足够的刚度并拆装方便。

(3)钢制捣棒:直径为 10 mm、长为 350 mm,端部应磨圆。

(4)垫板、抹刀等。

2. 试件的制作与养护

(1)应采用立方体试件,每组试件为 3 块。

(2)试验前应先采用黄油等密封材料涂抹试模的外接缝,试模内壁应涂刷薄层机油或脱模剂。

(3)将拌制好的砂浆一次性装满砂浆试模,成型方法应根据砂浆稠度而确定。当砂浆稠度大于 50 mm 时宜采用人工插捣成型,当砂浆稠度不大于 50 mm 时宜采用振动台振实成型。

①人工插捣时

应采用捣棒均匀地由外边缘向中心按螺旋方向插捣 25 次,插捣过程中当砂浆沉落低于试模口时,应随时添加砂浆,可用油灰刀沿模壁插捣数次,并用手将试模一边抬高 5～10 mm 各振动 5 次,砂浆应高出试模顶面 6～8 mm。

②机械振动时

将砂浆一次装满试模,放置到振动台上,振动时试模不得跳动,振动 5～10 s 时或持续到表面泛浆为止,不得过振。

(4)当砂浆表面水分稍干后(开始出现麻斑状态时,约 15～30 min),将高出部分的砂浆沿试模顶面刮去抹平。

(5)试件制作后应在(20±5)℃的温度环境下静置一昼夜(24±2)h,对试件进行编号、拆模。当气温较低时,或者凝结时间大于 24 h 的砂浆,可适当延长拆模时间,但不应超过两昼夜。试件拆模后应立即放入温度为(20±2)℃、相对湿度在90％以上的标准养护室中继续养护。养护期间,试件彼此间隔不少于10 mm,混合砂浆、湿拌砂浆试件上面应覆盖,以防有水滴在试件上。

（6）从搅拌加水开始计时,标准养护龄期为28 d,也可以根据相关标准要求增加7 d或14 d。

3. 试验步骤

（1）试件从养护地点取出后应及时进行试验,以免试件内部的温度与湿度发生显著变化。试验前先将试件擦拭干净,测量尺寸,并检查其外观。试件尺寸测量精确至1 mm,并据此计算试件的承压面积。如实测尺寸与公称尺寸的误差不超过1 mm,可按公称尺寸计算试件的承压面积。

（2）将试件安放在试验机的下压板或下垫板上,试件的承压面应与成型时的顶面垂直,试件中心应与试验机下压板或下垫板的中心对准。开动试验机,当上压板与试件接近时,调整球座,使接触面均衡受压。在整个试验过程中,应连续而均匀地加荷,加荷速度为0.25～1.5 kN/s（砂浆强度不大于5 MPa时,宜取下限,砂浆强度大于5 MPa,宜取上限）。当试件接近破坏并开始迅速变形时,停止调整试验机油门,直至试件破坏,并记录破坏荷载。

4. 试验结果

（1）按下式计算砂浆立方体抗压强度,精确至0.1 MPa。

$$f_{m,cu}=\frac{N_u}{A} \tag{5-1}$$

式中　$f_{m,cu}$——砂浆立方体试件抗压强度,应精确至0.1 MPa;

　　　　N_u——试件破坏荷载(N);

　　　　A——试件承压面积(mm²);

（2）以三个试件测值的算术平均值的1.3倍(f_2)作为该组试件的砂浆立方体试件抗压强度平均值（精确至0.1 MPa）。当三个试件的最大值或最小值中有一个与中间值的差值超过中间值的15％时,应把最大值和最小值一并舍去,取中间值作为该组试件的抗压强度值。当三个试件的最大值和最小值与中间值的差值均超过中间值的15％时,该组试验结果应为无效。

影响砂浆强度大小的因素很多,如砂浆的材料组成、配合比、施工工艺、拌和时间、砌体材料的吸水率、养护条件等,对砂浆强度大小都有一定程度的影响。

5.2.2　砂浆的黏结力

由于砖石等砌体是靠砂浆黏结成为坚固的整体,而黏结力的大小将直接影响整个砌体的强度、耐久性和抗震能力,因此,砌筑砂浆必须具有足够的黏结力。一般来说,砂浆的黏结力随其抗压强度的增大而提高。同时,也与砌体材料的表面状态、清洁程度、润湿状况和施工养护条件有关。

5.2.3　砂浆的变形

砂浆在承受荷载、温度变化或湿度变化时,均会产生变形。如果变形过大或不均匀,则会降低砌体的质量,引起沉陷或开裂。

典型工作任务 3　砂浆配合比设计

砂浆配合比是指建筑砂浆中水泥、细骨料、掺和料、水各项组成材料用量之间的比例关系,既可以每立方米砂浆中各组成材料的质量表示,如每立方米砂浆需用水泥 220 kg、砂 1 460 kg、石灰膏 135 kg、水 300 kg;也可以各组成材料相互之间的质量比来表示,其中以水泥质量为 1,其他组成材料数量为水泥质量的倍数。将上例换算成质量比为水泥：砂：石灰膏＝1：6.64：0.61,水灰比＝0.73。

为了做到经济合理,确保砌筑砂浆的质量,在《砌筑砂浆配合比设计规程》JGJ/T 98—2010 中,对砌筑砂浆的材料要求和配合比设计作了具体的规定。

5.3.1 水泥混合砂浆配合比设计

1. 确定砂浆的试配强度 $f_{m,0}$

砂浆的试配强度按下式计算：

$$f_{m,0} = k \times f_2 \tag{5-2}$$

式中　$f_{m,0}$——砂浆的试配强度(MPa)；

　　　f_2——砂浆抗压强度平均值(或砂浆的设计强度)(MPa)；

　　　k——系数,按表 5-2 取值。

表 5-2　砂浆强度标准差 σ 及 k 值

砂浆强度等级 施工水平	强度标准差 σ(MPa)							k
	M5	M7.5	M10	M15	M20	M25	M30	
优良	1.00	1.50	2.00	3.00	4.00	5.00	6.00	1.15
一般	1.25	1.88	2.50	3.75	5.00	6.25	7.50	1.20
较差	1.50	2.25	3.00	4.50	6.00	7.50	9.00	1.25

2. 水泥用量 Q_c 的计算

每立方米砂浆中水泥用量,可按下式计算：

$$Q_c = \frac{1\,000(f_{m,0} - \beta)}{\alpha \cdot f_{ce}} \tag{5-3}$$

式中　Q_c——每立方米砂浆的水泥用量(kg)；

　　　$f_{m,0}$——砂浆的试配强度(MPa)；

　　　f_{ce}——水泥的实测强度(MPa)；

　　　α、β——砂浆的特征系数,其中 $\alpha=3.03$,$\beta=-15.09$。

注：各地区也可用本地区试验资料确定 α、β 值,统计用的试验组数不得少于 30 组。

在无法取得水泥的实测强度值时,可按下式计算水泥实测强度值：

$$f_{ce} = \gamma_c \cdot f_{ce,k} \tag{5-4}$$

式中　f_{ce}——水泥实测强度值(MPa)；

　　　$f_{ce,k}$——水泥强度等级对应的强度值(MPa)；

　　　γ_c——水泥强度等级值的富余系数,该值应按实际统计资料确定。无统计资料时 γ_c 可取 1.0。

当水泥砂浆中的水泥用量 Q_c 计算值小于 200 kg/m³ 时,应取 $Q_c=200$ kg/m³。

3. 砂浆掺和料用量 Q_D 的计算

掺合料用量 Q_D 的确定,可按下式计算：

$$Q_D = Q_A - Q_C \tag{5-5}$$

式中　Q_D——每立方米砂浆的掺合料用量(kg);

　　　Q_c——每立方米砂浆的水泥用量(kg);

　　　Q_A——每立方米砂浆中水泥与掺合料的总量,可为 350 kg/m³。

4. 砂用量 Q_S 的确定

每立方米砂浆中砂用量,应按干燥状态(含水率小于 0.5%)下砂的堆积密度值作为计算值。

5. 用水量 Q_W 的确定

每立方米砂浆中的用水量,可根据试拌达到砂浆所要求的稠度来确定。由于用水量的多少对其强度影响不大,因此一般可根据经验,满足施工所需稠度即可,可选用 210～310 kg。在选用时应注意:

(1)混合砂浆中的用水量,不包括石灰膏或黏土膏中的水。

(2)当采用细砂或粗砂时,用水量取上限或下限。

(3)稠度小于 70 mm 时用水量可小于下限。

(4)施工现场处于气候炎热或干燥季节,可酌量增加用水量。

6. 配合比试配、调整和确定

按计算或查表所得砂浆配合比进行试拌时,应测定砂浆拌和物的稠度和分层度。当不能满足砂浆和易性要求时,应调整各组成材料用量,直到符合要求为止,并以此作为砂浆试配时的基准配合比。

为了使砂浆强度符合设计要求,试配时应采用三个不同的配合比。其中一个为基准配合比,另外两个配合比的水泥用量应在基准配合比基础上分别增加及减少 10%。在满足砂浆稠度、分层度的条件下,可将用水量或掺和料用量作相应调整。

对三个不同的配合比调整后,应按《建筑砂浆基本性能试验方法标准》JGJ/T 70—2009 的规定制作试件,测定砂浆强度,并选定符合试配强度要求、并且水泥用量最少的配合比作为砂浆配合比。

5.3.2　水泥砂浆配合比设计

(1)水泥砂浆各材料用量,可按表 5-3 选用。

表 5-3　每立方米水泥砂浆材料用量表

强度等级	每立方米砂浆水泥用量/kg	每立方米砂浆砂子用量/kg	每立方米砂浆用水量/kg
M5	200～230		
M7.5	230～260		
M10	260～290		
M15	290～330	每立方米砂的堆积密度值	270～330
M20	340～400		
M25	360～410		
M30	430～480		

注:1. M15 及 M15 以下强度等级水泥砂浆,水泥强度等级为 32.5 级;M15 以上强度等级水泥砂浆,水泥强度等级为 42.5 级。

　　2. 根据施工水平合理选用水泥用量。

　　3. 当采用细砂或粗砂时,用水量分别取上限或下限。

　　4. 稠度小于 70 mm 时,用水量可小于下限。

　　5. 施工现场处于气候炎热或干燥季节,可酌量增加用水量。

(2)配合比的试配、调整和确定。

按查表所得砂浆配合比进行试拌时,应测定砂浆拌和物的稠度和分层度。当不能满足砂浆和易性要求时,应调整各组成材料用量,直到符合要求为止,并以此作为砂浆试配时的基准配合比。

为了使砂浆强度符合设计要求,试配时应采用三个不同的配合比。其中一个为基准配合比,另外两个配合比的水泥用量应在基准配合比基础上分别增加及减少10%。在满足砂浆稠度、分层度的条件下,可将用水量或掺和料用量作相应调整。

对三个不同的配合比调整后,应按《建筑砂浆基本性能试验方法标准》JGJ/T 70—2009 的规定制作试件,测定砂浆强度,并选定符合试配强度要求、并且水泥用量最少的配合比作为砂浆配合比。

5.3.3　砂浆配合比计算实例

【例题 1】　某工程的砖墙需用强度等级为 M7.5、稠度为 70～90 mm 的水泥石灰砂浆砌筑。所用材料:水泥为强度等级 42.5 普通硅酸盐水泥;砂为中砂,干堆积密度为 1 450 kg/m³,含水率为 2%;石灰膏,稠度为 120 mm。施工水平一般。试计算砂浆的配合比。

【解】　(1)计算砂浆试配强度。查表 5-2 知,$k=1.2$,则
$$f_{m,0}=k \times f_2=1.20 \times 7.5=9.0 \text{ MPa}$$

(2)计算水泥用量。$\alpha=3.03$,$\beta=-15.09$;$f_{ce,k}=42.5 \text{ MPa}$,$\gamma_c=1.0$,则
$$f_{ce}=\gamma_c \cdot f_{ce,k}=1.0 \times 42.5=42.5 \text{ MPa}$$

$$Q_c=\frac{1\,000(f_{m,0}-\beta)}{\alpha \cdot f_{ce}}=\frac{1\,000(9.0+15.09)}{3.03 \times 42.5}=187 \text{ kg}$$

(3)计算石灰膏用量。因水泥和石灰膏总量为 $Q_A=350 \text{ kg/m}^3$,故 $Q_D=Q_A-Q_c=350-187=163 \text{ kg}$。

(4)确定砂子用量。按干燥状态下砂堆积密度值 $Q_S=1\,450 \text{ kg}$,考虑含水 $Q_S=1\,450(1+2\%)=1\,479 \text{ kg}$。

(5)确定用水量。按 210～310 kg 选用,选 $Q_W=280 \text{ kg}$,实际 $Q_W=280-1\,450 \times 2\%=251 \text{ kg}$。

(6)确定砂浆配合比。
$$\text{水泥：石灰膏：砂}=Q_c : Q_D : Q_S=187 : 163 : 1\,479=1 : 0.87 : 7.91$$
$$\text{水灰比}=Q_W : Q_c=251 : 187=1.34$$

【例题 2】　某住宅工程的砖墙需用强度等级为 M7.5、稠度为 40～60 mm 的水泥砂浆砌筑。所用材料:水泥为强度等级 32.5 矿渣硅酸盐水泥;砂为中砂,堆积密度为 1 400 kg/m³。施工水平一般。试计算砂浆的配合比。

【解】　(1)确定砂浆水泥用量。根据表 5-3 可知,水泥用量 $Q_c=240 \text{ kg}$。

(2)确定砂子用量。由于砂的堆积密度值为 1 400 kg/m³,因此,砂的用量值 $Q_S=1\,400 \text{ kg}$。

(3)确定用水量。根据表 5-3 可知,用水量按 270～330 kg 选用,故选 $Q_W=300 \text{ kg}$。

(4)确定砂浆配合比。
$$\text{水泥：砂}=Q_c : Q_S=240 : 1\,400=1 : 5.83$$
$$\text{水灰比}=Q_W : Q_c=300 : 240=1.25$$

典型工作任务 4　其他砂浆

5.4.1　抹面砂浆

抹面砂浆是指涂抹在基底材料的表面,兼有保护基层和增加美观作用的砂浆。它可以抵抗自然环境各种因素对结构物的侵蚀,提高耐久性,同时也可以达到建筑表面平整、美观的效果。常用的抹面砂浆有水泥砂浆、石灰砂浆、水泥石灰混合砂浆、麻刀石灰砂浆(简称麻刀灰)、纸筋石灰砂浆(简称纸筋灰)等。

为了便于涂抹,抹面砂浆对于和易性的要求高于砌筑砂浆,因此,胶凝材料的用量高于砌筑砂浆。常用抹面砂浆的配合比及其应用范围如表 5-4 所示。

为了保证砂浆层与基层粘结牢固,表面平整,防止灰层开裂,施工时应采用分层薄涂的施工方法。通常分底层、中层和面层。底层的作用是使砂浆与基层能牢固地黏结在一起;中层抹灰主要是为了找平,有时也可省略;面层抹灰是为了获得平整光洁的表面效果。

表 5-4　抹面砂浆品种及其配合比表

品种	配合比(体积比)	应　用
水泥砂浆	水泥∶砂　1∶1	清水墙勾缝、混凝土地面压光
	1∶2.5	潮湿的内外墙、地面、楼面水泥砂浆面层
	1∶3	砖和混凝土墙面的水泥砂浆底层
混合砂浆	水泥∶石灰膏∶砂　1∶0.5∶4	加气混凝土表面砂浆抹面的底层
	1∶1∶6	加气混凝土表面砂浆抹面的中层
	1∶3∶9	混凝土墙、梁、柱、顶棚的砂浆抹面的底层
石灰砂浆	石灰膏∶砂　1∶3	干燥砖墙或混凝土墙的内墙石灰砂浆底层和中层
纸筋灰	100 kg 石灰膏加 3.8 kg 纸筋	内墙、吊顶石灰砂浆面层
麻刀灰	100 kg 石灰膏加 1.5 kg 麻刀	板条、苇箔抹灰的底层

用于砖墙的底层抹灰,多为石灰砂浆;有防水、防潮要求时用水泥砂浆;用于混凝土基层的底层抹灰,多为水泥混合砂浆。中层抹灰多采用水泥混合砂浆或石灰砂浆。面层抹灰多用水泥混合砂浆、麻刀灰或纸筋灰。水泥砂浆不得涂抹在石灰砂浆层上。

在容易碰撞或潮湿部位,应采用水泥砂浆,如墙裙、踢脚板、地面、雨棚、窗台以及水池、水井等处。在硅酸盐砌块墙面上做砂浆抹面或粘贴饰面材料时,最好在砂浆层内夹一层事先固定好的钢丝网,以免日后剥落。

5.4.2　防水砂浆

用于制作防水层并具有抵抗水压力渗透能力的砂浆为防水砂浆。砂浆防水层又叫刚性防水层,仅用于不受振动和具有一定刚度的混凝土或砖石砌体结构表面。对于变形较大或可能发生不均匀沉陷的建筑物,不宜采用刚性防水层。

1. 普通防水砂浆

按水泥∶砂=1∶2～1∶3,水灰比为 0.5～0.55 配制水泥砂浆,通过人工多层抹压(如五层抹压作法,即三层水泥净浆和两层水泥砂浆轮番铺设并压抹密实),以减少内部连通毛细孔隙,增大密实度,形成紧密的砂浆防水层,达到防水效果,主要用于一般建筑物的防潮工程。

2. 防水剂防水砂浆

在1:2~1:3的水泥砂浆中掺入防水剂,可以增大水泥砂浆的密实性,填充、堵塞渗水通道与孔隙,提高砂浆的抗渗能力,从而达到防水目的。常用的防水剂有:

(1)氯化物金属盐类防水剂(简称氯盐防水剂)。它是由氯化铁、氯化钙、氯化铝和水按一定比例配成的深色液态防水剂;还可以由氯化铝:氯化钙:水=1:10:11配成防水剂,掺量为水泥质量的3%~5%。在水泥砂浆中掺入氯盐防水剂后,氯化物与水泥的水化产物反应生成不溶性复盐,填塞砂浆的毛细孔隙,提高抗渗能力。

(2)金属皂类防水剂。它可由硬脂酸(皂)、氨水、碳酸钠、氢氧化钾和水按一定比例混合加热皂化而成乳白色浆料;也可由硬脂酸、硫酸亚铁、氢氧化钙、硫酸铜、二水石膏等配制成粉料,称为防水粉。此类防水剂的掺量为水泥质量的3%~5%,掺入后产生不溶物质,填塞毛细孔隙,增强抗渗能力。

(3)水玻璃矾类防水剂(硅酸钠类防水剂)。在水玻璃中掺入几种矾,如白矾(硫酸铝钾)、蓝矾(硫酸铜)、绿矾(硫酸亚铁)、红矾(重铬酸钾)和紫矾(硫酸铬钾)各一份,溶于60份的沸水中,降温至50℃,投入于400份水玻璃中搅匀,即成为水玻璃五矾防水剂。水玻璃矾类防水剂有二矾、三矾、四矾、五矾多种做法,但以五矾效果最佳。这类防水剂的掺量为水泥质量的1%,其成分与水泥的水化产物反应生成大量胶体和不溶性盐类,填塞毛细孔和渗水通道,增大砂浆的密实度,提高抗渗性。水玻璃矾类防水剂因有促凝作用,又称防水促凝剂,工程中常利用其促凝和黏附作用,调制成快凝水泥砂浆,可用于结构物局部渗水的堵漏处理。水玻璃矾类防水促凝剂的常用配合比如表5-5所示。

表 5-5　水玻璃矾类防水促凝剂配合比表

材料名称	硅酸钠(水玻璃)	硫酸铝钾(白矾)	硫酸铜(蓝矾)	硫酸亚铁(绿矾)	重铬酸钾(红矾)	硫酸铬钾(紫矾)	水
五矾防水剂	400	1	1	1	1	1	60
四矾防水剂	400	1	1	1	1	-	60
四矾防水剂	400	1.25	1.25	1.25	-	1.25	60
四矾防水剂	400	1	1	-	1	1	60
四矾防水剂	400	1	1	1	-	1	60
三矾防水剂	400	1.66	1.66	1.66	-	-	60
二矾防水剂	400	-	1	1	-	-	60
二矾防水剂	442	-	2.67	-	-	1	221

3. 聚合物防水砂浆

在水泥砂浆中掺入水溶性聚合物,如天然橡胶乳液、氯丁橡胶乳液、丁苯橡胶乳液、丙烯酸酯乳液等,配制成的聚合物防水砂浆,可应用于地下工程的抗渗防潮及有特殊气密性要求的工程中,具有较好效果。

对防水砂浆的施工,其技术要求很高。一般先在底面上抹一层水泥砂浆,再将防水砂浆分4~5层涂抹,每层约5 mm,均要压实,最后一层要进行压光,抹完后要加强养护,才能获得良好的防水效果。若采用喷射法施工,效果更好,对提高隧道衬砌的抗渗能力和路基边坡防护,均能取得较为理想的效果。

知识拓展

　　干混砂浆也被称为干拌砂浆,由胶凝材料、细骨料、掺和料按一定比例在专业生产厂均匀混合而成,在使用地点按规定比例加水拌和使用的干混拌和物。干混砂浆分普通干混砂浆和特种干混砂浆(指对性能有特殊要求的专用建筑、装饰等干混砂浆)。

　　与传统的建筑砂浆相比,具有集中生产、质量稳定、保护环境、节省原材料等优势,能改善砂浆现场施工条件,使用范围日益广泛。

 项目小结

　　在学习本项目时应重点掌握建筑砂浆的技术性能检测方法和砌筑砂浆配合比方法,能熟练、准确阅读砌筑砂浆质量检测报告,能熟练应用所学知识在工程实践中,根据不同的工程环境合理确定砌筑砂浆的配合比。

 复习思考题

　　1. 砌筑砂浆的技术性质有哪些?

　　2. 砌筑砂浆的流动性和保水性对砖砌体的施工质量有何影响? 为什么在主体结构砌筑中主要使用混合砂浆?

　　3. 砂浆的强度等级是如何确定的?

　　4. 如何进行砌筑砂浆的配合比设计?

　　5. 用 42.5 级普通硅酸盐水泥和微湿砂(含水率 2%)拌制沉入度为 3~5 cm 的 M7.5 水泥砂浆,用于砌筑毛石基础,试设计其配合比。已知砂的细度模数为 2.4,堆积密度为 1 510 kg/m³。

　　6. 用 32.5 级矿渣硅酸盐水泥、石灰膏、砂拌制 M7.5 混合砂浆,用于砌筑承重砖墙,试设计其配合比。砂的干堆积密度为 1 520 kg/m³,含水率为 2.5%,石灰膏的稠度为 90 mm,施工质量水平为一般。

项目6 钢筋试验检测

 项目描述

钢筋是广泛应用于土建工程的重要金属材料,只有了解和掌握了钢筋的各种性能,才能正确、经济、合理地选择和使用钢筋。本项目将介绍检验钢筋性能的试验方法。

 拟实现的教学目标

1. 能力目标
(1)能够熟练使用万能试验机。
(2)能够完成钢筋的拉伸试验和冷弯试验。
(3)能够处理试验数据,并根据结果对钢筋进行评定。

2. 知识目标
(1)掌握钢筋的分类及应用。
(2)掌握钢筋的力学性能和工艺性能。
(3)掌握屈服点、抗拉强度和伸长率的计算。

3. 素质目标
(1)养成严谨务实的工作作风。
(2)具备团队合作精神。
(3)具备一定的协调、组织能力。

 相关案例

案例一:某市对"瘦身钢筋"问题的通报

某市城乡建设委建管局召开通报会,对2010年秋季在建工程中质量问题存在较多的项目进行通报,某栈桥、奥特莱斯广场、商业广场等在建项目被点名通报。市建管局有关负责人表示,不符合要求的钢材不得用于建筑工程,对瞒报、不报、避重就轻或重大工程质量问题不及时上报的监理企业,将严肃处理。

在对96个主体工程的钢筋直径进行现场抽测时发现,9个在建工程的部分小直径钢筋存在"瘦身"现象。其中由某房地产开发有限责任公司开发的时代中心项目商业、产权式酒店工程,施工现场堆放的部分钢筋锈蚀严重,6 mm、8 mm、10 mm钢筋实测内径值分别为5 mm、7 mm、8 mm。除此以外,该工程还存在施工缝处钢筋位移严重、一处楼梯承重梁柱明显歪斜等质量问题。

　　通报指出,少数工程钢筋、混凝土施工存在较严重的质量问题。据介绍,钢筋施工的主要问题是钢筋锚固、搭接长度不足。混凝土施工的主要问题是现浇楼板开裂、楼板上表面露筋、剪力墙夹渣、烂根等情况。

　　检查人员发现,某建设有限公司负责施工的某公寓及单身宿舍工程二标段7号楼,多数楼层后敷设配管在剪力墙上横、竖向剔槽,个别楼层在现浇板上水平剔槽,影响抗震、承载力和耐久性;外墙保温部分位置未按要求整体找平,非采暖梯间及阳台等热桥部位,未按照设计要求进行保温施工。

　　市建筑工程质量监督站有关负责人指出,钢筋质量状况直接影响工程结构安全,也对工程耐久性有重大影响。因此,必须坚决杜绝使用"瘦身钢筋"等不规范行为。建设或总承包单位必须直接采购热轧盘条钢筋,并在施工现场进行调直,不得场外加工,更不得委托第三方进行加工。如确需场外加工,须由施工总承包企业单位设立场外加工场所,监理单位对其加工过程实施过程监理。

案例二:配筋错误事故

　　工程概况:山西某教学楼为现浇10层框剪结构,长59.4 m,宽15.6 m,标准层高3.6 m,地面以上高度41.8 m,地上建筑面积9 510 m²,在第4和第5层结构完成后,发现这两层柱的钢筋配错,其中内跨柱少配钢筋44.53 cm²,外跨柱少配13.15 cm²。

　　造成该事故原因:该工程第4、5层柱的配筋相同,第6层起配筋减少,施工时,误将6层的柱子断面用于4、5层,造成配筋错误。

　　处理措施:凿去4、5层的保护层,露出柱四角的主筋和全部箍筋,用通长钢筋加固,加固直径、间距与原设计相同。

　　通过以上两个实例可知,钢筋的性能与工程安全密切相关。下面我们就通过项目6的学习了解钢筋的性能,并掌握检测钢筋性能的试验方法。

典型工作任务1　钢筋的拉伸试验

　　钢筋按化学成分可分为碳素钢和合金钢两类。

　　碳素钢:化学成分主要是铁,其次是碳,故也称碳钢或铁碳合金,其含碳量为0.02%～2.06%。碳素钢除了铁、碳外还含有极少量的硅、锰和微量的硫、磷等元素。

　　碳素钢按含碳量不同又可分为:

　　低碳钢:含碳量小于0.25%;低碳钢在土木工程中应用最广泛。

　　中碳钢:含碳量为0.25%～0.60%。

　　高碳钢:含碳量大于0.6%。

　　合金钢:合金钢是在炼钢过程中,为改善钢材的性能,特意加入某些合金元素而制得的一种钢。常用合金元素有:硅、锰、钛、钒、铌、铬等。

　　合金钢按合金元素总含量不同又可分为:

　　低合金钢:合金元素总含量小于5%;低合金钢为土木工程中常用的主要钢种。

　　中合金钢:合金元素总含量为5%～10%。

　　高合金钢:合金元素总含量大于10%。

6.1.1　钢筋的抗拉性能

拉伸是钢筋的主要受力形式,由拉力试验测得的屈服点、抗拉强度和伸长率是钢筋的重要技术指标。

钢筋的拉伸性能,可通过低碳钢受拉时的应力—应变曲线图来说明,如图 6-1 所示。

从图中可以看出,低碳钢受拉至拉断,经历了四个阶段:弹性阶段、屈服阶段、强化阶段和颈缩阶段。

1. 弹性阶段

曲线中 OA 段是一条直线,应力与应变成正比。如卸去外力,试件能恢复原来的形状,这种性质即为弹性,此阶段称为弹性阶段,所产生的变形为弹性变形。

弹性阶段的最高点 A 点所对应的应力称为弹性极限(或比例极限),一般用 σ_p 表示。应力与应变的比值为常数,称为弹性模量,用 E 表示,即 $E=\sigma/\varepsilon$。Q235 钢的弹性极限 $\sigma_p=180\sim200$ MPa,弹性模量 $E=2.0\times10^5\sim2.1\times10^5$ MPa。

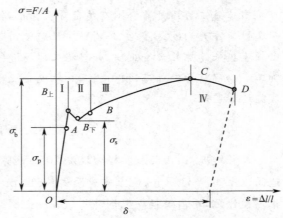

图 6-1　低碳钢受拉的应力—应变曲线图

弹性模量反映钢筋抵抗变形的能力,是钢筋在受力条件下计算变形的重要指标。E 值越大,材料抵抗弹性变形的能力越大;在一定荷载作用下,E 值越大,材料发生的弹性变形量越小。一些对变形要求严格的构件,为了把弹性变形控制在一定限度内,应选用刚度大的钢材。

2. 屈服阶段

应力超过 A 点后,应力与应变不再成正比,应力—应变图出现锯齿线,变形迅速增加,而此时外力则在很小的范围内波动,直到 B 点,这种现象称为屈服,似乎钢筋不能承受外力而屈服,此阶段称为屈服阶段。此时,钢筋的性质也由弹性转化为塑性,如将拉力卸去,试件的变形不会全部恢复,不能恢复的变形称为塑性变形。

在屈服阶段,锯齿形的最高点所对应的应力称为屈服上限;锯齿形的最低点所对应的应力称为屈服下限。屈服上限与试验过程中的许多因素有关。屈服下限比较稳定,容易测试,所以规定以屈服下限的应力值作为钢筋的屈服强度,用 σ_s 表示。

Q235 钢的 σ_s 约为 240 MPa。

中碳钢和高碳钢没有明显的屈服现象,规范规定以 0.2% 残余变形所对应的应力值作为名义屈服强度,用 $\sigma_{0.2}$ 表示,如图 6-2 所示。

钢筋受力大于屈服点后,会出现较大的塑性变形,已不能满足使用要求。因此屈服强度是设计中钢筋强度取值的依据。

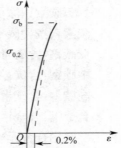

图 6-2　中碳钢、高碳钢的 $\sigma\varepsilon$ 图

3. 强化阶段

当钢材屈服到一定程度后,即到达 B 点后,由于内部组织发生变化,抵抗外力的能力又重新提高了,应力与应变的关系就形成了 BC 段的上

升曲线,此阶段称为强化阶段,对应于最高点 C 点的应力称为极限抗拉强度,简称抗拉强度,用 σ_b 表示。

Q235 钢的 σ_b 约为 380 MPa。

抗拉强度是钢筋所能承受的最大拉应力,即当拉应力达到强度极限时,钢材完全丧失了对变形的抵抗能力而断裂。

屈服强度和抗拉强度是衡量钢筋强度的两个重要指标。

抗拉强度虽然不能直接作为计算依据,但是屈服强度与抗拉强度的比值,即"屈强比"(σ_s/σ_b)对工程应用有较大意义。屈强比愈小,反映钢材在应力超过屈服强度工作时的可靠性愈大,即延缓结构损坏过程的潜力愈大,因而结构愈安全。但屈强比过小时,钢材强度的有效利用率低,造成浪费。建筑结构合理的屈强比一般为 0.60～0.75,常用碳素钢的屈强比为0.58～0.63,合金钢的屈强比为 0.65～0.75。

《混凝土结构工程施工质量验收规范》GB 50204—2015 规定:钢筋的抗拉强度实测值与屈服强度实测值的比值不应小于 1.25。钢筋的屈服强度实测值与强度标准值的比值不应大于 1.3。

4. 颈缩阶段

试件受力达到最高点 C 点后,其抵抗变形的能力明显降低,变形迅速发展,应力逐渐下降,试件被拉长,在其薄弱处的截面将急剧缩小,直至断裂,故 CD 段称为颈缩阶段。

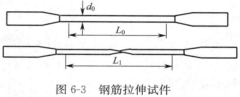

将拉断后的试件拼合起来,测定出标距范围内的长度 L_1(mm),L_1 与原标距 L_0(mm)的差值为塑性变形值,它与原标距长度 L_0 之比称为伸长率(δ),如图 6-3 所示。

图 6-3　钢筋拉伸试件

伸长率按下式进行计算:

$$\delta_n = \frac{L_1 - L_0}{L_0} \times 100\% \tag{6-1}$$

式中　L_1——试件拉断后标距部分的长度(mm);

　　　L_0——试件的原标距长度(mm);

　　　n——长或短试件的标志,长试件 $n=10$,短试件 $n=5$。

钢材拉伸时塑性变形在试件标距内的分布是不均匀的,颈缩处的伸长较大,故试件原始标距(L_0)与直径(d_0)之比愈大,颈缩处的伸长值在总伸长值中所占比例愈小,计算所得伸长率也愈小。通常钢材拉伸试件取 $L_0=5d$,或 $L_0=10d$,其伸长率分别以 δ_5 和 δ_{10} 表示。对于相同钢材,δ_5 大于 δ_{10}。

伸长率反映钢材拉伸断裂时所能承受的塑性变形能力,是衡量钢材塑性的重要技术指标。δ 越大,说明钢筋的塑性越好,而一定的塑性变形能力,可保证应力重新分布,避免应力集中,从而避免结构过早的破坏。

6.1.2　钢筋的分类

目前钢筋混凝土结构用钢主要由碳素结构钢和低合金结构钢轧制而成,主要有热轧钢筋、冷加工钢筋(冷拉热轧钢筋、冷拔低碳钢丝、冷轧带肋钢筋、冷轧扭钢筋)、热处理钢筋和预应力混凝土用钢丝及钢绞线等。供应形式分直条和盘条(也称盘圆)两种。

1. 热轧钢筋

热轧钢筋是经过热轧成型并自然冷却的成品钢筋。钢筋混凝土结构用热轧钢筋应具有较高的强度,只有一定的塑性、韧性和可焊性。

钢筋的分类:不同的划分标准有不同的定义。

热轧钢筋按其表面形状分为光圆钢筋和带肋钢筋两类。

带肋钢筋横截面通常为圆形,且表面通常有两条纵肋和沿长度方向均匀分布的横肋,分月牙肋钢筋和等高肋钢筋。

月牙肋钢筋:横肋的纵截面呈月牙形,且与纵肋不相交的钢筋,如图 6-4(a)所示。与老螺纹钢筋相比,有诸多优越性:强度高,应力集中,敏感性小,耐疲劳性好,方便生产。

等高肋钢筋:横肋的纵截面高度相等,且与纵肋相交的钢筋,如图 6-4(b)所示。

纵肋:平行于钢筋轴线的均匀连续肋。

横肋:与纵肋不平行的其他肋。

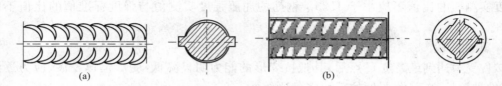

(a)　　　　　　　　　　　　　　　　(b)

图 6-4　带肋钢筋

热轧带肋钢筋的牌号由 HRB 和牌号的屈服点最小值构成,H、R、B 分别为热轧(Hotrolled)、带肋(Ribbed)、钢筋(Bars)三个词的英文首位字母。热轧带肋钢筋分为 HRB335、HRB400、HRB500 三个牌号。

热轧钢筋按屈服强度和抗拉强度分为热轧钢筋 HPB235、HRB335、HRB400 和 HRB500。级别越大强度越高。热轧钢筋强度等级如表 6-1 所示。

表 6-1　混凝土结构常用钢筋强度等级

牌号	屈服强度/MPa	抗拉强度/MPa	伸长率 δ_5/%
HPB235	≥235	≥370	≥25
HRB335	≥335	≥490	≥16
HRB400	≥400	≥570	≥14
HRB500	≥500	≥630	≥12

不同强度级别的钢筋都是混凝土结构所必不可少的钢种。根据实际情况,我国仍需要大量碳素结构钢(即Ⅰ级钢筋),特别是小直径的圆盘条。因此不能以强度级别或某项性能指标作为选择钢筋的唯一标准。钢筋的强度级别和规格应根据市场的需求系列化生产和发展。

钢筋的弯曲性能应按表 6-2 规定的弯心直径弯曲 180°后,钢筋受弯曲部位表面不得产生裂纹。

热轧钢筋的四个强度等级,在施工图纸中用符号 Φ、Φ、Φ、Φ 来表示,分别表示Ⅰ、Ⅱ、Ⅲ、Ⅳ级钢筋。

Ⅰ级钢筋：其强度为 $\sigma_s \geqslant 235$ MPa，$\sigma_b \geqslant$ 370 MPa，其牌号为 HPB235，用 Q235 碳素结构钢轧制而成的光圆钢筋。其强度较低，但塑性及焊接性能好，伸长率高，便于弯折成形和进行各种冷加工。适用范围广，可用于普通钢筋混凝土构件中，作为中小型钢筋混凝土结构的主要受力钢筋和各种钢筋混凝土结构的箍筋等。可作为冷轧带肋钢筋原材料，盘条还可作为冷拔低碳钢丝的原材料。

表 6-2　热轧带肋钢筋的牌号与弯曲试验的弯心直径

牌号	公称直径 a/mm	弯曲试验弯心直径
HRB335	6～25	3a
	28～50	4a
HRB400	6～25	4a
	28～50	5a
HRB500	6～25	6a
	28～50	7a

Ⅱ、Ⅲ级钢筋：用低合金镇静钢和半镇静钢轧制而成，以硅、锰作主要固熔强化元素。Ⅱ级钢筋牌号为 HRB335，Ⅲ级钢筋牌号为 HRB400。其强度高，塑性和可焊性均较好。因表面带肋，加强了钢筋与混凝土之间的黏结力，用Ⅱ、Ⅲ级钢筋作为钢筋混凝土结构的主筋，比使用Ⅰ级钢筋可省钢材 40%～50%，因此广泛用于大、中型钢筋混凝土结构的主筋。Ⅱ、Ⅲ级钢筋经过冷拉后可用作预应力钢筋。

Ⅳ级钢筋：用中碳低合金镇静钢轧制而成，其中除以硅、锰为主要合金元素外，还加入钒或钛作为固熔弥散强化元素，使其在提高强度的同时保证了塑性和韧性，牌号为 HRB500。Ⅳ级钢筋表面也轧有纵肋和横肋，它是房屋建筑的主要预应力钢筋。在使用前可进行冷拉处理，以提高屈服点，达到节省钢材的目的，其冷拉应力为 750 MPa。经冷拉的钢筋，其屈服点不明显，设计时以冷拉应力统计值为强度依据。但冷拉后经数月的自然时效或人工时效，又会出现短小屈服台阶，其值略高于冷拉应力，用时钢筋有变硬趋势，因此钢筋冷拉时在保证规定冷拉应力的同时，要控制冷拉伸长率不过大，以免钢筋变脆。Ⅳ级钢筋含碳量较高，若焊接，应采取适当焊接方法和焊后热处理工艺，以保证焊接接头及其热影响区不产生淬硬组织，防止发生脆性断裂。

各级钢筋的钢材种类及主要用途列于表 6-3 中。

表 6-3　各级钢筋的钢材种类及主要用途

钢筋等级	屈服强度/MPa 抗拉强度/MPa	钢材种类			主要用途
Ⅰ	235/370	Q235			非预应力钢筋
Ⅱ	335/510	20MnSi			非预应力及预应力钢筋
	335/490	20MnNbb			
Ⅲ	400/570	20MnSiV	20MnTi	25MnSi	非预应力及预应力钢筋
Ⅳ	500/630	40Si2MnV	40SiMnV	45Si2MnTi	预应力钢筋

2. 冷加工钢筋

一般热轧钢筋经机械方式冷加工而成的钢筋都称冷加工钢筋。其加工方式有冷拉、冷轧、冷拔或综合方式。

（1）冷拉钢筋

热轧钢筋经冷拉和时效处理后，其屈服点和抗拉强度提高，但塑性和韧性有所降低。为了保证冷拉钢材质量，而不使冷拉钢筋脆性过大，冷拉操作应采用比控法，即控制冷拉率和冷拉应力，如冷拉至控制应力而未超过控制冷拉率，则属合格，若达到控制冷拉率，未达到控制应力,则钢筋应降级使用。

表 6-4　冷拉钢筋的力学性能

钢筋级别	钢筋直径 d /mm	屈服强度/MPa	抗拉强度/MPa	伸长率 δ_{10}/%	冷　弯	
		≥			弯曲角度	弯曲直径
Ⅰ	≤12	280	370	11	180°	$3d$
Ⅱ	≤25	450	510	10	90°	$4d$
	28~40	430	490	10	90°	$4d$
Ⅲ	8~40	500	570	8	90°	$5d$
Ⅳ	10~28	700	835	6	90°	$5d$

受低温、冲击荷载作用下冷拉钢筋会发脆断,所以不宜使用。实践中,可将冷拉、除锈、调直、切断合并为一道工序,这样简化了工艺流程,提高了效率,又可节约钢材,是钢筋冷加工的常用方法之一。根据混凝土结构工程规定及技术性质要求,控制冷拉率和最大冷拉率。如采用单控法(控制冷拉率)控制冷拉钢筋时,冷拉率必须由试验确定。冷拉后钢筋的技术性质应符合表 6-4 的要求。

（2）冷拔低碳钢丝

冷拔低碳钢丝是由 $\phi 6\sim8$ mm 的 Q235 热轧圆盘条,在常温下通过小于钢筋截面的钨合金拔丝模,以强力拉拔工艺拔制而成直径为 3 mm、4 mm 或 5 mm 的圆截面钢丝,称为冷拔低碳钢丝,如图 6-5 所示。

冷拔低碳钢丝按力学性能分为甲级和乙级两种。甲级钢丝为预应力钢丝,按其抗拉强度分为Ⅰ级和Ⅱ级,适用于一般工业与民用建筑中的中小型冷拔钢丝先张法预应力构件的设计与施工。乙级为非预应力钢丝,主要用作焊接骨架、焊接网、架立筋和构造筋等。

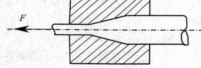

图 6-5　钢筋冷拔示意图

冷拔低碳钢丝的性能与原料强度和引拔后的截面总压缩率有关,其力学性能应符合国家标准的规定,如表 6-5 所示。由于冷拔低碳钢丝的塑性大幅下降,硬脆性明显,目前已经限制该类钢丝的一些应用。

表 6-5　冷拔低碳钢丝的力学性能

钢丝级别	直径/mm	抗拉强度/MPa		伸长率/%	反复弯曲180°次数
		Ⅰ级	Ⅱ级		
		不小于			
甲	5	650	600	3	4
	4	700	650	2.5	
乙	3~5	550		2	4

注:1. 甲级钢丝采用符合Ⅰ级热轧钢筋的标准的圆盘条冷拔值。

　　2. 预应力冷拔低碳钢丝经机械调直后,抗拉强度标准值降低 50 MPa。

用作预应力混凝土构件的钢丝,应逐盘取样进行力学性能检验,凡伸长率不合格者,不准用于预应力混凝土构件。

对于直接承受动荷载作用的构件,如吊车梁、受振动荷载的楼板等,在无可靠试验实践经验时,不宜采用冷拔钢丝预应力混凝土构件。处于侵蚀环境或高湿下的结构,不得采用冷拔钢丝预应力混凝土构件。

(3)冷轧带肋钢筋

冷轧带肋钢筋是近几年发展起来的一种新型、高效节能建筑用钢筋。与冷拔低碳钢丝相比,冷轧带肋钢筋具有强度高、塑性好、与混凝土黏结牢固、节约钢材、质量稳定等优点。

它广泛的应用于多层和高层建筑的多孔楼板、现浇楼板、高速公路、机场跑道、水泥电杆、输水管、桥梁、铁路轨枕、水电站坝基及各种建筑工程。

冷轧带肋钢筋是采用普通低碳钢、优质碳素钢或低合金钢热轧圆盘条作为母材,经冷轧减径后在其表面冷轧成具有两面或三面横肋(月牙肋)的钢筋,如图 6-6 所示。

冷轧带肋钢筋的牌号为"CRB×××",字母 CRB 为冷轧带肋钢筋的英文缩写,后面三位阿拉伯数字表示钢筋抗拉强度等级数值。例如 CRB650 为抗拉强度不小于 650 MPa 的冷轧带肋钢筋。冷轧带肋钢筋分为 CRB550、CRB650、CRB800、CRB970、CRB1170 五级。

(4)冷轧扭钢筋

将直径为 6.5 mm、8 mm、10 mm 的 Q235 热轧圆盘条先后经过冷轧扁和冷扭转,即制成一定螺距的冷轧扭钢筋。其轧扁厚度与抗拉强度近似于直线关系,即冷轧厚度越薄,塑性变形越大,抗拉强度提高得越多,同时伸长率也越多。螺距大小直接影响钢筋与混凝土的握裹力。螺距越小,两者的握裹力越大,但冷轧扭难度也越大,因此也应选择适宜的螺距。

冷轧扭钢筋拉伸时没有明显的屈服台阶,$\sigma_{0.2}/\sigma_b$ 在 0.9 以上,其规定非比例伸长应力 $\sigma_{0.05}$(相当比例极限)在 $0.8\sigma_b$ 左右。

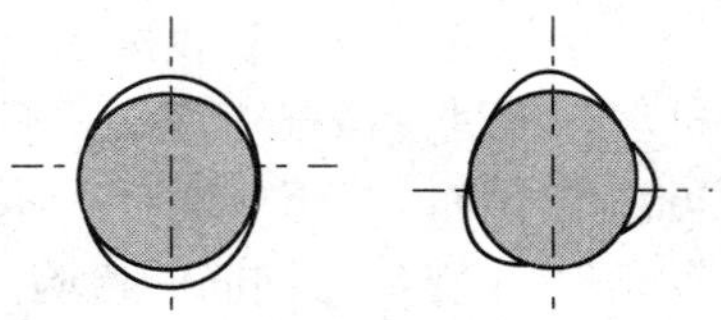

(a)两面有肋　(b)三面有肋

图 6-6　冷轧带肋钢筋横截面上月牙肋分布情况

3. 预应力混凝土用热处理钢筋

预应力混凝土用热处理钢筋(GB4463)是由热轧带肋钢筋(即普通热轧中碳低合金钢筋)经淬火和回火等调质处理制成。按其螺纹外形分为有纵肋和无纵肋(都有横肋)两种。

预应力混凝土用热处理钢筋具有高强度、高韧性和高握裹力等优点,主要用于预应力混凝土桥梁轨枕,还用于预应力梁、板结构及吊车梁等。

预应力混凝土用热处理钢筋成盘供应,开盘后能自行伸直,不需调直和焊接,施工方便,且节约钢材。

4. 预应力混凝土用钢丝和钢绞线

(1)预应力混凝土用钢丝

预应力混凝土用钢丝是应用优质碳素结构钢制作,经冷拉或冷拉后消除应力处理制成。

根据《预应力混凝土用钢丝》GB/T 5223—2014 规定:

按加工状态分为冷拉钢丝(代号为 RCD)和消除应力光圆钢丝(代号为 S)、消除应力刻痕钢丝(代号为 SI)、消除应力螺旋肋钢丝(代号为 SH)四种;

刻痕钢丝与螺旋肋钢丝与混凝土的黏结力好,也即钢丝与混凝土的整体性好;消除应力钢丝的塑性比冷拉钢丝好。

按松弛性能分为低(Ⅱ级)松弛级钢丝(代号为 WLR)和普通(Ⅰ级)松弛级钢丝(代号为 WNR)两种。

(2)预应力混凝土用钢绞线

预应力混凝土用钢绞线是由若干根直径为 2.5～5.0 mm 的高强度钢丝,以一根钢丝为中心，其余钢丝围绕其中心钢丝绞捻，再经消除应力热处理而制成。

根据《预应力混凝土用钢绞线》GB/T 5224—2014 规定，预应力钢绞线按结构分为 5 类，1×2、1×3、1×3I、1×7 和(1×7) C。

预应力混凝土用钢丝与钢绞线具有强度高、柔性好、松弛率低、抗腐蚀性强、无接头、质量稳定、安全可靠等特点，主要用于大跨度屋架及薄腹梁、大跨度吊车梁、桥梁等的预应力结构。

6.1.3　钢筋混凝土用钢筋的检验要求

1. 热轧光圆钢筋的检验

钢筋的检查和验收按 GB/T 2101—2008《型钢验收、包装、标志及质量证明书的一般规定》的规定进行。钢筋应按批进行检查和验收，每批重量不大于 60 t。每批应由同一牌号、同一炉罐号、同一规格、同一交货状态的钢筋组成。公称容量不大于 30 t 的冶炼炉冶炼的钢和连续坯轧成的钢筋，允许用同一牌号、同一冶炼方法、同一浇注方法的不同炉罐号组成混合批，但每批不得多于 6 个炉罐号。各炉罐号碳含量之差不大于 0.02%，锰含量之差不大于 0.15%。

2. 热轧带肋钢筋的检验

钢筋的检查和验收按《钢及钢产品交货一般技术要求》GB/T 17505—1998 的规定进行。钢筋应按批进行检查和验收，每批重量不大于 60 t。每批应由同一牌号、同一冶炼方法、同一浇注方法的不同罐号组成混合批，但各炉罐号碳含量之差不大于 0.02%，锰含量之差不大于 0.15%。

3. 冷轧带肋钢筋的检验

钢筋应成批验收，每批应由同一牌号、同一规格和同一级别的钢筋组成。每批重量不大于 50 t。为防止生锈，不得在室外露天存放。钢筋的技术要求和各项质量指标应符合国家标准《冷轧带肋钢筋》GB 13788—2008 的规定。

4. 冷轧扭钢筋的检验

该钢筋验收批应由同一牌号、同一规格尺寸、同一台轧机、同一台班的钢筋组成，且每批不大于 10 t，不足 10 t 的按一批计。试样的长度宜取偶数倍节距，且不应小于 4 倍节距，同时不小于 500 mm。

6.1.4　试验准备

1. 材料

根据相关的检验标准，一般每批由同一牌号、同一等级、同一品种、同一截面尺寸、同一交货状态、同一进场时间和同一炉罐号组成的钢筋为一验收批次，每批质量不大于 60 t。

钢筋应有出厂证明书或试验报告单。验收时应抽样作机械性能试验，包括拉伸试验和冷弯试验两个项目。两个项目中如有一个项目不合格，该批钢筋即为不合格。

从外观和尺寸合格的每批钢筋中随机抽 2 根，先在钢筋的任意一端切去 500 mm 进行试件的截取。试件在截取时，于每根距端部截取拉伸试件 1 根（共 2 根）、冷弯试件 1 根（共 2 根）。拉伸试件长度≥标称标距＋200 mm，冷弯试件长度≥标称标距＋150 mm（试件可分长试件和短试件，短试件标称标距为 $5d$，长试件标称标距为 $10d$，d 为钢筋直径）。试件长度同时还应考虑的有关参数，一般施工现场钢筋拉伸试件长度＝$5d$＋(250～300 mm)，冷弯试件长度＝$5d$＋150 mm。

拉伸试验用钢筋不应进行切削加工。钢筋在使用中如有脆断、焊接性能不良或机械性能显著不正常时，还应进行化学成分分析，或其他专项试验。

　　2.设备

　　1）YDL 系列电液伺服万能试验机

　　YDL 系列电液伺服万能试验机是用于材料抗拉性能和冷弯性能测试的新型机电液一体化试验设备。YDL 系列电液伺服万能试验机是利用液压油的压力对试样加载，进行金属、非金属及复合材料的拉伸、压缩、弯曲、剪切等材料力学性能测定的试验设备。还可进行试验力、变形等速率控制以及恒试验力、恒变形等试验。各种试验数据由计算机进行处理和屏幕显示，并由打印机自动打印试验曲线和试验结果。YDL 系列电液伺服万能试验机具有操作方便、作用力大、结构简单、紧凑、工作可靠、经久耐用等特点。

　　（1）构造及工作原理

　　试验机由主机、油源、计算机及 EDC 测量控制系统四部分组成。

　　①主机

　　主机由机座（包括液压缸缸体及活塞）、上横梁、移动横梁、液压夹具、传动丝杠、光杠和试台等部分组成，如图 6-7 所示。

　　液压缸 25 固定在机座中央，液压缸的活塞与试验台 10 相连。光杠 23 固定在试验台 10 上，其上端固定有上横梁 17，形成移动框架，由活塞驱动而上下运动。

　　移动横梁 16 通过传动螺母支持在与底座相连的丝杠 12 上，它把试验空间分成两个部分，上为拉伸空间，下为压缩空间。移动横梁 16 的上下运动是由控制盒 11 上的"上升"、"下降"按钮操作的。当按下按钮时即驱动减速器的电动机，通过链轮、链条、丝杠旋转，带动移动横梁升降，调整试验空间。

　　液压夹具 18、21，通过操作控制盒 11 上的按钮，控制油源上的电磁换向阀使其夹紧或松开。

　　②油源

　　图 6-8 为电液伺服万能试验机的油管安装图。油源由油泵、油箱、驱动电机以及 ATOS 阀等组成。

　　ATOS 阀是一个电液伺服直接驱动阀，其接受 EDC 测控系统的控制信号，可精确控制试台升降。

　　油泵是齿轮泵，通过交流电机驱动。油箱内装 46 号透平油。

　　③测量控制系统

　　试验力测量系统由力传感器、EDC 测量系统组成，传感器采用高精度负荷传感器 26，安装在油缸活塞上。

　　变形测量系统由引伸仪、EDC 测量系统组成。

　　试台位移测量由位移传感器和位移测量系统组成。位移传感器 24 固定于底座 7 上，一端拉线经螺母固定于试验台 10 上，活塞上升时拉线，推动光电编码器正转，活塞下降时拉线由位移传感器带动收回使编码器反转，从而输出活塞的位移信号。

　　④计算机系统

　　计算机系统由计算机主机、显示器、键盘及打印机等组成。计算机通过网线接口与 EDC 相连，可实时采集测量值并将各种试验操作纳入计算机控制。

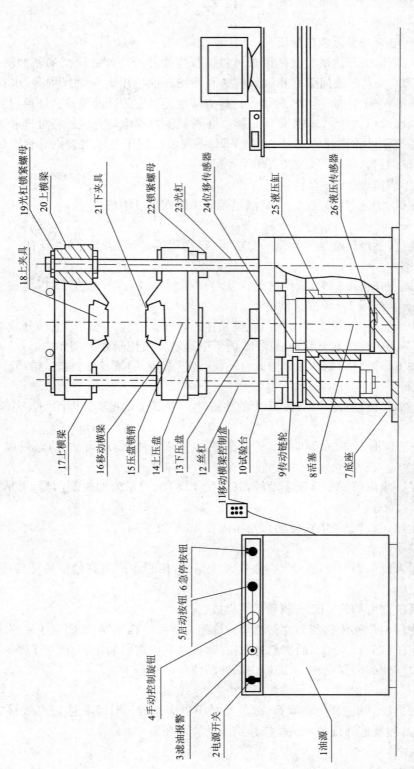

图6-7　电液伺服万能试验机结构示意图

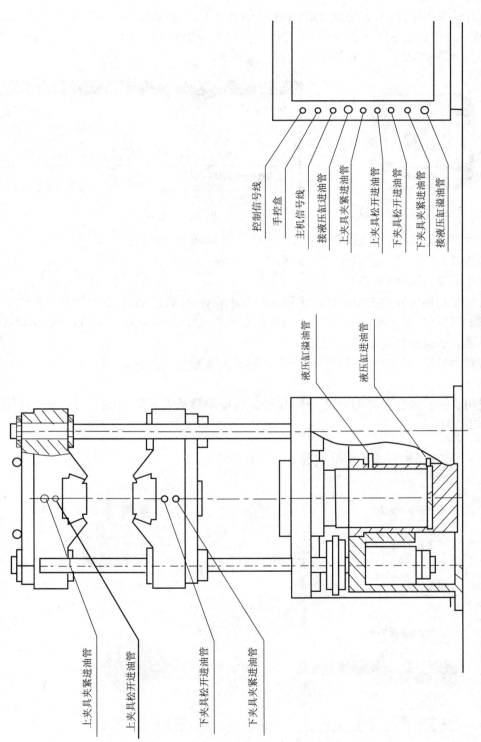

图6-8　电液伺服万能试验机的油管安装图

（2）操作步骤

①打开计算机电源，双击桌面上的 TestExpert. NET 图标（图 6-9），启动试验程序，或从 WINDOWS 的开始菜单中点击"开始"→"程序"→"TestExpert. NET"。以合适的用户身份，输入密码登录程序（图 6-10），成功后进入程序主界面。

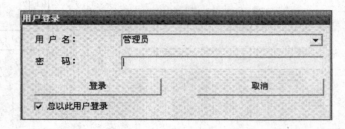

图 6-9　TestExpert. NET 图标　　　　　　　　　图 6-10　输入密码登录程序

②打开控制器电源，调整控制器状态使其进入可以联机的状态。

③选择合适的负荷传感器连接到横梁。

④选择试验方法（图 6-11）。

⑤按程序左侧的联机按钮。联机大概需要几十秒钟，联机成功后，各通道值显示到下面的各通道显示窗口中，如果联机不成功，将给出提示信息，这时请检查接线是否正确，控制系统是否有故障等。联机按钮如图 6-12 所示。

⑥按启动按钮，成功后，启动灯亮，程序左侧的大部分试验按钮处于可用状态。启动按钮如图 6-13 所示。

⑦使用手控盒或程序移动横梁，夹持试件。与横梁移动有关的程序上的试验按钮图标如图 6-14 所示。

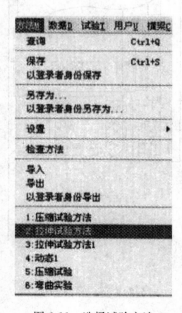

图 6-11　选择试验方法

图 6-12　联机按钮

图 6-13　启动按钮

图 6-14　与横梁移动有关的程序上的试验按钮

⑧各通道清零(在各通道的显示表头上单击鼠标右键,弹出一个快捷菜单,点清零即可),如图 6-15 所示,此为对位移通道进行清零。

图 6-15　清零

⑨单击"开始试验"按钮开始试验,该按钮位于主界面的左侧。注意:如果无意中启动了一个没夹试件的试验,或试验过程中出现其他错误,请按"结束试验"。开始试验按钮如图 6-16 所示。

⑩结束试验时,程序会提示要求输入试验名,输入后数据将被存入数据库。结束试验按钮如图 6-17 所示。完成一组试验后,可以进入数据处理界面查看数据、试验结果,打印输出。

图 6-16　开始按钮　　　　　　图 6-17　结束按钮

(3)注意事项

①每次试验前,仪器接通电源,打开仪器预热约 20 min 左右。

②各项试验不得超过规定的终载的最大拉压力。

③做拉伸试验时,试验开始前一定拔下定位销,屈服阶段后一定及时摘下引伸仪。

④拉伸试验中还应注意不使试样氧化皮或断裂后碎片进入夹头座的滑动面内,试验后必须将滑动面擦拭干净,并经常保持润滑良好。

⑤EDC、计算机关机后再次开机,间隔时间应达 2 min 以上,否则有可能损坏设备。

⑥丝杠上的螺纹应经常保持清洁,以免相互研伤。同时,丝杠及试台也应适当涂抹润滑油,以免生锈。

2)游标卡尺

(1)游标卡尺的基本构造

游标卡尺是工业上常用的测量长度的仪器,它由尺身及能在尺身上滑动的游标组成,如图 6-18 所示。若从背面看,游标是一个整体。游标与尺身之间有一弹簧片(图中未能画出),利用弹簧片的弹力使游标与尺身靠紧。游标上部有一紧固螺钉,可将游标固定在尺身上的任意位置。尺身和游标都有量爪,利用内测量爪可以测量槽的宽度和管的内径,利用外测量爪可以测量零件的厚度和管的外径。深度尺与游标尺连在一起,可以测槽和筒的深度。

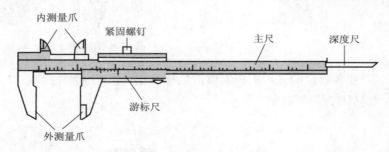

图 6-18　游标卡尺的构造

尺身和游标尺上面都有刻度。以准确到 0.1 mm 的游标卡尺为例,尺身上的最小分度是 1 mm,游标尺上有 10 个小的等分刻度,总长 9 mm,每一分度为 0.9 mm,比主尺上的最小分度相差 0.1 mm。量爪并拢时尺身和游标的零刻度线对齐,它们的第一条刻度线相差 0.1 mm,第二条刻度线相差 0.2 mm,…,第 10 条刻度线相差 1 mm,即游标的第 10 条刻度线恰好与主尺的 9 mm 刻度线对齐,如图 6-19 所示。

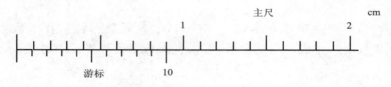

图 6-19　游标卡尺读数之一

当量爪间所量物体的线度为 0.1 mm 时,游标尺向右应移动 0.1 mm。这时它的第一条刻度线恰好与尺身的 1 mm 刻度线对齐。同样当游标的第五条刻度线与尺身的 5 mm 刻度线对齐时,说明两量爪之间有 0.5 mm 的宽度,…,依此类推。

在测量大于 1 mm 的长度时,整的毫米数要从游标"0"线与尺身相对的刻度线读出。

(2)游标卡尺的使用

用软布将量爪擦干净,使其并拢,查看游标和主尺身的零刻度线是否对齐。如果对齐就可以进行测量,如没有对齐则要记取零误差。游标的零刻度线在尺身零刻度线右侧的叫正零误差,在尺身零刻度线左侧的叫负零误差(这件规定方法与数轴的规定一致,原点以右为正,原点以左为负)。

测量时,右手拿住尺身,大拇指移动游标,左手拿待测外径(或内径)的物体,使待测物位于外测量爪之间,当与量爪紧紧相贴时,即可读数。

(3)游标卡尺的读数

读数时首先以游标零刻度线为准在尺身上读取毫米整数,即以毫米为单位的整数部分。然后看游标上第几条刻度线与尺身的刻度线对齐,如第 7 条刻度线与尺身刻度线对齐,则小数部分即为 0.7 mm,如图 6-20 所示,读数为 12.7 mm。

若没有正好对齐的线,则取最接近对齐的线进行读数。

实际工作中常用精度为 0.05 mm 和 0.02 mm 的游标卡尺。它们的工作原理和使用方法与精度为 0.1 mm 的游标卡尺相同。

精度为 0.05 mm 的游标卡尺的游标上有 20 个等分刻度,总长为 19 mm。测量时如游标上第 17 根刻度线与主尺对齐,则小数部分的读数为 17/20 mm＝0.85 mm,如图 6-21 所示。

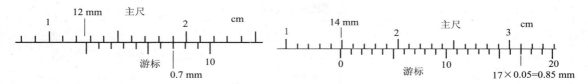

图 6-20　游标卡尺读数之二　　　　　　　　图 6-21　游标卡尺读数之三

精度为 0.02 mm 的游标卡尺的游标上有 50 个等分刻度,总长为 49 mm。测量时如游标
上第 23 根刻度线与主尺对齐,则小数部分的读数为 23/50 mm＝0.46 mm,如图 6-22 所示。

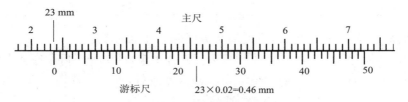

图 6-22　游标卡尺读数之四

(4)游标卡尺的保管

游标卡尺使用完毕,用棉纱擦拭干净。长期不用时应将它擦上黄油或机油,两量爪合龙并
拧紧紧固螺钉,放入卡尺盒内盖好。

(5)注意事项

①游标卡尺是比较精密的测量工具,要轻拿轻放,不得碰撞或跌落地下。使用时不要用来
测量粗糙的物体,以免损坏量爪,不用时应置于干燥地方防止锈蚀。

②测量时,应先拧松紧固螺钉,移动游标不能用力过猛。两量爪与待测物的接触不宜过
紧。不能使被夹紧的物体在量爪内挪动。

③读数时,视线应与尺面垂直。如需固定读数,可用紧固螺钉将游标固定在尺身上,防止滑动。

④实际测量时,对同一长度应多测几次,取其平均值来消除偶然误差。

6.1.5　试验过程

通过拉伸试验,注意观察拉力与变形之间的变化。确定应力与应变的关系曲线,测定钢筋
的屈服点、抗拉强度和伸长率,评定钢筋的质量是否合格及强度等级。

1. 试验条件

试验应在(20±10)℃下进行,如试验温度超出这一范围,应于试验记录和报告中注明。

2. 主要仪器设备

YDL 系列电液伺服万能试验机、量爪游标卡尺(精度为 0.1 mm)、打点机。

3. 试验步骤及注意事项

(1)根据试样的截面积(直径 d_0)计算出原始标距长度,其长度为 $5d_0$,盘圆钢筋、冷轧带肋
为 $10d_0$,Φ6.5 钢筋为 70 mm。

(2)用一系列等分小冲击点标出原始标距
(标记不应影响试件断裂),测量标距长度 l_0(精
确至 0.1 mm),如图 6-23 所示。

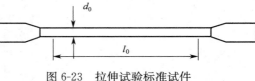

图 6-23　拉伸试验标准试件

计算钢筋强度用横截面积采用表 6-6 所列公称横截面积。

表 6-6　钢筋的公称横截面积

公称直径/mm	公称横截面积/mm^2	公称直径/mm	公称横截面积/mm^2
8	50.27	22	380.1
10	78.54	25	490.9
12	113.1	28	615.8
14	153.9	32	804.2
16	201.1	36	1018
18	254.5	40	1257
20	314.2	50	1964

（3）打开程序，接通试验机电源，开动油泵将试台上升至工作位置。

（4）将试样一端夹于上钳口，再调下钳口夹住试样下端，试样在钳口上要基本保持垂直。

（5）通过程序控制规定的加荷速率，逐渐放回拉力荷载，观察荷载作用所产生的弹性和塑性变形，直至拉断为止。

（6）记录屈服荷载 F_s 和破坏荷载 F_b。

（7）测量断后标距 L_1。

①将已拉断的试件两端在断裂处对齐，使其轴线处于同一直线上。如拉断处由于各种原因形成缝隙，则此缝隙应计入试件拉断的标距部分长度内。

②如拉断处到邻近的标距端点的距离大于 $1/3L_0$ 时，可用卡尺直接测量出已被拉长的标距长度 L_1(mm)。

③如拉断处到邻近的标距端点的距离小于或等于 $1/3L_0$ 时，可按下述移位法确定 L_1：在长段上，从拉断处 O 取基本等于短路格数，得 B 点，接着取等于长段所余格数［偶数，图 6-24(a)］之一半，得 C 点；或者取所余格数［奇数，图 61-24(b)］分别减 1 或加 1 之一半，得 C 或 C_1 点。移位后的 L_1 分别为 $OA+OB+2BC$ 或 $OA+OB+BC+BC_1$。

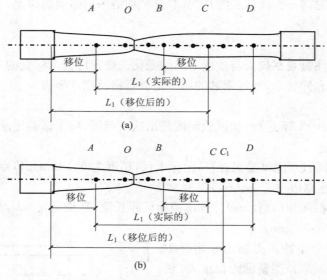

图 6-24　试件拉断后标距长度测量

如果直接测量所得的伸长率能达到技术条件的规定值,则可不采用移位法。

注意事项:试件应对准夹头的中心,试件轴线应绝对垂直;试件标距部分不得夹入钳口中,试件被夹部分不小于钳口的 2/3;如试件在标距端点上或标距外断裂,则试验结果无效,应重做试验。

6.1.6　数据分析及结果评定

屈服点按下式计算:

$$\sigma_s = \frac{F_s}{A} \tag{6-2}$$

式中　σ_s——屈服点(屈服强度)(MPa);

　　F_s——屈服荷载(N);

　　A——试件的公称横截面积(mm^2)。

当 $\sigma_s > 1\,000$ MPa 时,应计算至 10 MPa;σ_s 为 200~1 000 MPa 时,计算至 5 MPa;$\sigma_s \leqslant$ 200 MPa 时,计算至 1 MPa。小数点数字按修约法处理。

抗拉强度按下式计算:

$$\sigma_b = \frac{F_b}{A} \tag{6-3}$$

式中　σ_b——抗拉强度(MPa);

　　F_b——破坏荷载(N);

　　A——试件的公称横截面积(mm^2)。

σ_b 计算精度的要求同 σ_s。

伸长率按下式计算(精确至 1%)

$$\delta_{10}(\text{或 } \delta_5) = \frac{L_1 - L_0}{L_0} \times 100\% \tag{6-4}$$

式中　L_1——试件拉断后直接测量或按移位法确定的标距部分长度(精度为 0.1 mm);

　　L_0——试件的原标距长度 10d 或 5d(mm);

δ_{10} 或 δ_5——分别表示长或短试件的伸长率。

结果评定:在拉伸试验的两根试件中,如有其中一根试件的屈服点、抗拉强度和伸长率三个指标中有一个指标达不到标准中的规定数值,则从同一验收批中再抽取双倍(4 根)钢筋,制取双倍(4 根)试件复验,复验结果如仍有一根试件的某一个指标达不到标准要求,不论这个指标在初验中是否达到标准要求,则该批不予验收合格。

 知识拓展

钢是由生铁冶炼而成的。生铁的冶炼是由铁矿石、焦炭(燃料)、石灰石(助燃剂)等在高炉中经过还原反应和造渣反应而得到的一种铁、碳合金。其中碳、硫和磷等杂质的含量较高。生铁又分为炼钢生铁(白口铁)和铸造生铁(灰口铁)。生铁硬而脆、无塑性和韧性,不能焊接、锻造和轧制。

炼钢的过程是把熔融的生铁进行氧化,使碳含量降低到预定的范围内,其他杂质降低到允许的范围内。在理论上凡碳含量在 2.0% 以下,含有害杂质较少的铁、碳合金可称为钢。在炼钢的过程中,采用的炼钢方法不同,除掉杂质的程度就不同,所得到的钢的质量也有差别。目前有转炉钢、平炉钢和电炉钢三种钢材,现在氧气转炉炼钢法是最主要的炼钢方法,而平炉炼钢法已基本淘汰。

1. 钢的分类

钢与生铁的区分在于含碳量,含碳量为 $0.06\%\sim2.0\%$,并含有某些其他元素的铁碳合金称为钢;含碳量大于 2.06% 的称为生铁。

钢的分类方法很多,通常有以下几种分类方法。

1)按冶炼时脱氧程度分类

(1)沸腾钢。炼钢时仅加入锰铁进行脱氧,脱氧不完全。这种钢液铸锭时,有大量的一氧化碳气体逸出,钢液冷却时呈沸腾状,故称为沸腾钢,代号为"F"。

沸腾钢组织不够致密,成分不太均匀,硫、磷等杂质偏析较严重,故质量较差。但因其成本低、产量高,故被广泛用于一般工程的建筑结构中。

(2)镇静钢。炼钢时一般用硅脱氧,也可采用锰铁、硅铁和铝锭等作为脱氧剂,脱氧完全。这种钢液铸锭时能平静地充满锭模并冷却凝固,故称为镇静钢,代号为"Z"。

镇静钢虽成本较高,但其组织致密,成分均匀,含硫量较少,性能稳定,故质量好。适用于预应力混凝土等承受冲击荷载的重要结构工程。

(3)半镇静钢。用少量的硅进行脱氧,脱氧程度介于沸腾钢和镇静钢之间,钢液浇筑后有微弱沸腾现象。故称为半镇静钢,代号为"b"。

(4)特殊镇静钢。比镇静钢脱氧程度更充分彻底的钢,故称为特殊镇静钢,代号为"TZ"。特殊镇静钢的质量最好,适用于特别重要的结构工程。

2)按质量分类

按钢中有害杂质磷(P)和硫(S)含量的多少,钢材可分为以下四类:

(1)普通钢:磷含量不大于 0.045%,硫含量不大于 0.050%。

(2)优质钢:磷含量不大于 0.035%,硫含量不大于 0.035%。

(3)高级优质钢:磷含量不大于 0.025%,硫含量不大于 0.025%。

(4)特级优质钢:磷含量不大于 0.025%,硫含量不大于 0.015%。

3)按用途分类

(1)结构钢:主要用于工程结构及机械零件的钢,一般为低、中碳钢。

(2)工具钢:主要用于各种刀具、量具及模具的钢,一般为高碳钢。

(3)特殊钢:具有特殊的物理、化学及机械性能的钢,如不锈钢、耐热钢、耐酸钢、耐磨钢、磁性钢等。

钢材的产品一般分为型材、板材、线材和管材等几类。型材包括钢结构用的角钢、工字钢、槽钢、方钢、吊车轨、钢板桩等。板材包括用于建造房屋、桥梁及建筑机械的中、厚钢板,用于屋面、墙面、楼板等的薄钢板。线材包括钢筋混凝土和预应力混凝土用的钢筋、钢丝和钢绞线等。管材包括钢桁架和供水、供气(汽)管线等。

工程上常用的钢种是普通碳素结构钢(低碳钢)和普通低合金结构钢。

2. 钢材的其他技术性能

1)冲击性能

冲击韧性是指钢材抵抗冲击荷载而不被破坏的能力。规范规定是以刻槽的标准试件,在冲击试验的摆锤冲击下,以破坏后缺口处单位面积上所消耗的功来表示,符号 α_k,单位 J/cm^2,如图 6-29 所示。α_k 越大,冲断试件消耗的能量越多,钢材的冲击韧性越好。

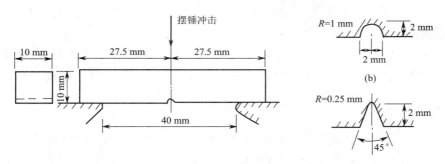

图 6-25　钢材的冲击冲击韧性

钢材的冲击韧性与钢的化学成分、冶炼与加工有关。一般来说,钢中的 P、S 含量较高,夹杂物以及焊接中形成的微裂纹等都会降低冲击韧性。此外,钢的冲击韧性还受温度和时间的影响。常温下,随温度的下降,冲击韧性降低很小,此时破坏的钢件断口呈韧性断裂状;当温度降至某一温度范围时,α_k 突然发生明显下降,如图 6-26 所示,钢材开始呈脆性断裂,这种性质称为冷脆性,发生冷脆性时的温度称为脆性临界温度。低于这一温度时,α_k 降低趋势又缓和,此时 α_k 值很小。在负温下使用的结构,应当选用脆性临界较低的钢材。由于脆性临界温度的测定较复杂,故规范中通常是根据气温条件规定 $-20\ ℃$ 或 $-40\ ℃$ 的负值冲击值指标。

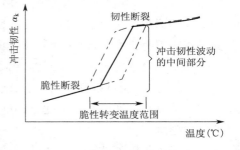

图 6-26　钢的脆性转变温度

因时效作用,冲击韧性还将随时间的延长而下降。一般完成时效的过程可达数十年,但钢材如经冷加工或使用中受振动和荷载的影响,时效可迅速发展。因时效导致钢材性能改变的程度称时效敏感性。时效敏感性越大的钢材,经过时效后冲击韧性的降低就越显著。为了保证安全,对于承受动荷载的重要结构,应当选用时效敏感性小的钢材。

因此,对于直接承受动荷载,而且可能在负温下工作的重要结构,必须按照有关规范要求进行钢材的冲击性检验。

2)疲劳强度

钢材承受交变荷载的反复作用时,可能在远低于屈服强度时突然发生破坏,这种破坏称为疲劳破坏。钢材疲劳破坏的指标即疲劳强度,或称疲劳极限。疲劳强度是试件在交变应力作用下,不发生疲劳破坏的最大主应力值,一般把钢材承受交变荷载 $10^6 \sim 10^7$ 次时不发生破坏的最大应力作为疲劳强度。在设计承受反复荷载且须进行疲劳演算的结构时,应当了解所用钢材的疲劳强度。

研究表明,钢材的疲劳破坏是拉应力引起的,首先在局部开始形成微细裂纹,其后由于裂纹尖端处产生应力集中而使裂纹迅速扩展直至钢材断裂。因此,钢材的内部成分的偏析和夹杂物的多少以及最大应力处的表面粗糙度、加工损伤等,都是影响钢材疲劳强度的因素。疲劳破坏经常是突然发生的,因而具有很大的危险性,往往造成严重事故。

3)硬度

硬度是指金属材料抵抗硬物压入表面的能力,即材料表面抵抗塑性变形的能力。通常与抗拉强度有一定的关系。目前测定钢材硬度的方法很多,相应的有布氏硬度(HB)和洛氏硬度(HRC)。常用的方法是布氏法,其硬度指标是布氏硬度值。

各类钢材的 HB 值与抗拉强度之间有较好的相关性。材料的强度越高,塑性变形抵抗力越强,硬度值也就越大。有试验得出当低碳钢的 HB<175 时,其抗拉力强度与布氏硬度的经验关系式如下:

$$\sigma_b = 0.36HB$$

根据这一关系,可以直接在钢结构上测出钢材的 HB 值,并估算该钢材的 σ_b。

建筑钢材常以屈服强度、抗拉强度、伸长率、冲击韧性等性质作为评定牌号的依据。

3. 影响钢材性能的主要因素

1)晶体组织

钢材是由无数微细晶粒所构成,碳与铁结合的方式不同,可形成不同的晶体组织,使钢材的性能产生显著差异。

钢材中铁和碳原子结合有三种基本形式:固溶体、化合物和机械混合物。固溶体是以铁为溶剂,碳为溶质所形成的固体溶液,铁保持原来的晶格,碳溶解其中。化合物是 Fe、C 化合成化合物(Fe_3C),其晶体与原来的晶格不同;机械混合物是由上述固溶体与化合物混合而成。所谓钢的组织就是由上述的单一结合形式或多种形式构成的,具有一定形态的聚合体。钢材的基本组织有铁素体、渗碳体和珠光体三种。

铁素体是碳在铁中的固溶物,由于原子之间的空隙很小,对 C 的溶解度也很小,接近于纯铁,因此它赋予钢材以良好的延展、塑性和韧性,但强度、硬度很低。

渗碳体是铁和碳组成的化合物(Fe_3C),碳含量达 6.67%(质量分类),性质硬而脆,是碳钢的主要强度组分。

珠光体是铁素体和渗透体的机械混合物,其强度较高,塑性和韧性介于上述二者之间。

三种基本组织的力学性质如表 6-7 所示。

表 6-7　钢的基本晶体组织

名　称	含碳量(%)	结构特征	性　能
铁素体	≤0.02	碳溶于 α-铁中的固溶体	强度、硬度很低,塑性好,冲击韧性很好
渗碳体	6.67	化合物 Fe_3C	抗拉强度很低,硬脆,很耐磨,塑性几乎为零
珠光体	0.8	铁素体与 Fe_3C 的机械混合物	强度较高,塑性和韧性介于铁素体和渗碳体之间

碳素钢的含碳量不大于 0.8% 时,其基本组织为铁素体和珠光体;含碳量增大时,珠光体的含量增大,铁素体则相应减少,因而强度、硬度随之提高,但塑性和冲击韧性则相应下降。

2)化学成分

钢是铁碳合金,由于原料、燃料、冶炼过程等因素使钢材中存在大量的其他元素,如硅、硫、磷、氧等,合金钢是为了改性而有意加入一些元素,如锰、硅、矾、钛等。

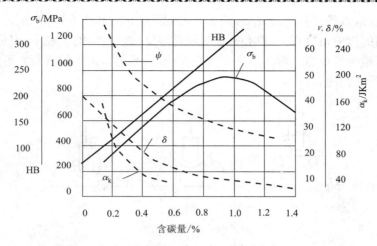

图 6-27　含碳量对热轧碳素钢性能的影响

（1）碳

碳是决定钢材性质的主要元素。对钢材力学性质影响如图 6-27 所示。当碳含量低于 0.8% 时，随着含碳量的增加，钢的抗拉力强度和硬度提高，而塑性、断面收缩率及韧性降低。同时，还将使钢的冷弯、焊接及抗腐蚀等性能降低，并增加钢的冷脆性和时效敏感性。

（2）磷、硫

磷与硫相似，能使钢的屈服点和抗拉强度提高，塑性和韧性下降，显著增加钢的冷脆性，磷的偏析较严重，焊接时焊缝容易产生冷裂纹，所以磷是降低钢材可焊性的元素之一。但磷可使钢材的强度、耐蚀性提高。

硫在钢材中以 FeS 形式存在，在钢的热加工时易引起钢的脆裂，称为热脆性。硫的存在还使钢的冲击韧度、疲劳强度、可焊性及耐蚀性降低。因此，硫的含量要严格控制。

（3）氧、氮

氧、氮也是钢中的元素，显著降低钢的塑性和韧性，以及冷弯性能和可焊性。

（4）硅、锰

硅和锰是在炼钢时为了脱氧去硫而有意加入的元素。硅是钢的主要合金元素，含量在 1% 以内，可提高强度，对塑性和韧性没有明显影响。但含硅量超过 1% 时，冷脆性增加，可焊性变差。锰能消除钢的热脆性，改善热加工性能。能使有害物质形成 MnO、MnS 而进入钢渣中，其余的锰溶于铁素体中，显著提高钢的强度。但其含量不得大于 1%，否则可降低塑性及韧性，可焊性变差。

（5）铝、钛、钒、铌

以上元素是炼钢时的强脱氧剂，适量加入钢内，可改善钢的组织，细化晶粒，显著提高强度和改善韧性。

典型工作任务 2　钢筋的冷弯试验

6.2.1　钢筋的冷弯性能

冷弯性能是反映钢筋在常温下承受弯曲变形的能力。其指标以试件弯曲的角度 α 和弯心直径对试件厚度(或直径)的比值(d/a)来表示的,如图 6-28 和图 6-29 所示。

试验时采用的弯曲角度愈大,弯心直径对试件厚度(或直径)的比愈小,表示对冷弯性能的要求愈高。冷弯检验按规定的弯曲角度和弯心直径进行试验,试件的弯曲处不发生裂缝、断裂或起层,即认为冷弯性能合格。

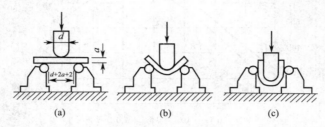

图 6-28　钢筋冷弯试验
(a)试件安装;(b)弯曲 90°;(c)弯曲 180°

相对于伸长率而言,冷弯是对钢筋塑性更严格的检验,它能揭示钢筋是否存在内部组织不均匀、内应力和夹杂物等缺陷,并且能揭示焊件在受弯表面存在未熔合、微裂纹及夹杂物等缺陷。

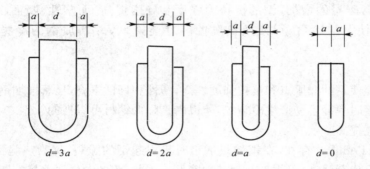

图 6-29　钢材冷弯规定的弯心直径

6.2.2　冷加工性能及时效处理

1. 冷加工强化处理

将钢材在常温下进行冷加工(如冷拉、冷拔或冷轧),使之产生塑性变形,从而提高屈服强度,但钢筋的塑性和韧性降低,这个过程称之为冷加工强化处理。

建筑工地或预制构件厂常用的方法是冷拉和冷拔。

冷拉后的钢筋不仅屈服强度提高 20%～30%,同时还增加钢筋长度(4%～10%),因此冷拉是节约钢材(一般 10%～20%)的一种措施。钢材经冷拉后屈服阶段缩短,伸长率减小,材质变硬。

钢筋在冷拔过程中,不仅受拉,同时还受到挤压作用。经过一次或多次冷拔后,钢筋的屈服强度可提高 40%～60%,但塑性大大降低,具有硬钢的性质。

2. 时效

钢材经冷加工后,在常温下存放 15～20 d 或加热至 100～200 ℃,保持 2 h 左右,其屈服强度、抗拉强度及硬度进一步提高,而塑性及韧性继续降低,这种现象称为时效。前者称为自然时效,后者称为人工时效。

通常对强度较低的钢筋可采用自然时效,强度较高的钢筋则需采用人工时效。

6.2.3　焊接性能

焊接是各种型钢、钢板、钢筋的重要连接方式。建筑工程的钢结构有 90% 以上是焊接结构。焊接结构质量取决于焊接工艺、焊接材料及钢筋本身的焊接性能。焊接性能好的钢筋,焊接后的焊头牢固,硬脆倾向小,特别是强度不低于原有钢筋。

钢筋可焊接性能的好坏,主要取决于钢的化学成分。碳含量高将增加焊接头的硬脆性,碳含量小于 0.25% 的碳素钢具有良好的可焊性。因此,碳含量较低的氧气转炉或平炉镇静钢应为首选。

钢筋焊接应注意的问题是:冷拉钢筋的焊接应在冷拉之前进行;焊接部位应清除铁锈、熔渣、油污等;应尽量避免不同国家的进口钢筋之间或进口钢筋与国产钢筋之间的焊接。

6.2.4　试验准备

1. 材料

取样方法同拉伸试验。

2. 设备

压力机或万能试验机;具有不同直径的弯心(弯心直径按有关规定),其宽度应大于试件的直径;具有足够硬度的支承辊,支承辊间的距离可调节。

6.2.5　试验过程

冷弯试验是一种工艺试验。常温条件下将标准试件放在压力机的弯头上,逐渐施加荷载,观察由于荷载的作用试件绕一定弯心弯曲至规定角度时,观察其弯曲处外表面是否有裂纹、起皮、断裂等现象,作为评定钢筋质量的技术依据。

1. 检查试件尺寸是否合适

试件长度通常按 $5d+150$ mm,d 为试件原始直径。

2. 半导向弯曲

试件一端固定,绕弯心直径进行弯曲,如图 6-30 所示。试件弯曲到规定的角度或出现裂纹、裂缝或断裂为止。

3. 导向弯曲

试样旋转于两个支点上,将一定直径的弯心在试件两个支点中间施加压力,如图 6-28 所示。弯曲程度可分为以下三种情况:

(1)使试件弯曲到规定角度,如图 6-31(a)所示。

(2)使试件弯曲至两臂平行时,可一次完成试验,亦可先弯曲到如图 6-31(b)所示的状态,然后旋转在试验机平板之间继续施加压力,压至试件两臂平行。此时可以加与弯心直径相同尺寸的衬垫进行试验,如图 6-31(c)所示。

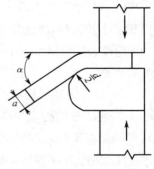

图 6-30　半导向弯曲

(3)使试件需要弯曲至两臂接触时,首先将试件弯曲到 6-31(b)所示的状态,然后放置在两平板间继续施加压力,直至两臂接触,如图 6-31(c)所示。

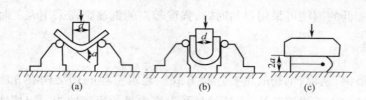

图 6-31　钢筋冷弯试验示意图

注意事项：

①试验应在平稳压力作用下，缓慢施加试验压力。两支距离为 $(d+2.5a)\pm0.5a$，并且在试验过程中不允许有变化。

②试件不能进行车削加工。试验条件应在 $10\sim35$ ℃或控制条件下 23 ± 5 ℃进行。

6.2.6　数据分析及结果评定

弯曲后，按有关标准规定检查试件弯曲外表面，进行结果评定。若无裂纹、起皮、裂缝或断裂，则评定为合格。

如果有一根试件不符合标准要求，应同样抽取双倍钢筋制成双倍试件复验，如仍有一根试件不符合标准要求，冷弯试验项目即为不合格。

 知识拓展

建筑钢结构是近年来发展比较快的一个行业，特别是在高层钢结构、轻钢厂房钢结构、塔桅钢结构、大型公共建筑的网架结构等方面，发展十分迅速。

钢结构建筑，对钢材的质量、品种、规格和功能有特定的要求。根据国际和国内有关建筑钢结构的技术标准，需要比较大的钢材有以下几种：

在材质要求上，国产的 Q235、Q345 的普通碳素钢和低合金钢，日本产的 SS400 和 SM490 钢，美国产的 A36、A572～Cr50 钢等，为我国建筑钢结构所广泛采用。在板材方面，各类彩板、镀锌板、BHP 的各类板材，在建筑钢结构方面使用广泛。建筑钢结构的主柱、箱形柱梁等，使用广泛，大量使用中厚度板。特别是 40 mm 以上的厚板，是长期以来国内短缺的产品。在各类型钢方面，H 钢、薄型 C 形钢、T 形钢、16 锰钢以及工字钢、槽钢、角钢等，在钢结构建筑中也大量采用。

1. 普通碳素结构钢

普通碳素结构钢简称碳素结构钢。它包括一般结构钢和工程用热轧钢板、钢带、型钢等。现行国家标准《碳素结构钢》GB 700—2006 具体规定了它的牌号及表示方法、代号和符号、技术要求、试验方法和检验规则等。

1）牌号及其表示方法

碳素结构钢按屈服点数值分五个牌号，即 Q195、Q215、Q235、Q255 和 Q275。

按其冲击韧性和硫、磷杂质含量由多到少分为 A、B、C、D 四个质量等级。

A 级——不要求冲击韧性；

B 级——要求＋20℃冲击韧性；

C 级——要求 0℃冲击韧性；

D级——要求－20℃冲击韧性；

E级——要求－40℃冲击韧性(碳素结构钢无该等级)。

按照脱氧程度不同分为：F(沸腾钢)、b(半镇静钢)、Z(镇静钢)、TZ(特殊镇静钢)。

钢的牌号是由代表屈服点的字母 Q、屈服点数值、质量等级(A、B、C、D)、脱氧程度(F、b、Z、TZ)等四个部分按顺序组成。对于镇静钢和特殊镇静钢,在钢的牌号中予以省略。如 Q235-A・F,表示此碳素结构钢是屈服点为 235 MPa 的 A 级沸腾钢;Q235-C,表示此碳素结构钢是屈服点为 235MPa 的 C 级镇静钢。

2)技术性能

按照国家标准《碳素结构钢》GB 700—2006 规定,碳素结构钢的技术要求如下：

(1)化学成分：各牌号碳素结构钢的化学成分应符合表 6-8 的规定。

(2)力学性能：碳素结构钢的强度、冲击韧性等指标应符合表 6-9 的规定。

(3)冷弯性能指标应符合表 6-10 的规定。

碳素结构钢的冶炼方法采用氧气转炉、平炉或电炉。一般为热轧状态交货,表面质量也应符合有关规定。

表 6-8 碳素结构钢的化学成分

牌号	等级	化学成分/%					脱氧方法
		C	Mn	Si	S	P	
				≤			
Q195	－	0.06～0.12	0.25～0.50	0.3	0.05	0.045	F、b、Z
Q215	A	0.09～0.15	0.25～0.55	0.3	0.05	0.045	F、b、Z
	B				0.045		
Q235	A	0.14～0.22	0.30～0.65①	0.3	0.05	0.045	F、b、Z
	B	0.12～0.20	0.30～0.70②		0.045		
	C	≤0.18	0.35～0.80		0.04	0.04	Z
	D	≤0.17			0.035	0.035	TZ
Q255	A	0.18～0.28	0.40～0.70	0.3	0.05	0.045	F、b、Z
	B				0.045		
Q275	－	0.20～0.38	0.50～0.80	0.35	0.05	0.045	b、Z

注：Q235 A、B级沸腾钢的锰含量上限为 0.60%。

表 6-9 碳素结构钢的力学性能

牌号	等级	拉伸试验													冲击试验	
		屈服点						抗拉强度 σ_b/MPa	伸长率						温度/℃	V型冲击功(纵向)/J
		σ_s/MPa							δ_5/%							
		钢材厚度(直径)							钢材厚度(直径)/mm							
		≤16	>16～40	>40～60	>60～100	100～150	>150		≤16	>16～40	>40～60	>60～100	>100～150	>150		
		≥							≥							≥
Q195	－	(195)	(185)	－	－	－	－	315～390	33	32	－	－	－	－	－	－

续上表

牌号	等级	拉伸试验													冲击试验	
		屈服点						抗拉强度 σ_b/MPa	伸长率						温度/℃	V型冲击功(纵向)/J
		σ_s/MPa							δ_5/%							
		钢材厚度(直径)							钢材厚度(直径)/mm							
		≤16	>16~40	>40~60	>60~100	100~150	>150		≤16	>16~40	>40~60	>60~100	>100~150	>150		
		≥							≥							≥
Q215	A	215	205	195	185	175	165	335~410	31	30	29	28	27	26	-	-
	B														20	27
Q235	A	235	225	215	205	195	185	375~460	26	25	24	23	22	21	-	-
	B														20	27
	C														0	
	D														−20	
Q255	A	255	245	235	225	215	205	410~510	24	23	22	21	20	19	-	-
	B														20	27
Q275	-	275	265	255	245	235	225	490~610	20	19	18	17	16	15		

表 6-10　碳素结构钢的冷弯性能

牌号	试样方向	冷弯试验(b=2a,180°)		
		钢材厚度/mm		
		≤60	>60~100	>100~200
		弯心直径 d		
Q195	纵	0	-	-
	横	0.5a		
Q215	纵	0.5a	1.5a	2a
	横	a	2a	2.5a
Q235	纵	a	2a	2.5a
	横	1.5a	2.5a	a
Q255	-	2a	3a	3.5a
Q275	-	3a	2a	4.5a

注:b 为试样宽度,a 为钢材厚度(直径)。

3)碳素结构钢的应用

从表 6-8、表 6-9 和表 6-10 可以看出,碳素结构钢随着牌号的增大,其含碳量和含锰量增加,强度和硬度提高,而塑性和韧性降低,冷弯性能逐渐变差。

建筑工程中应用广泛的是 Q235 号钢。其碳含量为 $0.14\%\sim0.22\%$,属低碳钢,具有较高的强度和良好的塑性、韧性和可焊性,综合性能好,能满足一般钢结构和钢筋混凝土的用钢要求,且成本较低。在钢结构中主要使用 Q235 钢轧制成的各种型钢。

Q195、Q215 钢,强度低,塑性和韧性较好,具有良好的可焊性,易于冷加工,常用作钢钉、铆钉、螺栓及钢丝等,也可用作轧材用料。Q215 钢经冷加工后可代替 Q235 钢使用。

Q255、Q275 钢,强度较高,但塑性、韧性和可焊性较差,不易焊接和冷弯加工,可用于轧制钢筋、制作螺栓配件等,但更多用于机械零件和工具等。

2. 优质碳素结构钢(GB/T 699—1999)

1)优质碳素结构钢的分类

优质碳素结构钢分为普通含锰钢(0.35%～0.80%)和较高含锰钢(0.70%～1.20%)两大组。

2)牌号及表示方法

根据国家现行标准《优质碳素结构钢》GB/T 699－1999 的规定:共有 31 个牌号,其牌号由数字和字母两部分组成。两位数字表示平均碳含量的万分数;字母分别表示锰含量、冶金质量等级、脱氧程度。

锰含量为 0.25%～0.80%时,不注"Mn";锰含量为 0.70%～1.2%时,两位数字后加注"Mn"。

如果是高级优质碳素结构钢,应加注"A",如果是特级优质碳素结构钢,应加注"E"。

对于沸腾钢,牌号后面为"F";对于半镇静钢,牌号后面为"b"。

例如:"15F"即表示碳含量为 0.15%,锰含量为 0.25%～0.80%,冶金质量等级为优质,脱氧程度为沸腾状态的一般含锰量的优质碳素结构钢。

"45Mn"表示平均含碳量为 0.45%,较高含锰量的镇静钢。

"30"表示平均含碳量为 0.30%,普通含锰量的镇静钢。

优质碳素结构钢的特点是生产过程中对硫、磷等有害杂质控制较严,脱氧程度大部分为镇静状态,因此质量较稳定。优质碳素结构钢的力学性能主要取决于碳含量,碳含量高则强度也高,但塑性和韧性降低。在土木工程中,30～45 号钢优质碳素结构钢主要用于重要结构的钢铸件及高强螺栓;65～80 号钢主要用于预应力混凝土碳素钢丝、刻痕钢丝和钢绞线。

3. 低合金高强度结构钢

低合金高强度结构钢是在碳素结构钢的基础上,添加少量的一种或几种合金元素(总含量小于 5%)的一种结构钢。尤其近年来研究采用铌、钒、钛及稀土金属微合金化技术,不但大大提高了强度,改善了各项物理性能,而且降低了成本。目前美国和我国在低合金高强度结构钢生产技术方面居世界领先地位。

1)牌号及其表示方法

根据国家标准《低合金高强度结构钢》GB 1591—2008 规定:共有五个牌号,即 Q295、Q345、Q390、Q420 和 Q460。所加入元素主要有锰、硅、钒、钛、铌、铬、镍及稀土元素。其牌号的表示是由屈服点字母 Q、屈服点数值、质量等级(A、B、C、D、E)3 个部分组成。

2)技术要求及应用

按照国家标准《低合金高强度结构钢》GB 1591—2008 规定:低合金高强度结构钢的化学成分与力学性能应符合表 6-11 和表 6-12 的要求。

表 6-11　低合金高强度结构钢的化学成分

牌号	质量等级	化学成分/%										
		C≤	Mn	Si	P≤	S≤	V	Nb	Ti	Al≥	Cr≤	Ni≤
Q295	A	0.16	0.80～	0.55	0.045		0.02～	0.015～	0.02～	-		
	B		1.50			0.04	0.15	0.060	0.20	-		

续上表

牌号	质量等级	化学成分/%										
		C≤	Mn	Si	P≤	S≤	V	Nb	Ti	Al≥	Cr≤	Ni≤
Q345	A	0.02			0.045	0.045				-		
	B	0.02			0.04	0.04				-		
	C	0.2	1.00~1.60		0.035	0.035	0.02~0.15			0.015		
	D	0.18			0.03	0.03				0.015		
	E	0.18			0.025	0.025				0.015		
Q390	A				0.045	0.045				-		
	B				0.04	0.04				-	0.3	
	C			0.55	0.035	0.035				0.015		
	D				0.03	0.03		0.015~0.060	0.02~0.20	0.015		
	E				0.025	0.025				0.015		
Q420	A				0.045	0.045				-		
	B	0.2			0.04	0.04	0.02~0.20			-	0.4	0.7
	C		1.00~1.70		0.035	0.035				0.015		
	D				0.03	0.03				0.015		
	E				0.025	0.025				0.015		
Q460	A				0.035	0.035				0.015		
	B				0.03	0.03				0.015	0.7	
	C				0.025	0.025				0.015		

注:表中的 Al 为全铝含量。如化验酸熔铝时,其含量应不小于 0.010%。

表 6-12　低合金高强度结构钢的力学性能

牌号	质量等级	屈服点 σs/MPa 厚度(直径、边长)				抗拉强度 σb/MPa	伸长率 δ5/%	冲击功(Akv)(纵向)/J				180°弯曲试验 弯心直径(d) 试件厚度(a)(直径) 钢材厚度(直径)	
		≤15	>16~35	>35~50	>50~100			+20℃	0℃	-20℃	-40℃	≤16	>16~100
		≥						≥					
Q295	A	295	275	55	235	390~570	23						
	B							34					
Q345	A	345	325	295	275	470~630	21						
	B						21	34					
	C						22		34			d=2a	d=3a
	D						22			34			
	E						22				27		
Q390	A	390	370	350	330	490~650	19						
	B						19	34					
	C						20		34				
	D						20			34			
	E						20				27		

续上表

牌号	质量等级	屈服点 σ_s/MPa				抗拉强度 σ_b /MPa	伸长率 δ_5 /%	冲击功(A_{kv})(纵向)/J				180°弯曲试验	
		厚度(直径、边长)						+20℃	0℃	-20℃	-40℃	弯心直径(d)	
		≤15	>16~35	>35~50	>50~100							试件厚度(a)(直径)	
												钢材厚度(直径)	
		≥						≥				≤16	>16~100
Q420	A	420	400	380	360	520~680	18					$d=2a$	$d=3a$
	B						18		34				
	C						19			34			
	D						19				34		
	E						19				27		
Q460	A	460	440	420	400	550~720	17						
	B						17			34	34		
	C						17				27		

注:d 为弯心直径;a 为试件厚度。

　　低合金高强度结构钢与碳素结构钢相比,具有较高的强度,综合性能好,所以在相同使用条件下,可比碳素结构钢节省用钢 20%～30%,对减轻结构自重有利。同时还具有良好的塑性、韧性、可焊性、耐磨性、耐蚀性、耐低温性等性能。

　　低合金高强度结构钢主要用于轧制各种型钢、钢板、钢管及钢筋,广泛用于钢结构和钢筋混凝土结构中,特别适用于各种重型结构、高层结构、大跨度结构及桥梁工程等。

　　4. 钢结构用型钢

　　1)热轧型钢

　　热轧型钢主要采用碳素结构钢 Q235-A,低合金高强度结构钢 Q345 和 Q390 热轧成型。

　　常用的热轧型钢有角钢、工字钢、槽钢、T 形钢、H 形钢、Z 形钢等。热轧型钢的标记方式为一组符号中需要标出型钢名称、横断面主要尺寸、型钢标准号及钢牌号与钢种标准。

$$型钢名称\frac{型钢规格—型钢标准号}{原材牌号—原材标准号}$$

　　例如,用碳素结构钢 Q235-A 轧制的,尺寸为 160 mm×160 mm×16 mm 的等边角钢,应标示为:

$$热轧等边角钢\frac{160×160×16—GB\ 9787—88}{Q235-A—GB\ 706—88}$$

　　碳素结构钢 Q235-A 制成的热轧型钢,强度适中,塑性和可焊性较好,冶炼容易,成本低,适用于土木工程中的各种钢结构。低合金高强度结构钢 Q345 和 Q390 制成的热轧型钢,性能较前者好,适用于大跨度、承受动荷载的钢结构。

　　(1)热轧普通工字钢(GB 706—2008)

　　工字钢是截面为工字形、腿部内侧有 1:6 斜度的长条钢材,其规格以"腰高度×腿宽度×腰厚度"(mm)表示,也可用"腰高度♯"(cm)表示;规格范围为 10♯～63♯。若同一腰高的工字钢,有几种不同的腿宽和腰厚,则在其后标注 a、b、c 表示相应规格。

　　工字钢广泛应用于各种建筑结构和桥梁,主要用于承受横向弯曲(腹板平面内受弯)的杆件,但不易单独用作轴心受压构件或双向弯曲的构件。

　　(2)热轧 H 形钢和剖分 T 形钢(GB 11263—2010)

型钢由工字形钢发展而来,优化了截面的分布。与工字形钢相比,H 形钢具有翼缘宽,侧向刚度大,抗弯能力强,翼缘两表面相互平行、连接构造方便、省劳力,重量轻、节省钢材等优点。

H 型钢分为宽翼缘(代号为 HW)、中翼缘(代号为 HM)和窄翼缘 H 型钢(HN)以及 H 型钢桩(HP)。宽翼缘和中翼缘 H 型钢适用于钢柱等轴心受压构件,窄翼缘 H 型钢适用于钢梁等受弯构件。H 型钢的规格型号以"代号腹板高度×翼板宽度×腹板厚度×翼板厚度"(mm)表示,也可用"代号腹板高度×翼板宽度"表示。

对于同样高度的 H 型钢,宽翼缘型的腹板和翼板厚度最大,中翼缘型次之,窄翼缘型最小。

H 型钢的规格范围:HW100×100～HW400×400;HM150×100～HM600×300;HN100×50～HN900×300;HP200×200～HP500×500。

H 型钢截面形状经济合理,力学性能好,常用于要求承载力大、截面稳定性好的大型建筑(如高层建筑)。

T 型钢由 H 型钢对半剖分而成,分为宽翼缘(代号为 TW)、中翼缘(TM)和窄翼缘(TN)型三类。

(3)热轧普通槽钢(GB 706—2008《热轧型钢》)

槽钢是截面为凹槽形、腿部内侧有 1∶10 斜度的长条钢材。规格以"腰高度×腿宽度×腰厚度"(mm)或"腰高度♯"(cm)来表示。同一腰高的槽钢,若有几种不同的腿宽和腰厚,则在其后标注 a、b、c 表示该腰高度下的相应规格。槽钢的规格范围为 5♯～40♯。

槽钢主要用于承受轴向力的杆件、承受横向弯曲的梁以及联系杆件,主要用于建筑钢结构、车辆制造等。

(4)热轧 L 型钢(GB 706—2008《热轧型钢》)

L 型钢是截面为 L 型的长条形钢材。规格以"腹板高度×面板高度×腹板厚度×面板厚度"(mm)表示,型号从 L250×90×9×13 到 L500×120×13.5×35。

(5)热轧等边角钢、热轧不等边角钢(GB 706—2008《热轧型钢》)

角钢是两边互相垂直成直角形的长条钢材。主要用作承受轴向力的杆件和支撑杆件,也可作为受力构件之间的连接零件。

等边角钢的两个边宽相等。规格以"边宽度×边宽度×厚度"(mm)或"边宽 JHJ"(cm)表示。规格范围为 20×20×(3～4)～200×200×(14～24)。

不等边角钢的两个边不相等。规格以"长边宽度×短边宽度×厚度"(mm)或"长边宽度/短边宽度"(cm)表示。规格范围为 25×16×(3～4)～200×125×(12～18)。

2)冷弯薄壁型钢

冷弯薄壁型钢是用 2～6 mm 的薄钢板经冷弯或模压而制成,有角钢、槽钢等开口薄壁型钢及方形、矩形等空心薄壁型钢,用于轻型钢结构。

冷弯薄壁型钢的表示方法与热轧型钢相同。

3)棒材 GB/T 702—2008

(1)热轧六角钢和八角钢

是截面为六角形和八角形的长条钢材,规格以"对边距离"表示。热轧六角钢的规格范围为 8～70 mm,热轧八角钢的规格范围为 16～40 mm。建筑钢结构的螺栓常用此种钢材为坯材。

（2）热轧扁钢

扁钢是截面为矩形并稍带钝边的长条钢材，规格以"厚度×宽度"表示，规格范围为 3×10～60×150（mm）。扁钢在建筑上用作房架构件、扶梯、桥梁和栅栏等。

（3）热轧圆钢和方钢

圆钢的规格以"直径"（mm）表示，规格范围为 5.5～250；方钢的规格以"边长"（mm）表示，规格范围为 5.5～200。圆钢和方钢在普通钢结构中很少采用；圆钢可用于轻型钢结构，用作一般杆件和连接件。

4）钢管

钢结构中常用作热轧无缝钢管和焊接钢管。钢管在相同截面积下，刚度较大，因而是中心受压构件的理想截面；流线型的表面使其承受风压小，用于高耸结构非常有利。

在建筑结构上钢管常用作桁架和制作钢管混凝土。

钢管混凝土构件承载力大大提高，且具有良好的塑性和韧性，经济效果显著，施工简单、工期短。可用于厂房柱、构架柱、地铁站台柱、塔高和高层建筑等。

（1）结构用无缝钢管（GB 8162—2008）

采用热轧和冷拔无缝方法制造而成。

其标记方式为：钢管　制造方法　钢号—外径×壁厚×长度—GB 8162—2008

（2）焊缝钢管

由优质或普通碳素钢钢板卷焊而成，价格较低，分为直缝电焊钢管（GB/T 13793—2008）和螺旋焊钢管（GB 9711—2011），适用于各种结构、输送管道等。

5）板材

（1）钢板

钢板是用碳素结构钢和低合金高强度结构钢经热轧或冷轧生产的扁平钢材。按轧制方式可分为热轧钢板和冷轧钢板。

表示方法：宽度×厚度×长度（mm）。

以平板状态供货的称为钢板；以卷状态供货的称为钢带；厚度大于 4 mm 以上为厚板；厚度小于或等于 4 mm 的为薄板。

热轧碳素结构钢厚板，是钢结构的主要用钢材。低合金高强度结构钢厚板，用于重型结构、大跨度桥梁和高压容器等。薄板用于屋面、墙面或压型板原料等。在钢结构中，单块钢板不能独立工作，必须用几块板组合成工字形、箱型等结构来承受荷载。

（2）压型钢板（GB/T 12755—2008）

是用薄板经冷轧成波形、U 形、V 形等形状，压型钢板有涂层、镀锌、防腐等薄板。具有单位质量轻、强度高、抗震性能好、施工快、外形美观等优点。主要用于维护结构、楼板、屋面板和装饰板等。

表示方法：YX 波高—波距—板宽。

（3）花纹钢板（GB/T 3277—1991）

表面压有防滑凸纹的钢板，主要用于平台、过道及楼梯等的铺板。钢板的基本厚度为2.5～8.0 mm，宽度为 600～1 800 mm，长度为 2 000～12 000 mm。

（4）彩色涂层钢板（GB/T 12754—2006）

以薄钢板为基底，表面涂有各类有机涂料的产品。按用途分：建筑外用（JW）、建筑内用（JN）和家用电器（JD）。按表面状态分为涂层板（TC）、印花板（YH）、压滑板（YaH）。

彩色涂层板可以用多种涂料和基底板材制作。只要用于建筑物的围护和装饰。

其标记方式为:钢板　用途代号—表面状态代号—涂料代号—基材代号—板厚×板宽×板长—GB/T 12754—2006。

5. 建筑型钢检验要求

1)建筑型钢检验内容

(1)拉伸试验

试验是用拉力将试样拉伸,一般拉伸至断裂以便测定力学性能。

主要测定力学性能为抗拉强度、屈服强度和断后伸长率等。

(2)弯曲试验

弯曲试验是以圆形、方形、矩形或多边形横截面试件在弯曲装置上经受弯曲塑性变形,不改变加力方向,直至达到规定的弯曲角度。

2)建筑型钢检验方法

按 GB/T 2101—2008《型钢验收、包装、标志及质量证明书的一般规定》检验。

6. 钢的选用

1)结构用钢

常用氧气转炉钢或平炉钢,最少应保证具有屈服点、抗拉强度、伸长率三项机械性能指标和硫、磷含量两项化学成分的合格保证。

(1)较大型构件、直接承受动力荷载的结构:钢材应具有冷弯试验的合格保证。

(2)大、重型结构和直接承受动力荷载的结构:根据冬季工作温度情况钢材应具有常温或低温冲击韧性的合格保证。

2)不同建筑结构对材质的要求

(1)重要结构构件(如梁、柱、屋架等)高于一般构件(如墙架、平台等);

(2)受拉、受弯构件高于受压构件;

(3)焊接结构高于栓接或铆接结构;

(4)低温工作环境的结构高于常温工作环境的结构;

(5)直接承受动力荷载的结构高于间接承受动力荷载的结构;

(6)重级工作制构件(如重型吊车梁)高于中、轻级工作制构件。

3)高层建筑结构用钢

高层建筑结构用钢宜采用 B、C、D 等级的 Q235 碳素结构钢和 B、C、D、E 等级的 Q345 低合金高强度结构钢。抗震结构钢材强屈比不应小于 1.2,应有明显的屈服台阶,伸长率应大于20%,且有良好的可焊性。

Q235 沸腾钢不宜用于下列结构:重级工作制焊接结构,冬季工作温度≤−20℃的轻、中级工作制焊接结构和中继工作制的非焊接结构,冬季工作温度≤−30℃的其他承重结构。

7. 建筑钢材的锈蚀与防止

1)钢材的锈蚀分类

钢材的锈蚀是指其表面与周围介质发生化学作用或电化学作用而遭到破坏。钢材如长期暴露于空气或潮湿的环境中,表面就会锈蚀。影响钢材锈腐的因素与所处环境的温度、湿度、侵蚀性介质的数量、含尘量、构件所在的部位及材质有关。温度提高,锈蚀加速。

钢材锈蚀不仅使截面积减小,性能降低甚至报废,而且因产生锈坑,可造成应力集中,加速结构破坏。尤其在冲击荷载、循环交变荷载作用下,将产生锈蚀疲劳现象,使钢材的疲劳强度大为降低,甚至出现脆性断裂。另外除锈工作的耗费也是相当大的。

根据钢材表面与周围介质的不同作用,锈蚀可分为以下两类。

(1)化学锈蚀

化学锈蚀是指钢材表面周围介质直接发生反应而产生的锈蚀。由干燥气体及非电解质溶液所引起的一种纯化学性质的腐蚀,无电流产生。通常由于氧化作用,使金属形成体积疏松的氧化物而引起腐蚀。干燥环境中,腐蚀进行很慢,但在环境湿度高时,腐蚀速度加快。此种腐蚀也可由二氧化碳或二氧化硫的作用而产生氧化铁或硫化铁,使金属光泽减退、颜色发暗,腐蚀程度虽时间而逐步加深。

(2)电化学腐蚀

钢材与电解质溶液相接触而产生电流,形成腐蚀电池,成为电化学腐蚀。

钢材中含有铁素体、渗碳体、游离石墨等成分,由于这些成分的电极电位不同,铁素体活泼,易失去电子,使渗碳体与铁素体在电解质中形成腐蚀电池的两极,铁素体为阳极,渗碳体为阴极。阴阳两极接触,产生电子流,阳极的铁素体失去电子成为 Fe^{2+} 离子。进入溶液,电子流向阴极,在阴极附近与溶液中 H^+ 离子结合成 H_2 逸出;而 O_2 与电子结合生成 OH^- 离子,Fe^{2+} 离子溶液中与 OH^- 离子结合生成 $Fe(OH)_2$,使钢材受到腐蚀,形成铁锈。

$$Fe^{2+} + 2(OH)^- \rightarrow Fe(OH)_2$$
$$4Fe(OH)_2 + 2H_2O + O_2 \rightarrow 4Fe(OH)_3$$

若钢材中含渗碳体等杂质越多,腐蚀就越快。如果钢材与酸、碱、盐接触,或表面不平,均会使腐蚀加快,表面形成疏松物质,层层暴露,层层腐蚀。

2)防止锈蚀的方法

(1)耐候钢

在钢中加入能提高抗腐蚀能力的元素,如低碳钢或合金钢加入铜,可有效提高防锈能力。如将镍、铬加入到铁合金中,可制得不锈钢等。

这种方法最有效,但成本很高。

(2)采用金属敷盖

在钢表面以电镀或喷镀方法,敷盖其他金属来提高抗腐蚀能力,可分为阴极敷盖和阳极敷盖。

①阴极敷盖:采用电位比基本金属高的金属敷盖,如铁镀锡。但当保护膜产生疵病时,反而会加速基本金属在电解质中的锈蚀。

②阳极敷盖:采用电位比基本金属低的金属敷盖,如铁镀锌。所敷金属膜因电化学作用而保护了基本金属。

(3)采用涂料敷盖

钢结构防止锈蚀通常采用表面刷漆、喷涂涂料、搪瓷、塑料等方法。

钢材表面经除锈干净后,就要涂上涂料。通常分底漆和面漆两种。底漆要牢固地附着在钢材表面,隔断其与外界空气的接触,防止生锈;面漆保护底漆不受损伤或侵蚀。常用的底漆有红丹、环氧富锌漆、铁红环氧底漆等,面漆有调和漆、醇酸磁漆、酚醛磁漆等。

3)混凝土用钢筋的防锈

混凝土配筋的防锈措施,根据结构的性质和所处环境等,考虑混凝土的质量要求,主要是提高混凝土的密实度,保证足够的钢筋保护层厚度,限制氯盐外加剂的掺入量。混凝土中还可掺用阻锈剂。

钢材锈蚀时,伴随体积增大,最严重的可达原体积的 6 倍,在钢筋混凝土中会使周围的混凝土胀裂。埋入混凝土中的钢材,由于混凝土的碱性介质(新浇混凝土的 PH 值为 12 左右),在钢材表面形成碱性保护膜,阻止锈蚀继续发展,故混凝土中的钢材一般不易锈蚀。

预应力钢筋一般含碳量较高,又多是经过变形加工或冷加工的,因而对锈蚀破坏较敏感,特别是高强度热处理钢筋,容易产生锈蚀现象。所以,重要的预应力混凝土结构,除了禁止掺用氯盐外,还应对原材料进行严格检验。

8. 建筑钢材的防火

火灾是一种违反人们意志,在时间和空间上推动控制的燃烧现象。燃烧的三个要素是可燃性、氧化剂和点火源。一切防火与灭火措施的基本原理,就是根据物质燃烧的条件,阻止燃烧三要素同时存在,相互结合、相互作用。

建筑物是由各种建筑材料建造起来的。这些建筑材料在高温下的性能直接关系到建筑物的火灾危险性的大小,以及发生火灾后火势扩大蔓延的速度。对于结构材料而言,在火灾高温作用下力学强度的降低还直接关系到建筑的安全。

1)钢材在火灾中的表现

钢是不燃性材料,但这并不表明钢材能够抵抗火灾。耐火试验与火灾案例调查表明:以失去支持能力为标准,无保护层时钢柱和钢屋架的耐火极限仅为 0.25 h,而裸露钢梁的耐火极限仅为 0.15 h。温度在 200 ℃以内,可以认为钢材的性能基本不变;超过 300 ℃以后,弹性模量、屈服点和极限强度均开始下降,应变急剧增大;到达 600 ℃时已失去承载能力。所以,没有防火保护层的钢结构是不耐火的。

2)钢结构的防火

钢结构防火保护的基本原理是采用绝热或吸热材料,阻隔火焰和热量,推迟钢结构的升温速率。防火方法以包覆法为主即以防火涂料、不燃性板材或混凝土和砂浆将钢构件包裹起来。

(1)防火涂料

防火涂料按受热时的变化分为膨胀型(薄型)和非膨胀型(厚型)两种。

膨胀型防火涂料的涂层厚度一般为 2～7 mm,附着力很强,有一定的装饰效果。由于其内含膨胀组分,遇火后会膨胀增厚 5～10 倍,形成多孔结构,从而起到良好的隔热防火作用,根据涂层厚度可使构件的耐火极限达到 0.5～1.5 h。

非膨胀型防火涂料的涂层厚度一般为 8～50 mm,呈粒状面,密度小、强度低,喷涂后需再用装饰面层隔护,耐火极限可达 0.5～3.0 h。为使防火涂料牢固地包裹钢构件,可在涂层内埋设钢丝网,并使钢丝网与钢构件表面的净距离保持在 6 mm 左右。

(2)不燃性板材

常用的不燃性板材有石膏、硅酸钙板、蛭石板、珍珠岩板、岩棉板等,可通过黏结剂或钢钉、钢箍等固定在钢构件上。

随着高科技建筑材料的发展,对建筑材料功能性的要求的提高,防火涂料的使用已经暴露出不足。如安全性问题,防火涂料中的阻燃成分可能释放有害气体,对火场中的消防人员、群众会产生危害。耐久性问题,2001 年"9·11"事件中,美国世贸大厦的倒塌已反映出这方面的问题,如防火涂料覆盖一年或若干年后防火性是否依旧? 防火涂料与基材的黏结是否会随时间的延长而出现剥落、粉化? 这些意味着防火涂料使用若干年后,将由于各种原因而失去应有的功能,耐火极限明显下降。

项目小结

通过钢筋的拉伸试验和冷弯试验,可以了解钢筋的力学性能和工作性能,为工程施工合理选择钢筋提供依据,同时也是保障工程质量的重要方面之一。

复习思考题

1. 为何说屈服点 σ_s、抗拉强度 σ_b 和伸长率 δ 是建筑用钢材的重要技术性能指标?

2. 钢材的冷加工强化有何作用意义?

3. 随含碳量增加,碳素钢的性能有何变化?

4. 碳素结构钢的牌号如何表示? 为什么 Q235 钢被广泛用于土木工程中?

5. 低合金高强度结构钢的主要用途及被广泛采用的原因是什么?

6. 简述钢筋拉伸试验和冷弯试验的取样标准。

7. 简述钢筋拉伸试验和冷弯试验的结果如何评定。

8. 钢是不燃性材料,而为何不耐火?

9. 一钢材试件,直径为 25 mm,原标距为 125 mm,做拉伸试验,当屈服点荷载为 201.0 kN,达到最大荷载为 250.3 kN,拉断后测得的标距长为 138 mm,求该钢筋的屈服点、抗拉强度及拉断后的伸长率。

10. 有直径为 20 mm,长 14 m 的钢筋一捆,共 15 根,试计算其总质量。(钢筋的密度为 7 850 kg/m³)

项目 7 沥青试验检测

 项目描述

任何工程实体都是用各种材料组成的,沥青、砂石材料和沥青混合料是道路工程的物质基础,它们的性能对道路工程,特别是路面工程的使用性能、耐久性能等起着决定性的作用,同时与工程造价有着密切的关系。本项目主要介绍石油沥青的分类、技术性质、化学组分、技术标准、改性措施、防水卷材、防水涂料等内容。通过本项目的学习要求熟悉沥青的基本性质,掌握沥青性能的检测方法。

 拟实现的教学目标

1. 能力目标
(1)能够对石油沥青的技术性质进行检测。
(2)能够对石油沥青进行分类和选用。
(3)能够鉴别和选用防水卷材。
(4)能够鉴别和选用防水涂料。

2. 知识目标
(1)掌握石油沥青的分类、技术性质。
(2)掌握石油沥青的技术标准和选用方法。
(3)掌握石油沥青的改性措施。
(4)掌握防水卷材的分类和性能。
(5)掌握防水涂料的分类和性能。

3. 素质目标
(1)养成严谨求实的工作作风。
(2)具备团结协作精神。
(3)具备一定的协调和组织能力。

 相关案例——某市东环路市容环境综合整治工程三标段路面施工

东环快速路位于该市古城区东侧、工业园区西侧,是该市城市内环快速路的一部分,本工程施工范围起点为糖坊湾路,终点为南环路,全长约 5.8 km。

1. 工程设计概况及主要工程量
1)设计概况
(1)对于现状地面机动车道、混行车道、非机动车道路面结构强度状况良好的地段,机刨原路面层 4 cm,喷洒粘层油后新铺 4 cm 沥青马蹄脂碎石(SMA-13)。

(2)对于局部拓宽段及局部路面结构破坏处,新建总厚为 80.60 cm 沥青混凝土机动车道及机非混合车道路面结构,其结构组合为 4 cm 沥青马蹄脂碎石(SMA-13)+8 cm 粗粒式沥青混凝土(AC-25)+0.6 cm 下封层,玻纤网+48 cm 二灰碎石+20 cm 厚 C20 现浇混凝土。新建非机动车路面结构总厚为 66.6 cm,其结构组合为 4 cm 沥青马蹄脂碎石(SMA-13)+6 cm 中粒式沥青混凝土(AC-19)+0.6 cm 下封层,玻纤网+36 cm 二灰碎石+20 cm 厚 C20 现浇混凝土。新旧路面衔接处按以下结构组合施工:铣刨旧路面 5 cm、铺玻纤网、张拉固定、喷洒粘层油、铺设 4 cm 沥青马蹄脂碎石(SMA-13)。

(3)拆除高架下既有停车场路面结构,新建高强度混凝土预制砖铺砌路面结构,总厚为 64.60 cm,其结构组合为 8 cm 高强度混凝土预制砖 20×10 cm+3 cm 干拌水泥砂浆(1:3)+20 cm 厚 C20 现浇混凝土+0.6 cm 稀浆封层+33 cm 二灰碎石。

(4)人行道(包括桥上人行道)及人行通道采用新建花岗岩人行道板铺装结构,既有人行道铺装、侧石、界石、平石均拆除。利用既有人行道基层段,拆除既有人行道路面结构,新建人行道路面结构总厚为 27 cm,其结构组合为 4 cm 花岗岩人行道板+3 cm 水泥砂浆(1:3)+20 cm 厚 C20 现浇混凝土。

(5)平石及人行道侧石、界石均采用花岗岩锯切石,侧石外露高度为 17.5 cm,桥梁范围侧石外露高度以现状实际高度为准,在桥台两侧设渐变段,侧石外露高度由 17.5 cm 渐变顺接。

2)主要工程量

旧路面沥青混凝土铣刨 197 626.26 m²;拆除路面沥青混凝土 47 795.56 m²;拆除二灰碎石及混凝土结构 19 898.6 m³;铺筑粗粒式沥青混凝土 42 525.62 m²;铺筑中粒式沥青混凝土 496.83 m²;铺筑 SMA-13 沥青混凝土 198 123.09 m²;铺筑二灰碎石 48 340.81 m²;C20 现浇商品混凝土 67 615.86 m²;铺筑花岗岩人行道板 4 844.66 m²;铺筑侧平石 46 046.55 m;雨水井加固 450 座;污水井加固 450 座。

2. 沥青路面主要施工方法、施工技术措施

部分新建路面二灰碎石基层顶面设置下封层,采用优质进口乳化沥青,沥青用量 1.0 kg/m²,矿料用料 6~8 m³/1 000 m²,粒径 3~5 mm。

沥青封层施工前必须先喷洒透层油,待透层油完全渗入基层后方可铺筑,透层油透入基层深度不宜小于 5 mm。透层油宜紧挨基层碾压成型后表面稍干燥,但未硬化的情况下喷洒。

1)沥青混合料的拌制

(1)沥青混合料必须在沥青拌和厂采用拌和机械拌制,拌和厂的设置除应符合国家有关环境保护、消防、安全等外,还应具备下列条件:

①各种矿料应分散堆放在硬质地面上,不得混杂。细集料应堆放在有棚盖的干燥地方,矿粉必须存放在室内,保持干燥,不结块,能自由流动。

②纤维类掺加剂必须有可靠的掺加设备,该设备应计量正确以保证混合料的质量。

(2)沥青混合料拌和时间以混合料拌和均匀、纤维掺加剂均匀分布在混合料中,所有矿料颗粒全部裹覆沥青结合料为度。

(3)拌和时改性沥青加热温度应掌握在 165~170 ℃,不得超过 175 ℃;混合料加热温度 190~200 ℃;混合料出厂温度 170~185 ℃,不得超过 195 ℃。

(4)SMA 与普通沥青混合料相比,由于增加拌和时间、投入矿粉时间加长、废弃粉尘的回收等原因的影响,拌和机生产效率受到影响,在计算拌和能力时应充分考虑,以保证不影响摊

铺速度,避免造成停顿。

(5)拌和时,矿粉投入能力应符合配合比设计数量的要求,为此宜设置适宜的矿粉投加设备,或将普通的矿粉投料口扩大,以增加加入量。

(6)拌和过程中,回收粉尘的用量不得超过矿粉总量的 25%。对溢出及废弃的粉尘应添加矿粉补足,使 0.075 mm 通过率达到配和比设计要求。

(7)拌和厂拌制的混合料应均匀一致、无花白料、无结团块或严重的粗细料分离现象,不符合要求不得使用。

(8)拌和的 SMA 混合料应立即使用,需在储料仓存放时,以不发生沥青析漏为度,且不得储存至第二天使用。

2)沥青混合料的运输

(1)混合料应采用大吨位自卸车运输,为防止沥青与车厢板黏结,车厢侧板和底板可涂一薄层隔离剂,但不得有余液积聚在车厢底部。

(2)为了保证摊铺温度,运输时必须采取加盖苫布,以防止表面混合料降温结成硬壳。

(3)在卸料时,运输车辆不得撞击摊铺机,如有可能最好采用间接输送的办法,以保证摊铺出的路面的平整度。

(4)运料车到达施工现场时,应严格检查 SMA 混合料的温度,不得低于摊铺温度的要求。

3)沥青混合料的摊铺

(1)摊铺前必须将工作面清扫干净,如用水冲,必须晒干后才能进行摊铺作业。如下层路面已经过行车碾压,摊铺前洒粘层油,用量为 0.4 L/m^2。

(2)混合料必须采用机械摊铺机,在摊铺前应检查确认下层的质量,质量不合格时,不得进行铺筑作业。

(3)进行作业的摊铺机必须具有自动或半自动调节厚度及找平的装置,必须具有振动熨平板或振动夯等初步压实装置,摊铺幅面宜为全幅型。

(4)摊铺机的摊铺速度应调整到与供料、压实速度相平衡,保证连续不断的均衡的摊铺,中间不致停顿等候。

(5)SMA 混合料摊铺温度宜大于 160 ℃,混合料温度在卡车卸料到摊铺机上时测量。当气温低于 15 ℃时,不得摊铺改性沥青 SMA 混合料。

(6)SMA 的压实系数要比普通的沥青混凝土小得多,松铺系数应根据试验段的数据来确定。摊铺过程中应随时检查摊铺层厚及路拱、横坡,达不到要求时,立刻进行调整。

4)沥青混合料的碾压

(1)SMA 混合料必须在摊铺后立即仔细均匀地压实,不得等候。压路机应以不大于 5 km/h 的速度进行均匀的碾压。

(2)SMA 路面防止过度碾压,在压实度达到 98% 以上或现场取样的空隙率不大于 6% 后,宜中止碾压。过度碾压可能导致沥青玛蹄脂结合料被挤压到路表面,影响构造深度。工作中应密切注意路表情况,防止过度碾压。

(3)由于 SMA 混合料沥青含量高,黏度大,一般不用轮胎式压路机碾压,以防轮胎揉搓造成沥青玛蹄脂挤到表面而达不到压实效果。

(4)为了防止混合料粘轮,可在钢轮表面均匀洒水使轮子保持潮湿,水中掺少量的清洗剂或其他适当的材料。但要防止过量洒水引起混合料温度的骤降。

(5)静压时相邻碾压带应重叠 1/3～1/4 轮宽,振动碾压时相邻碾压带应重叠 20 cm 左右。

要将驱动轮面对摊铺机方向,防止混合料产生推移。压路机的启动、停止必须减速缓慢进行。

5)接缝处理

(1)对于改性沥青 SMA 混合料,应该避免产生纵向冷接缝。当采用两台摊铺机时的纵向接缝应采用热接缝,即施工时将已铺混合料部分留下 10～20 cm 宽暂不碾压,作为后铺部分的高程基准面,然后再跨缝碾压以消除缝迹。

(2)横向施工缝应采用平接缝,切缝时间宜在混合料尚未冷却结硬之前进行。原路面必须用切缝机锯齐,形成垂直的接缝面,并用热沥青涂抹,然后用压路机进行横向碾压,碾压时压路机应位于已压实的面层上,错过新铺层 15 cm,然后每压一遍,向新铺层移动 15～20 cm,直至全部在新铺层上,再改为纵向碾压。如用其他碾压方法,应保证横向接缝平顺,紧密。

(3)应特别注意横向接缝处的平整度,切缝位置应通过 3 m 直尺测量确定。

(4)在施工缝及构造物两端连接处必须仔细操作保证紧密、平顺。

6)开放交通及其他

(1)沥青玛蹄脂碎石混合料路面应待摊铺层完全自然冷却到周围地面温度时(最好隔夜),才可开放交通。

(2)当摊铺时遇雨或下层潮湿时,严禁进行摊铺工作,对没经压实即遭雨淋的沥青混合料(已摊铺)应全部清除更换新料。

(3)在 SMA 路面碾压成型过程中,路面可能会出现油斑,当油斑直径大于 5 cm 时,应及时在油斑区域洒机制砂。摊铺后即出现的油斑,应在碾压之前铲除、换填。油斑的产生可能是纤维掺加剂拌和不均匀所致,因此需检查纤维加入量是否正确,拌和时间是否够长;当由于碾压过度产生油斑时,应正确掌握碾压遍数及振动力的大小;过高的用油量也会产生油斑,因此要及时检查拌和楼沥青计量器的准确性;拌和料(特别是纤维掺加剂)及路表含有一定的水分,也会产生油斑,因此掺加剂必须干燥,严禁路表带水施工。

通过该施工案例说明,沥青在工程施工中占有很重要的位置,在施工过程中,需要掌握一定的施工技术。对于施工技术人员来说,只有了解了沥青的性质和特点,才能选择正确的施工方法。在本项目里,我们主要学习沥青的基本性质,掌握沥青的四项基本检测方法。

典型工作任务 1　石油沥青针入度试验

沥青是一种有机凝胶材料,它是由极其复杂的高分子碳氢化合物和这些碳氢化合物的非金属(氧、硫、氮)的衍生物所组成的混合物。沥青在常温下一般成固体或半固体,也有少数品种的沥青呈黏性液体状态,可溶于二硫化碳、四氯化碳、三氯甲烷和苯等有机溶剂,颜色为黑褐色或褐色,是自然界中天然存在的或从原油经蒸馏得到的残渣。

沥青材料具有良好的憎水性、不透水、不导电、耐酸、耐碱、耐腐蚀等优良性能,可以防水、防潮,与钢、木、砖、石、混凝土等材料有良好的黏结性,因而广泛应用于道路和防水工程。主要用途是作为基础建设材料、原料和燃料,应用范围如交通运输(道路、铁路、航空等)、建筑业、农业、水利工程、工业(采掘业、制造业)、民用等各部门。

7.1.1　沥青的分类

沥青的种类很多,沥青按其在自然界中的获得方式可分为两大类:地沥青和焦油沥青。

1.地沥青(Asphalt)

地沥青是天然存在或由石油经人工提炼而得到的沥青。按其产源又可分为两类。

（1）天然沥青（Natural Asphalt）

天然沥青是储藏在地下，在各种自然界的因素的作用下，经过轻质油分蒸发、氧化和缩聚作用而形成的天然产物。这种沥青一般已不含有任何毒素。天然沥青的产状有以湖状、泉状等纯净状态存在的"纯地沥青"，如产于中美洲委内瑞拉的特立尼达岛上的特立尼达沥青湖；也有存在于岩石裂缝中的"岩地沥青"，如沥青砂岩，岩地沥青中一般含有许多的砂石或岩石，可经过水熬煮法或溶剂抽提法得到纯净的沥青。

（2）石油沥青（Petroleum Asphalt）

石油沥青是由石油原料中经蒸馏提炼出各种轻质油品（汽油、煤油、柴油、润滑油等）后的残留物，再经加工而得的产品。根据提炼程度的不同，在常温下成黑色或黑褐色的黏稠的液体、半固体或固体，主要含有可溶于三氯乙烯的烃类及非烃类衍生物，其性质和组成随原油来源和生产方法的不同而变化。石油沥青色黑而有光泽，具有较高的感温性。由于它在生产过程中曾经蒸馏至 400 ℃以上，因而所含挥发成分甚少，但仍可能有高分子的碳氢化合物未经挥发出来，这些物质或多或少对人体健康是有害的。

2. 焦油沥青（Tar）

焦油沥青是炼焦的副产品，即焦油蒸馏后残留在蒸馏釜内的黑色物质。它与精制焦油只是物理性质有分别，没有明显的界限，一般的划分方法是规定软化点在 26.7 ℃（立方块法）以下的为焦油，26.7 ℃以上的为沥青。焦油沥青中主要含有难挥发的蒽、菲、芘等。这些物质具有毒性，由于这些成分的含量不同，焦油沥青的性质也因而不同。温度的变化对焦油沥青的影响很大，冬季容易脆裂，夏季容易软化。加热时有特殊气味；加热到 260 ℃在 5 h 以后，其所含的蒽、菲、芘等成分就会挥发出来。焦油沥青按其加工的原料名称而命名，如由煤干馏所得的煤焦油，经再加工后得到的沥青，即称为煤沥青；其他还有"木沥青"、"页岩沥青"等。页岩沥青是由油母页岩中提炼而得，页岩沥青的技术性质接近石油沥青，但生产工艺则接近焦油沥青类，目前暂归焦油沥青类。

综上所述，沥青按其产源可分为如下几类：

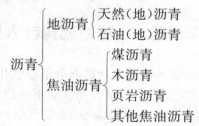

7.1.2　试验目的与适用范围

本方法适用于测定道路石油沥青、改性沥青针入度以及液体石油沥青蒸馏或乳化沥青蒸发后残留物的针入度。用本方法评定聚合物改性沥青的改性效果时，仅适用于融混均匀的样品。

沥青针入度是用在规定温度（25 ℃）下，以规定重量（100 g）的标准针，在规定时间（5 s）内，竖直插入固态或半固态沥青试样的深度来表示，以 0.10 mm 表示，每 0.1 mm 为 1 度。如针入深度为 8.5 mm，则沥青的针入度为 85 度。一般沥青的针入度在 5～200 度之间，针入度值越大，表明沥青抵抗剪切变形的能力越弱，也即黏滞性越低。试验条件以 P、T、m、t 表示。

其中 P 为针入度,T 为试验温度,m 为标准针(包括连杆及砝码)的质量,t 为贯入时间。针入度试验模式如图 7-1 所示。

我国现行试验规程《公路工程沥青及沥青混合料试验规程》(JTG E20—2011)规定:标准针和针连杆组合件的总质量为(50±0.05)g,另加(50±0.05)g 的砝码一个,试验时总质量为(100±0.05)g,常用的试验温度为25 ℃(当计算针入度指数 PI 时可采用 15 ℃、30 ℃、25 ℃、5 ℃),标准针贯入时间为 5 s。

针入度指数 PI 用以描述沥青的温度敏感性,宜在15 ℃、25 ℃、30 ℃等 3 个或 3 个以上温度条件下测定针入度后按规定的方法计算得到,若 30 ℃时的针入度值过大,可采用 5 ℃代替。沥青的针入度,可以评价道路黏稠石油沥青的黏滞性,并确定沥青牌号,还可以进一

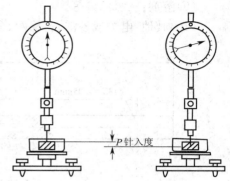

图 7-1 针入度法测定黏稠沥青针入度示意图

步计算沥青的针入度指数,用以描述沥青的温度敏感性。当量软化点 T_{800} 是相当于沥青针入度为 800 时的温度,用以评价沥青的高温稳定性。当量脆点 $T_{1.2}$ 是相当于沥青针入度为 1.2时的温度,用以评价沥青的低温抗裂性能。

7.1.3 试验仪具与材料

(1)针入度仪:凡能保证针和针连杆在无明显摩擦下垂直运动,并能使指示针贯入深度准确至 0.1 mm 的仪器均可使用。针和针连杆组合件总质量为(50±0.05)g,另附(50±0.05)g砝码一只,试验时总质量为(100±0.05)g。当采用其他试验条件时,应在试验结果中注明。仪器设有放置平底玻璃保温皿的平台,并有调节水平的装置,针连杆应与平台相垂直。仪器设有针连杆制动按钮,使针连杆可自由下落。针连杆易于装拆,以便检查其质量。仪器还设有可自由转动与调节距离的悬臂,其端部有一面小镜或聚光灯泡,借以观察针尖与试样表面接触情况。当为自动针入度仪时,各项要求与此项相同,温度采用温度传感器测定,针入度值采用位移计测定,并能自动显示或记录,且应对自动装置的准确性经常校验。为提高测试精密度,不同温度的针入度试验宜采用自动针入度仪进行。

(2)标准针由硬化回火的不锈钢制成,洛氏硬度 HRC 54～60,表面粗糙度 R_a 0.2～0.3 μm,针及针杆总质量(2.5±0.05)g,针杆上应打印有号码标志,针应设有固定用装置盒(筒),以免碰撞针尖,每根针必须附有计量部门的检验单,并定期进行检验,其尺寸及形状如图 7-2所示。

(3)盛样皿:金属制,圆柱形平底。小盛样皿的内径 55 mm,深 35 mm(适用于针入度小于200);大盛样皿内径 70 mm,深 45 mm(适用于针入度 200～350);对针入度大于 350 的试样需使用特殊盛样皿,其深度不小于 60 mm,试样体积不少于 125 mL。

(4)恒温水槽:容量不少于 10 L,控温的准确度为 0.1 ℃。水槽中应设有一带孔的搁架,位于水面下不得少于 100 mm,距水槽底不得少于 50 mm 处。

(5)平底玻璃皿:容量不少于 1 L,深度不少于 80 mm。内设有一不锈钢三脚支架,能使盛样皿稳定。

(6)温度计:0～50 ℃,分度为 0.1 ℃。

(7)秒表:分度 0.1 s。

(8)盛样皿盖:平板玻璃,直径不小于盛样皿开口尺寸。

(9)溶剂:三氯乙烯等。

(10)其他:电炉或砂浴、石棉网、金属锅或瓷把坩埚等。

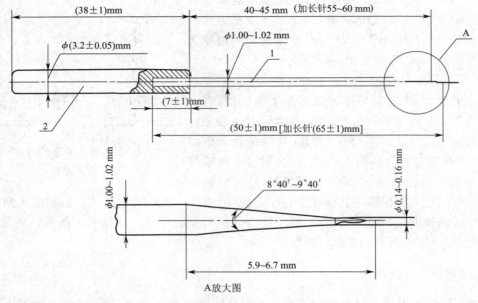

图 7-2　针入度标准针(单位:mm)
1—针杆;2—针柄

7.1.4　试验准备工作

(1)按《公路工程沥青及沥青混合料试验规程》JTG E20—2011 的沥青试样准备方法准备试样。

(2)按试验要求将恒温水槽调节到要求的试验温度 25 ℃,或 15 ℃、30 ℃(5 ℃)等,保持稳定。

(3)将试样注入盛样皿中,试样高度应超过预计针入度值 10 mm,并盖上盛样皿,以防落入灰尘。盛有试样的盛样皿在 15～30 ℃室温中冷却 1～1.5 h(小盛样皿)、1.5～2 h(大盛样皿)或 2～2.5 h(特殊盛样皿)后移入保持规定试验温度±0.1 ℃的恒温水槽中 1～1.5 h(小盛样皿)、1.5～2 h(大试样皿)或 2～2.5 h(特殊盛样皿)。

(4)调整针入度仪使之水平。检查针连杆和导轨,以确认无水和其他外来物,无明显摩擦。用三氯乙烯或其他溶剂清洗标准针,并拭干。将标准针插入针连杆,用螺丝固紧。按试验条件,加上附加砝码。

7.1.5　试验步骤

(1)取出达到恒温的盛样皿,并移入水温控制在试验温度±0.1℃(可用恒温水槽中的水)的平底玻璃皿中的三脚支架上,试样表面以上的水层深度不少于 10 mm。

(2)将盛有试样的平底玻璃皿置于针入度仪的平台上。慢慢放下针连杆,用适当位置的反光镜或灯光反射观察,使针尖恰好与试样表面接触。拉下刻度盘的拉杆,使与针连杆顶端轻轻接触,调节刻度盘或深度指示器的指针指示为零。

(3)开动秒表,在指针正指 5 s 的瞬间,用手紧压按钮,使标准针自动下落贯入试样,经规定时间,停压按钮使针停止移动。

注:当采用自动针入度仪时,计时与标准针落下贯入试样同时开始,至 5 s 时自动停止。

(4)拉下刻度盘拉杆与针连杆顶端接触,读取刻度盘指针或位移指示器的读数,准确至 0.5(0.1 mm)。

(5)同一试样平行试验至少 3 次,各测试点之间及与盛样皿边缘的距离不应少于 10 mm。每次试验后应将盛有盛样皿的平底玻璃皿放入恒温水槽,使平底玻璃皿中水温保持试验温度。每次试验应换一根干净标准针或将标准针取下用蘸有三氯乙烯溶剂的棉花或布揩净,再用干棉花或布擦干。

(6)测定针入度大于 200 的沥青试样时,至少用 3 支标准针,每次试验后将针留在试样中,直至 3 次平行试验完成后,才能将标准针取出。

(7)测定针入度指数 PI 时,按同样的方法在 15 ℃、25 ℃、30 ℃(或 5 ℃)3 个或 3 个以上(必要时增加 10 ℃、20 ℃等)温度条件下分别测定沥青的针入度,但用于仲裁试验的温度条件应为 5 个。

7.1.6　试验数据计算

根据测试结果可按以下方法计算针入度指数、当量软化点及当量脆点。

1. 诺模图法

将 3 个或 3 个以上不同温度条件下测试的针入度值绘于图 7-3 的针入度温度关系诺模图中,按最小二乘法法则绘制回归直线,将直线向两端延长,分别与针入度为 800 及 1.2 的水平线相交,交点的温度即为当量软化点 T_{800} 和当量脆点 $T_{1.2}$。以图中 O 点为原点,绘制回归直线的平行线,与 PI 线相交,读取交点处的 PI 值即为该沥青的针入度指数。

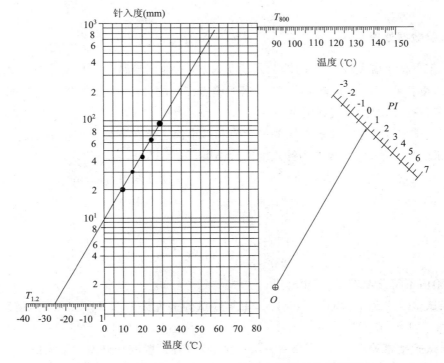

图 7-3　确定沥青 PI、T_{800}、$T_{1.2}$ 的针入度温度关系诺模图

此法不能检验针入度对数与温度直线回归的相关系数,仅供快速草算时使用。

2. 公式计算法

(1)对不同温度条件下测试的针入度值取对数,令 $y=\lg P$,$x=T$,按式(7-1)的针入度对数与温度的直线关系,进行 $y=a+bx$ 一元一次方程的直线回归,求取针入度温度指数 A_{lgPen}。

$$\lg P = K + A_{lgPen} \times T \tag{7-1}$$

式中　T——不同试验温度,相应温度下的针入度为 P;

　　　　K——回归方程的常数项 a;

A_{lgPen}——为回归方程系数 b。

按式(7-1)回归时必须进行相关性检验,直线回归相关系数不得小于 0.997(置信度95%),否则,试验无效。

(2)按式(7-2)确定沥青的针入度指数 PI,并记为 PI_{lgPen}。

$$PI_{lgPen} = \frac{20 - 500 A_{lgPen}}{1 + 50 A_{lgPen}} \tag{7-2}$$

(3)按式(7-3)确定沥青的当量软化点 T_{800}。

$$T_{800} = \frac{\lg 800 - K}{A_{lgPen}} = \frac{2.903\ 1 - K}{A_{lgPen}} \tag{7-3}$$

(4)按式(7-4)确定沥青的当量脆点 $T_{1.2}$。

$$T_{1.2} = \frac{\lg 1.2 - K}{A_{lgPen}} = \frac{0.079\ 2 - K}{A_{lgPen}} \tag{7-4}$$

(5)按式(7-5)计算沥青的塑性温度范围 ΔT。

$$\Delta T = T_{800} - T_{1.2} = \frac{2.823\ 9}{A_{lgPen}} \tag{7-5}$$

7.1.7　试验数据处理

(1)应报告标准温度(25 ℃)时的针入度 T_{25} 以及其他试验温度 T 所对应的针入度 P,及由此求取针入度指数 PI、当量软化点 T_{800}、当量脆点 $T_{1.2}$ 的方法和结果,当采用公式计算法时,应报告按式(7-1)回归的直线相关系数。

(2)同一试样 3 次平行试验结果的最大值和最小值之差在下列允许偏差范围内时,计算 3 次试验结果的平均值,取整数作为针入度试验结果,以 0.1 mm 为单位。

针入度(0.1 mm)	允许差值(0.1 mm)
0～49	2
50～149	4
150～249	12
250～500	20

当试验值不符此要求时,应重新进行。

(3)当试验结果小于 50(0.1 mm)时,重复性试验的允许差为 2(0.1 mm),复现性试验的允许差为 4(0.1 mm)。

(4)当试验结果等于或大于 50(0.1 mm)时,重复性试验的允许差为平均值的 4%,复现性试验的允许差为平均值的 8%。

知识拓展

下面简单介绍石油沥青的技术性质。

1. 黏滞性(黏性)

黏滞性是沥青在外力作用下抵抗发生黏性变形的能力,反映了沥青的黏稠软硬程度。石油沥青的黏滞性与温度有很大关系,温度升高时,沥青的黏滞性降低,当温度降低时,沥青的黏滞性增高。对于理想液体,黏滞性可以用绝对黏度(或理论黏度)来表示。如黏度(动力黏度)就是液体外力作用下变形所需的剪应力与变形速度梯度之比,其值大,表明流体的黏滞性大;运动黏度(动比密黏度)是黏度与液体密度之比,其值大,表明液体的黏滞性大。多数沥青不是理想液体,在不同的变形梯度下,黏度不同,兼之绝对黏度测定很复杂,且与工程性质不能很直观对应。所以实际应用中,多用相对黏度(条件黏度或技术黏度),表示其黏滞性。对于液体沥青,相对黏度用标准黏度值来表示,而固态、半固态沥青的黏滞性用针入度表示。黏滞度和针入度是划分沥青牌号的主要指标。

黏滞性是与沥青路面力学性质最密切的一种性质。在现代交通条件下,为防止路面出现车辙,沥青的黏度的选择是首要考虑的参数。

(1)沥青的绝对黏度(亦称动力黏度)

我国现行试验规程《公路工程沥青及沥青混合料试验规程》JTG E20—2011 规定,沥青运动黏度采用毛细管法,沥青动力黏度采用真空减压毛细管法。

①毛细管法:是测定沥青运动黏度的一种方法。该法是测定沥青试样在严密控温条件下,在规定温度(通常为 135℃),通过选定型号的毛细管黏度计(通常采用的有坎芬式,如图 7-4 所示),流经规定体积,所需的时间(以 s 计)。

②真空减压毛细管法:是测定沥青动力黏度的一种方法。该法是沥青试样在严密控制的真空装置内,保持一定的温度(通常为 60 ℃),通过规定型号的毛细管黏度计(AI 式,如图 7-5 所示),流经规定的体积所需的时间(以 s 计)。

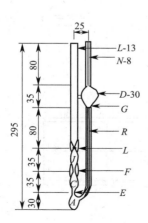

图 7-4　坎芬式逆流毛细
管黏度计(单位:mm)

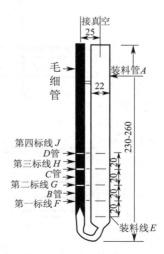

图 7-5　真空毛细管黏度
计(单位:mm)

《公路沥青路面施工技术规范》JTG F40—2004 规定，60 ℃动力黏度可作为 A 级沥青的选择性指标，用来评价沥青的高温性能。由于沥青的黏度受温度的影响很大，只有在高温情况下才接近牛顿液体，故一般不用绝对黏度表示，而用相对黏度表征沥青的黏滞性。

（2）沥青的相对黏度（也称为条件黏度）

沥青的相对黏度是反映沥青材料在温度条件下表现出的性质。

①针入度：针入度试验是国际上普遍采用测定黏度石油沥青黏性的一种方法。

②黏度：黏度又称黏滞度，是测定液体石油沥青、煤沥青和乳化沥青等黏性的常用技术指标。采用道路标准黏度计法，试验模式如图 7-6 所示。

《公路工程沥青及沥青混合料试验规程》（JTG E20—2011）规定：液体状态的沥青材料，在标准黏度计中，于规定的温度条件下（20 ℃、25 ℃、30 ℃或 60 ℃），通过规定的流孔直径（3 mm、4 mm、5 mm 及 10 mm）流出 50 mL 体积所需的时间，以秒计。试验条件以 $C_{T,d}$ 表示，其中，C 为黏度，T 为试验温度，d 为流孔直径。例如某沥青在 60 ℃时，自 5 mm 孔径流出 50 mL 沥青所需时间为 100 s，表示为 $C_{60,5}=100$ s。试验温度和流孔直径根据液体状态沥青的黏度选择。在相同温度和相同流孔条件下流出时间越长，表示沥青黏度越大。

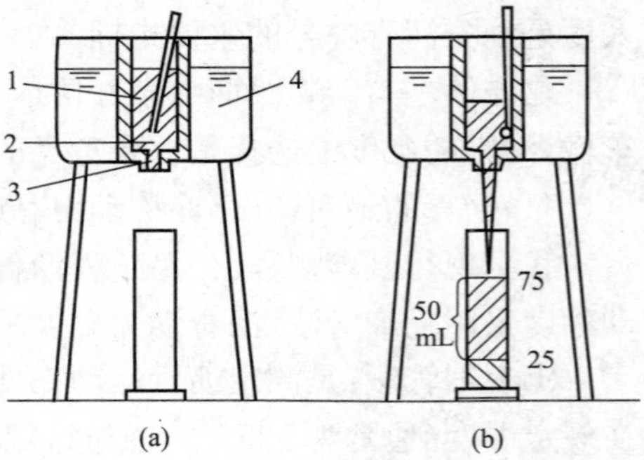

我国液体沥青是采用黏度来划分技术等级的。

2. 塑性

塑性是沥青在外力作用下产生变形而不发生断裂的能力。沥青塑性表示了沥青受力变形而不破坏，开裂或也能自愈的能力及吸收振动的能力。沥青广泛用于柔性防水，是因为它有非常良好的塑性。石油沥青的塑性与温度有很大的关系，同一沥青的温度较高时，沥青的塑性较大。

石油沥青的塑性是沥青的内聚力的衡量，通常采用延度作为条件延性指标来表征，用延度仪测定，如图 7-7 所示。

图 7-6　标准黏度计测定液体沥青示意图
1—沥青试样；2—活动球杆；3—流孔；4—水

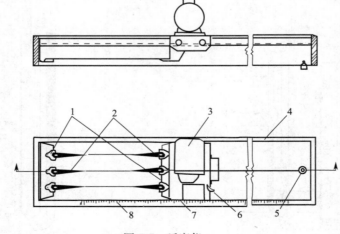

图 7-7　延度仪
1—试模；2—试样；3—电机；4—水槽；5—泄水孔；6—开关柄；7—指针；8—标尺

我国现行试验方法《公路工程沥青及沥青混合料试验规程》JTG E20—2011 规定:将沥青试样制成∞字形标准试模(中间最小截面为 1 cm²)在规定速度(5±0.25)cm/min 和规定温度 15 ℃(或 10 ℃)下拉断时的长度,以厘米表示。

在常温下,塑性好的沥青不易产生裂缝,并减少摩擦时的噪声。但沥青在温度降低时对抵抗开裂的性能有重要影响。《公路沥青路面施工技术规范》JTG F40—2004 规定,A、B 级沥青采用 10 ℃延度,C 级沥青采用 15 ℃延度评定沥青的低温塑性指标。

有的研究指出,沥青的延度试验与路面沥青的拉伸状态不符,延度试验尺寸太大,路面中的沥青为薄膜状态,曾设想采用"微延度"试验,但未能成功。

3. 温度稳定性(简称感温性)

沥青的黏滞性和塑性都随温度的变化而变化。温度稳定性是指石油沥青在黏弹性区域内,沥青性能随温度变化而变化的程度,它反映沥青的耐热程度。当温度升高时,沥青由固态或半固态逐渐软化成黏流状态,当温度降低时由黏流状态转变为半固态或固态,甚至变脆。温度稳定性高的沥青,使用时不易因夏季高温而软化,也不易因冬季低温而变脆。工程上要求沥青具有较高的温度稳定性,温度稳定性是评价沥青质量的重要指标。

(1)高温敏感性

我国现行试验方法《公路工程沥青及沥青混合料试验规程》JTG E20—2011 规定:沥青软化点一般采用环球法软化点仪测定(图 7-8),即将沥青试样装入规定尺寸的铜环内(内径 18.9 mm),试样上放置标准钢球(重 3.5 g)浸入水或甘油中,以规定的升温速度(5 ℃/min)加热,使沥青软化下垂至规定距离(垂度 25.4 mm)时的温度,以℃表示。软化点愈高,表明沥青的耐热性愈好,即温度稳定性愈好。

研究认为:多种沥青在软化时的黏度约为 1 200 Pa·s,或相当于针入度位为 800 (0.1 mm)。软化点试验实际上是测量沥青在一定外力(钢球)作用下开始产生流动并达到一定变形时的温度,可以认为软化点是一种认为的"等黏温度"。

由此可见,针入度是在规定温度下沥青的条件黏度,而软化点则是沥青达到规定条件黏度时的温度。软化点既是反映沥青材料感温性的一个指标,也是沥青黏度的一种量度。

针入度、延度、软化点是评价黏稠石油沥青路用性能最常用的经验指标,所以通称"三大指标"。

(2)低温抗裂性用脆点表示

脆点是沥青材料由黏稠状态转变为固态达到条件脆裂时的温度。

我国现行规范《公路工程沥青及沥青混合料试验规程》(JTG E20—2011)规定,采用弗拉斯法测定沥青脆点。脆点试验是将沥青试样均匀涂在金属片上,置于有冷却设备的脆点仪内,摇动脆点仪的曲柄,使涂有沥青的金属片产生重复弯曲,随着冷剂温度降低,沥青薄膜温度也逐渐降低,当沥青薄膜在规定弯曲条件下,产生断裂,此时的温度即为脆点,如图 7-9、图 7-10 所示。

在工程实际应用中,要求沥青具有较高的软化点和较低的脆点,否则容易发生沥青材料夏

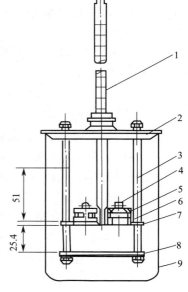

图 7-8　软化点试验仪

1—温度计;2—上盖板;3—立杆;
4—钢球;5—钢球定位;6—金属环;
7—中层板;8—下底板;9—烧杯

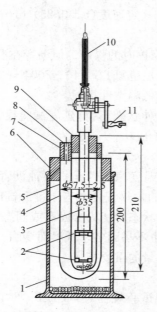 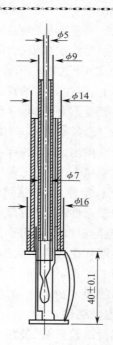

图 7-9　沥青脆点仪　　　　　　　图 7-10　弯曲器(单位:mm)

1—圆柱形玻璃;2—夹钳;3—弯曲器;4—外试管;

5—内试管;6—橡胶管;7—皮塞;8—漏斗插孔;

9—内橡皮塞;10—温度计;11—摇把

季流淌或冬季变脆甚至开裂等现象。

4. 耐久性

采用现代技术修筑的高等级沥青路面,都要求具有很长的耐用周期,因此对沥青材料的耐久性,也提出更高的要求。

(1)影响因素

沥青在路面施工时,需要在空气介质中进行加热。路面建成后会长期裸露在现代工业环境中,经受日照、降水、气温变化等自然因素的作用。因此,影响沥青耐久性的因素主要有大气(氧)、日照(光)、温度(热)、雨雪(水)、环境(氧化剂)以及交通强度(应力)等因素。

①热的影响。热能加速沥青分子的运动,除了引起沥青的蒸发外,还能促进沥青化学反应的加速,最终导致沥青技术性能的降低。尤其是在施工加热(160~180 ℃)时,由于有空气中的氧参与共同作用,会使沥青性质产生严重的劣化。

②氧的影响。空气中的氧在加热的条件下,能促使沥青组分对其吸收,并产生脱氢作用,使沥青的组分发生移行(如芳香酚转变为胶质,胶质转变为沥青质)。

③光的影响。日光(特别是紫外线)对沥青照射后,能产生光化学反应,促使氧化速率加快,使沥青中羟基、羧基和碳氧基等基团增加。

④水的影响。水在与光、氧和热共同作用时,能起催化剂的作用。

综上所述,沥青在上述因素的综合作用下,发生"不可逆"的化学变化,导致路用性能的逐渐劣化,这种变化过程称为"老化"。

(2)评价方法

①热致老化

沥青在加热或长时间加热过程中,会发生轻质馏分挥发、氧化、裂化、聚合等一系列物理及化学变化,是沥青的化学组成及性质相应的发生变化。这种性质称为沥青热稳定性。

为了解沥青材料在路面施工及使用过程中的耐久性,规范《公路工程沥青及沥青混合料试验规程》JTG E20—2011 规定:对中、轻交通量道路用石油沥青,应进行"蒸发损失试验";对重交通量道路用石油沥青应进行"薄膜加热试验";对液体沥青,则应进行"蒸馏试验"。

a. 沥青蒸发损失试验:该试验方法是将 50 g 沥青试样盛于直径为 55 mm、深为 35 mm 的器皿中。在 163 ℃的烘箱中加热 5 h,然后测定其质量损失以及残留物的针入度占原试样针入度的百分率。由于沥青试样与空气接触面积太小,试样太厚,所以这种方法的试验效果较差。

$$蒸发损失=\frac{沥青试样原重-沥青试样加热后重}{沥青试样原重}\times100\% \tag{7-6}$$

$$针入度比=\frac{沥青试样加热后针入度}{沥青试样原针入度}\times100\% \tag{7-7}$$

b. 沥青薄膜加热试验:该试验又称"薄膜烘箱试验"(简称 TFOT),试验方法是将 50 g 沥青试样盛于内径 139.7 mm、深为 9.5 mm 的铝皿中,使沥青成为厚约 3 mm 的薄膜。把沥青薄膜在(163±1)℃的标准烘箱中加热 5 h,如图 7-11(a)所示,以加热前后的质量损失、针入度比和 25 ℃及 15 ℃的延度值作为评价指标。

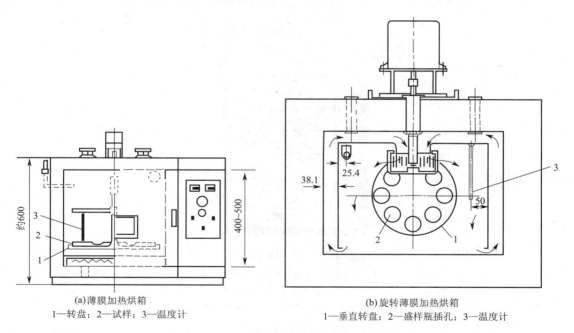

(a)薄膜加热烘箱　　　　　　　　　　　　(b)旋转薄膜加热烘箱
1—转盘;2—试样;3—温度计　　　　　1—垂直转盘;2—盛样瓶插孔;3—温度计

图 7-11　沥青薄膜加热烘箱(单位:mm)

薄膜加热试验后的性质与沥青在拌和机中加热拌和后的性质有很好的相关性。沥青在薄膜加热试验后的性质,相当于在 150 ℃拌和机中拌和 1.0~1.5 min 后的性质。后来又发展了"旋转薄膜烘箱试验"(简称 RTFOT),烘箱试样如图 7-11(b)所示。这种试验方法的优点是试样在垂直方向旋转,沥青膜较薄;能连续鼓入热空气,以加速老化,使试验时间缩短为 75 min;并且试验结果精度较高。

　　c. 蒸馏试验:对于液体沥青可用该试验方法来代替蒸发损失试验。液体沥青的黏度较低,以便在施工中可以冷态(或稍加热)使用。液体沥青中轻质馏分挥发后,沥青黏度将明显提高,从而使路面黏聚力得到提高。蒸馏试验可以确定液体沥青含有此种轻质挥发性油的数量,以及挥发后沥青的性质。

　　蒸馏试验在标准蒸馏器内进行加热,将沸点范围接近、具有相近特性和物理化学性质的油分划分为几个馏程。为使馏分范围标准化,道路液体沥青划分为 225 ℃、315 ℃和 360 ℃等 3 个馏程。为了确定挥发性油排除后沥青的性质,残留沥青应进行在 25 ℃时的延度和浮漂度实验,用以说明残留沥青在道路路面中的性质。

　　②耐久性

　　评价沥青在气候因素(光、氧、热和水)的综合作用下路用性能下降的程度,可以采用"自然老化"和"人工加速老化"试验。人工加速老化试验是在由计算机程序控制、有氙灯光源和自动调温、鼓风、喷水设备的耐候仪中进行的,通常只有在科研工作时才进行耐候性试验。

　　③长期老化

　　沥青加速老化试验法(PAV 法)是用高温和压缩的空气对沥青进行加速老化(氧化)的试验方法,目的是模拟沥青在道路使用过程中发生的长期氧化老化。PAV 方法的唯一目的是准备老化胶结料,用作进一步试验和 Superpave 胶结料试验评估。

　　PAV 试验的设备系统由一个压力容器、压力控制设备、温度控制设备、压力与温度测量设备和温度与压力记录系统组成。图 7-12 是容器、盘和盘架的规定尺寸和结构示意图。

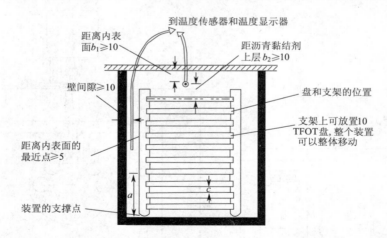

图 7-12　PAV 中的样品盘和温度传感器(RTD)位置示意图(单位:mm)

注:①距离"a"为盘的水平控制点,装置支撑点有 3 个或更多,"a"的距离之差应控制
在±0.05 mm,也可用其他方法调整水平;②温度传感器的任何活动部分到相邻
表面的距离 b_1 和 b_2 大于 10 mm;③距离"c"应大于 12 mm。

　　将试样加热到易于浇注的程度,并且搅拌均匀、浇样,每个压力老化容器试样质量为 50 g。将 TFOT 盘放在天平上,向盘中加入(50±0.5)g 的沥青,摊铺成约 3.2 mm 厚的沥青膜。将装有样品的盘放在盘架上,然后将装有试样的盘与盘架放入压力容器,关闭压力容器。将压力容器内部的温度和压力维持 20 h±10 min。当老化结束时,用放空阀开始慢慢减少 PAV 的内部压力,对老化试样进行真空脱气。将盘和盘架从 PAV 中移出,将盘放入设定在 163 ℃的烘箱中加热(15±1) min。将真空烘箱预热到(170±5)℃。从烘箱中移出盘,将含有单一样品的盘中热的残留物单独倒入一个容器中,应选择尺寸合适的容器,使容器中的残留物厚度为15～40 mm.刮完最后一个盘后,在 1 min 内将容器转移到真空烘箱中。将真空烘箱设定在(170±5)℃保持(10±1)min。以加热前后的质量损失、针入度比和 25 ℃及 15 ℃的延度值作为评价指标。

5. 闪点、燃点

沥青材料在使用时必须加热。当加热至一定温度时,沥青材料中挥发的油分蒸汽与周围空气组成混合气体,此混合气体遇火焰则发生闪火。若继续加热,油分蒸汽的饱和度增加,由于此种蒸汽与空气组成的混合气体遇火焰极易燃烧,从而引起火灾或导致沥青烧坏,为此必须测定沥青加热闪点和燃烧的温度,即所谓的闪点和燃点。

闪点、燃点温度一般相差 10 ℃左右。

闪点和燃点是保证沥青加热质量和施工安全的一项重要指标。我国现行规范《公路工程沥青及沥青混合料试验规程》JTG E20—2011 对黏稠石油沥青常用克利夫兰开口杯式闪点仪测定(简称 COC 法,如图 7-13)测定闪点及燃点;对液体石油沥青,采用泰格式开口杯(简称 TOC 法)测定闪点及燃点。测定闪点及燃点的试验方法是将沥青试样盛于标准杯中,按规定加热速度进行加热。当加热到某一温度时,点火器扫拂过沥青试样任何一部分表面,出现一瞬即灭的蓝色火焰状闪光时,此时的温度即为闪点。按规定加热速度继续加热,至点火器扫拂过沥青试样表面出现燃烧火焰,并持续 5 s 以上,此时的温度即为燃点。

6. 溶解度

沥青的溶解度是指沥青在三氯乙烯中溶解的百分率(即有效物质含量),那些不溶解的物质为有害物质(沥青碳,似碳物),它会降低沥青的性能,应加以限制。

7. 含水量

沥青几乎不溶于水,具有良好的防水性能。但沥青材料不是绝对不含水分的,水在纯沥青中的溶解度约在 0.001～0.019 之间。如沥青中含有水分,施工中挥发太慢,影响施工速度,所以要求沥青中含水量不宜过多。在加热过程中,如水分过多,易产生"溢锅"现象,引起火灾,使材料损失。所以在熔化沥青时应加快搅拌速度,促进水分蒸发,控制加热温度。

沥青的含水量用沥青含水量测定仪测定。液体沥青可直接抽提;黏稠沥青需加挥发性溶剂(二苯甲等)以助水分蒸发。含水量以抽提出的水分占沥青质量的百分数表示。水分如小于 0.025 mL(二十分刻度的半格)时,则认为是痕迹。

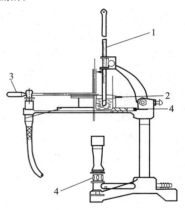

图 7-13　克利夫兰开口杯式闪点仪

1—温度计;2—温度计支架;
3—金属试验杯;4—加热器具

典型工作任务 2　石油沥青延度试验

7.2.1　石油沥青的化学组分

沥青材料是由多种化合物组成的混合物,由于它的结构复杂,将其分离为纯粹的化合物单体,在技术上还存在困难,而且,在实际生产应用中,也没有这种必要。因此,许多研究者就致力于沥青"化学组分"分析的研究。化学组分分析就是将沥青分离为化学性质相近、而且与其路用性质有一定联系的几个组,这些组就称为"组分"。

将沥青分为不同组分的化学分析方法称为组分分析法,组分分析是利用沥青在不同有机溶剂中的选择性溶解或在不同吸附剂上的选择性吸附等性质进行分析。

对于石油沥青化学组分的分析,研究者曾提出许多不同的分析方法。早在 1916 年德国的马尔库松就将石油沥青分离为沥青酸、沥青酸酐、油分、树脂、沥青质、沥青碳和似碳物等组分。后来经过许多研究者的改进,美国的哈巴尔德(R. L. Hubbard)和斯坦菲尔德(K. E. Stanfield)将其完善为三组分分析法,1969 年美国的科尔贝特(L. W. Corbett)又提出四组分分析法;此外,还有五组分分析法和多组分分析法等。现将目前较为常用的分析方法分述如下。

1. 三组分分析法

三组分分析法是将石油沥青分离为油分(Oil)、树脂(Resin)和沥青质(Asphaltene)3 个组分。由于国产沥青多属于石蜡基或中间基沥青,油分中往往还有蜡(Paraffin),在分析时还应将蜡分离出来,因此,它的主要组分应该是油分、树脂、沥青质和蜡 4 个组分。

由于这一组分分析法兼用了选择性溶解和选择性吸附的方法,所以又称为"溶解—吸附"法。这一方法的原理是将沥青在某一溶剂中沉淀出沥青质,再将可溶物用吸附剂吸附,最后再用不同溶剂进行抽提,分离出各组分。

该方法先用正庚烷沉淀沥青质,然后将溶于正庚烷中的可溶组分用硅胶吸附,装于抽提仪中,用正庚烷抽提油蜡,再用苯—乙醇抽提出树脂。最后将抽出的油蜡用丁酮—苯作脱蜡溶剂,在 −20 ℃ 的条件下,冷冻过滤分离出油、蜡。该方法的流程如图 7-14 所示。

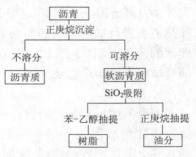

图 7-14　三组分分析法流程图

三组分分析法的优点是组分界线较明确,组分含量能在一定程度上反映出它的路用性能,但是它的主要缺点是分析流程复杂,分析时间较长。

按三组分分析法所得各组分的性状如表 7-1 所示。

表 7-1　石油沥青三组分分析法各组分及其主要特性

组分	状态	颜色	密度 /(g·cm⁻³)	分子量	含量(质量分数)/%	特点	作用
油分	黏性液体	淡黄色至红褐色	0.7~1.0	300~500	45~60	溶于苯等有机溶剂,不溶于酒精	赋予沥青以流动性,但含量多时,沥青的温度稳定性差
树脂	黏稠固体	红褐色至黑褐色	1.0~1.1	600~1 000	15~30	溶于汽油等有机溶剂,难溶于酒精和丙酮	赋予沥青以塑性,树脂组分含量高,不但沥青塑性好,黏性也好
地沥青质	粉末颗粒	深褐色至黑褐色	1.1~1.5	1 000~6 000	5~30	溶于三氯甲烷,二硫化碳,不溶于酒精	赋予沥青温度稳定性和黏性,沥青质含量高,温度稳定性好,但其塑性降低,沥青的硬脆性增加

2. 四组分分析法

　　科尔贝特首先提出将沥青分离为饱和酚（Saturates，缩写为 s）、环烷芳香酚（Naphetene—Aromatics，缩写为 NA）、极性芳香酚（Polar—Aromatics，缩写为 PA）和沥青质（Asphaltene，缩写为 AT）等的色层分析方法。后来将上述四组分亦可简称为饱和酚、芳香酚、胶质和沥青质。故这一方法亦简称为"SARA"法。

　　该方法先用正庚烷沉淀沥青质，再将可溶组分吸附于氧化铝谱柱上；先用正庚烷冲洗，所得组分称为"饱和酚"，继而用甲苯先冲洗，所得组分称为"芳香酚"；最后用甲苯—乙醇冲洗，所得组分称为"胶质"。该方法的流程如图 7-15 所示。对于含蜡沥青，最后还可将分离得到的饱和酚和芳香酚用丁酮—苯作脱蜡溶剂，在 −20℃ 的条件下，冷冻过滤分离出蜡。

　　四组分分析法是按沥青中各化合物的化学组成结构来进行分组的，所以它与沥青的路用性能的关系更为密切，这是此种方法的优越之处。

　　为了进一步了解石油沥青的组成，对沥青的某些性能特征进行更详尽的解释，还可以将其分离为更多的组分（五组分分析法或多组分分析法）。但是，其分析操作过程会更为繁杂，分析时间会更长。

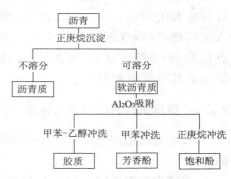

图 7-15　四组分分析法流程

　　按四组分分析法所得各组分的形状如表 7-2 所示。

表 7-2　石油沥青四组分分析法各组分的性状

组　分		外　观　特　性	平均分子量 M_r	碳氢比 C/H	物　化　特　性
沥青质		深褐色固体末颗粒	1 000～5 000	<1.0	提高热稳定性和黏滞性
饱和酚	相当油分	无色黏稠液体	300～1 000	<1.0	赋予沥青流动性
芳香酚		茶色黏稠液体			
胶质		红褐色至黑褐色黏稠半固体	500～1 000	≈1.0	赋予胶体稳定性，提高黏附性及可塑性
蜡（石蜡和地蜡）		白色晶体	300～1 000	<1.0	破坏沥青结构的均匀性，降低塑性

　　沥青的化学组分与沥青的物理、力学性质有着密切的关系，主要表现为沥青组分及其含量的不同将引起沥青性质趋向性的变化。一般认为：油分使沥青共有流动性；树脂使沥青具有塑性，树脂中含有少量的酸性树脂（即地沥青酸和地沥青酸酐），是一种表面活性物质，能增强沥青与矿质材料表面的吸附性；沥青质能提高沥青的黏结性和热稳定性。

　　3. 沥青的含蜡量

　　沥青中的蜡可以是石蜡或地蜡。地蜡也称为微晶蜡，沥青中的蜡主要是地蜡。蜡在常温下呈白色晶体存在于沥青，当温度达到 45℃ 就会由固态转变为液态。蜡的存在对沥青性能的影响，是沥青性能研究的一个重要课题。现有研究认为：由于沥青中蜡的存在，在高温时使沥青容易发软，导致沥青的高温稳定性降低，出现车辙。同样低温时会使沥青变得脆硬，导致路面低温抗裂性降低，出现裂缝。此外，蜡会使沥青与石料粘附性降低，在水分作用下，会使路面石子与沥青产生剥落现象，造成路面破坏。更严重的是，沥青含蜡会使路面的抗滑性降低，影响路面的行车的安全。对于沥青含蜡量的限制,世界各国测定方法不一样,所以限值也不一样,其范围为 2%～4%,《道路石油沥青技术要求》规定,A 级沥青含蜡量(蒸馏法)不大于 2.2%,B 级沥青不大于 3.0%,C 级沥青不大于 4.5%。

4. 化学组分对沥青的技术性质的影响

通过对石油沥青的化学组分的分析可见,沥青的基属不同,其组分有很大差别。相同油源,不同生产工艺制得的沥青的组分也不同。沥青中各组分相对含量对其路用性能有着重要的影响。由相同油源、相同生产工艺制得的沥青,沥青质和胶质的含量高,其针入度值较小(稠度较高),软化点较高;饱和酚含量高,其针入度值较大(稠度较低),软化点较低;芳香酚含量,对针入度、软化点无影响,但极性芳香酚含量高,对其粘附性有利;胶质对其延度贡献较大。

7.2.2　延度试验目的与适用范围

(1)本方法适用于测定道路石油沥青、液体沥青蒸馏残留物和乳化沥青蒸发残留物等材料的延度。

(2)沥青延度的试验温度与拉伸速率可根据要求采用,通常采用的试验温度为 25 ℃、15 ℃、10 ℃或 5 ℃,拉伸速度为(5±0.25)cm/min。当低温采用(1±0.05)cm/min 拉伸速度时,应在报告中注明。

7.2.3　延度试验仪具与材料

(1)延度仪:将试件浸没于水中,能保持规定的试验温度及按照规定拉伸速度拉伸试件且试验时无明显振动的延度仪均可使用,其形状及组成如图 7-7 所示。

(2)试模:黄铜制,由两个端模和两个侧模组成,其形状及尺寸如图 7-16 所示。试模内侧表面粗糙度 $R_a=0.2$ μm,当装配完好后可浇铸成表 7-4 尺寸的试样。

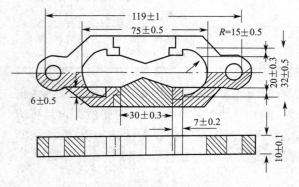

图 7-16　延度试模(单位:mm)

表 7-4　延度试样尺寸(mm)

总　　长	74.5～75.5
中间缩颈部长度	29.7～30.3
端部开始缩颈处宽度	19.7～20.3
最小横断面宽	9.9～10.1
厚度(全部)	9.9～10.1

(3)试模底板:玻璃板或磨光的铜板、不锈钢板(表面粗糙度 $R_a=0.2$ μm)。

(4)恒温水槽:容量不少于 10 L,控制温度的准确度为 0.1 ℃,水槽中应设有带孔搁架,搁架距水槽底不得少于 50 mm。试件浸入水中深度不小于 100 mm。

(5)温度计:0～50 ℃,分度为 0.1 ℃。

(6)砂浴或其他加热炉具。

(7)甘油滑石粉隔离剂(甘油与滑石粉的质量比 2∶1)。

(8)其他:平刮刀、石棉网、酒精、食盐等。

7.2.4 延度试验准备工作

(1)将隔离剂拌和均匀,涂于清洁干燥的试模底板和两个侧模的内侧表面,并将试模在试模底板上装妥。

(2)按《公路工程沥青及沥青混合料试验规程》JTG E20—2011 的沥青试样准备方法准备试样。然后将试样仔细自试模的一端至另一端往返数次缓缓注入模中,最后略高出试模,灌模时应注意勿使气泡混入。

(3)试件在室温中冷却 30~40 min,然后置于规定试验温度±0.1 ℃的恒温水槽中,保持 30 min 后取出,用热刮刀刮除高出试模的沥青,使沥青面与试模面齐平。沥青的刮法应自试模的中间刮向两端,且表面应刮得平滑。将试模连同底板再浸入规定试验温度的水槽中 1~1.5 h。

(4)检查延度仪延伸速度是否符合规定要求,然后移动滑板使其指针正对标尺的零点。将延度仪注水,并保温达试验温度±0.5 ℃。

7.2.5 延度试验步骤

(1)将保温后的试件连同底板移入延度仪的水槽中,然后将盛有试样的试模自玻璃板或不锈钢板上取下,将试模两端的孔分别套在滑板及槽端固定板的金属柱上,并取下侧模。水面距试件表面应不小于 25 mm。

(2)开动延度仪,并注意观察试样的延伸情况。此时应注意,在试验过程中,水温应始终保持在试验温度规定范围内,且仪器不得有振动,水面不得有晃动,当水槽采用循环水时,应暂时中断循环,停止水流。

在试验中,如发现沥青细丝浮于水面或沉入槽底时,则应在水中加入酒精或食盐,调整水的密度至与试样相近后,重新试验。

(3)试件拉断时,读取指针所指标尺上的读数,以厘米表示,在正常情况下,试件延伸时应成锥尖状,拉断时实际断面接近于零。如不能得到这种结果,则应在报告中注明。

7.2.6 延度试验数据计算及处理

1. 报告

同一试样,每次平行试验不少于 3 个,如 3 个测定结果均大于 100 cm,试验结果记作"＞100 cm";特殊需要也可分别记录实测值。如 3 个测定结果中,有一个以上的测定值小于 100 cm 时,若最大值或最小值与平均值之差满足重复性试验精密度要求,则取 3 个测定结果的平均值的整数作为延度试验结果,若平均值大于 100 cm,记作"＞100 cm";若最大值或最小值与平均值之差不符合重复性试验精密度要求时,试验应重新进行。

2. 精密度或允许差

当试验结果小于 100 cm 时,重复性试验的允许差为平均值的 20％;复现性试验的允许差为平均值的 30％。

知识拓展

下面简单介绍石油沥青的分类。

1. 按加工方法分类

可以分为直馏沥青、氧化沥青、溶剂脱油沥青、裂化沥青、乳化沥青、改性沥青、调和沥青等。

（1）直馏沥青

也称残留沥青，用直馏的方法将石油在不同沸点温度的馏分（汽油、煤油、柴油）取出之后，最后残留的黑色液体状产品。符合沥青标准的，称为直馏沥青；不符合沥青标准的针入度大于300，含蜡量最大的称为渣油。在一般情况下，低稠度原油生产的直馏沥青，其温度稳定性不足，还需要进行氧化处理才能达到稠度石油的性质指标。

（2）氧化沥青

将常压或减压重油，或低稠直馏沥青在 250～300 ℃高温下吹入空气，经过数小时氧化可获得常温下为半固体或固体状的沥青，又称吹制沥青。氧化沥青具有良好的温度稳定性。在道路工程中实用的沥青，氧化强度不能太深，有时也称为半氧化沥青。

（3）溶剂脱油沥青

这种沥青是对含量较高的重油采用溶剂萃取工艺，提炼出润滑油原料后所余残渣。在溶剂萃取过程中，一些石蜡成分溶解在萃取溶剂中随之被拔出，因此，溶剂沥青中石蜡成分相对减少，其性质较由石蜡基原油生产的渣油或氧化沥青有很大的改善。

（4）裂化沥青

在炼油过程中，为增加出油率，对蒸馏后的重油在隔绝空气和高温下进行热裂化，使碳链长的烃分子转化为碳链较短的汽油、煤油等。裂化后所得到的裂化残渣，称为裂化沥青。裂化沥青具有硬度大、软化点、延度小、没有足够的黏度和温度稳定性，不能直接用于道路上。

（5）乳化沥青

乳化沥青是将通常高温使用的道路沥青，经过机械搅拌和化学稳定的方法（乳化），扩散到水中而液化成常温下黏度很低、流动性很好的一种道路建筑材料。可以常温使用，且可以和冷的和潮湿的石料一起使用。当乳化沥青破乳凝固时，还原为连续的沥青并且水分完全排除掉，道路材料的最终强度才能形成。

在众多的道路建设应用中，乳化沥青提供了一种比热沥青更为安全、节能和环保的系统，因为这种工艺避免了高温操作、加热和有害排放。

乳化沥青主要用于道路的升级与养护，如石屑封层，还有多种独特的、其他沥青材料不可替代的应用，如冷拌料、稀浆封层。乳化沥青亦可用于新建道路施工，如粘层油、透层油等。

沥青和水的表面张力差别很大，在常温或高温下都不会互相混溶。但是当沥青经高速离心、剪切、重击等机械作用，使其成为粒径 0.1～5 μm 的微粒，并分散到含有表面活性剂（乳化剂——稳定剂）的水介质中，由于乳化剂能定向吸附在沥青微粒表面，因而降低了水与沥青的界面张力，使沥青微粒能在水中形成稳定的分散体系，这就是水包油的乳状液。这种分散体系呈茶褐色，沥青为分散相，水为连续相，常温下具有良好流动性。从某种意义上说乳化沥青是用水来"稀释"沥青,因而改善了沥青的流动性。

(6)改性沥青

改性沥青是掺加橡胶、树脂、高分子聚合物、磨细的橡胶粉或其他填料等外掺剂(改性剂),或采取对沥青轻度氧化加工等措施,使沥青或沥青混合料的性能得以改善制成的沥青结合料。

改性沥青其机理有两种,一是改变沥青化学组成,二是使改性剂均匀分布于沥青中形成一定的空间网络结构。

现代公路和道路发生许多变化:交通流量和行驶频度急剧增长,货运车的轴重不断增加,普遍实行分车道单向行驶,要求进一步提高路面抗流动性,即高温下抗车辙的能力;提高柔性和弹性,即低温下抗开裂的能力;提高耐磨耗能力和延长使用寿命。现代建筑物普遍采用大跨度预应力屋面板,要求屋面防水材料适应大位移,更耐受严酷的高低温气候条件,耐久性更好,有自黏性,方便施工,减少维修工作量。使用环境发生的这些变化对石油沥青的性能提出了严峻的挑战。对石油沥青改性,使其适应上述苛刻使用要求,引起了人们的重视。经过数十年研究开发,已出现品种繁多的改性道路沥青、防水卷材和涂料,表现出一定的工程实用效果。但鉴于改性后的材料价格通常比普通石油沥青高 2~7 倍,用户对材料工程性能尚未能充分把握,改性沥青产量增长缓慢。目前改性道路沥青主要用于机场跑道、防水桥面、停车场、运动场、重交通路面、交叉路口和路面转弯处等特殊场合的铺装应用。近来欧洲将改性沥青应用到公路网的养护和补强,较大地推动了改性道路沥青的普遍应用。改性沥青防水卷材和涂料主要用于高档建筑物的防水工程。随着科学技术进步和经济建设事业的发展,将进一步推动改性沥青的品种开发和生产技术的发展。改性沥青的品种和制备技术取决于改性剂的类型、加入量和基质沥青(即原料沥青)的组成和性质。由于改性剂品种繁多,形态各异,为了使其与石油沥青形成均匀的可供工程实用的材料,多年来评价了各种类型改性剂,并开发出相应的配方和制备方法,但多数已被工程实用的改性沥青属于专利技术和专利产品。

(7)调和沥青

调和沥青指由同一原油构成沥青的 4 组分按质量要求所需的比例重新调和所得的产品,又称为合成沥青或重构沥青。随着工艺技术的发展,调和组分的来源得到扩大。例如可以从同一原油或不同原油的一、二次加工的残渣或组分以及各种工业废油等作为调和组分,这就降低了沥青生产中对油源选择的依赖性。随着适宜制造沥青的原油日益短缺,调和的方法显示出的灵活性和经济性正在日益受到重视和普遍应用。

2.按用途分类

可分为道路石油沥青、建筑石油沥青、普通石油沥青、以用途或功能命名的各种专用沥青等。

(1)道路沥青

主要含直馏沥青,黑色固体,以适当性质的原油经常减压蒸馏获得,也可以减压渣油经浅度氧化或丙烷脱沥青工艺后而得,还可以采用不同延度和针入度级别的沥青调和配制而制得。具有良好的流变性、持久的粘附性、抗车辙性、抗推挤变形能力。延度 40~100 cm。

主要用于铺筑路面和用作屋面材料的黏结剂。用橡胶或其他高分子化合物放性的道路沥青(加入橡胶者称橡胶沥青,其量为橡胶总量的 3%~10%),可用于铺筑高级高速公路路面,机场跑道和重要交通路口承受高负荷的路面。

（2）建筑石油沥青

主要含氧化沥青，是原油蒸馏后的重油经氧化而得的产品。它是建筑工程中采用的品种，用于屋面和地下的防水材料、制作油毡、油纸和绝缘材料等。

（3）普通石油沥青

主要含蜡基沥青，性能较差，它一般不能直接使用，要掺配或调和后才能使用。

液体沥青在常温下多成黏性液体或液体状态，根据凝结速度的不同，按标准黏度分级划分为慢凝液体沥青、中凝液体沥青和快凝液体沥青三种类型。在生产应用中常在黏稠沥青掺入一定比例的溶剂，配制的稠度很低的液体沥青，称为稀释沥青。

典型工作任务 3　石油沥青黏滞度试验

7.3.1　石油沥青的改性措施

现代高等级沥青路面的交通特点是：交通密度大，车辆轴载重、荷载作用间歇时间短，以及高速和渠化。由于这些特点造成沥青路面产生严重的车辙和裂缝。为解决高等级路面的车辙和裂缝，对高等级沥青路面使用的沥青，提出更高的要求，即必须具有抵抗高温变形和低温裂缝这两种互相矛盾的性能，而这是现有沥青生产工艺难以达到的。因此要求对现有市场沥青的性能进行改善。

改性沥青是沥青与一种或数种掺加剂的混合物，通常这些掺加剂是天然的或人工合成的弹性体。结合料沥青改性的目标是改善低温和高温时的性质，即达到改性沥青材料高温时具有较高的劲度以避免形成车辙，低温时则具有较低的劲度以减少开裂。应用于改善沥青性能的改性剂主要有：橡胶、塑料胶、纤维类等。

1. 橡胶（合成橡胶）

天然橡胶乳液、丁苯橡胶、氯丁橡胶、聚丁二烯橡胶、嵌段共聚物（苯乙烯—丁二烯—苯乙烯，即所谓 SBS）及再生橡胶。橡胶改性沥青的特点是低温变形能力提高，韧度或韧性增大，高温（施工温度）黏度增大。

2. 塑料胶

聚乙烯、聚丙烯、聚氯乙烯等，最常采用的为聚乙烯（PE）和聚丙烯（PP）。由于它们的价格较为便宜，所以很早就被用来改善沥青。聚乙烯和聚丙烯改性沥青的性能，主要是提高了沥青的黏度，改善高温稳定性，同时可增大沥青的韧性。

3. 纤维类

石棉、聚丙烯纤维、聚酯纤维。纤维类物质加入沥青中，可显著地提高沥青的高温稳定性，同时可增加低温抗拉强度，但能否达到预期的效果，取决于纤维的性能和掺配工艺。

7.3.2　试验目的与适用范围

本方法采用道路沥青标准黏度计测定液体石油沥青、煤沥青、乳化沥青等材料流动状态时的黏度。本法测定的黏度应注明温度及流孔孔径，以 $C_{T,d}$ 表示（T 为试验温度；d 为孔径）。

7.3.3　仪具与材料

（1）道路沥青标准黏度计。形状及尺寸如图 7-17 所示，由下列部分组成：

①水槽：环槽形，内径 160 mm，深 100 mm，中央有一圆井，井壁与水槽之间距离不少于 55 mm。环槽中存放保温用液体（水或油），上下方各设有一流水管。水槽下装有可以调节高低的三脚架，架上有一圆盘承托水槽，水槽底离试验台面约 200 mm。水槽控温精密度±0.2 ℃。

②盛样管：形状及尺寸如图 7-18 所示，管体为黄铜而带流孔的底板为磷青铜制成。盛样管的流孔直径有（3±0.025）mm、（4±0.025）mm、（5±0.025）mm 和（10±0.025）mm 四种。根据试验需要，选择盛样管流孔的孔径。

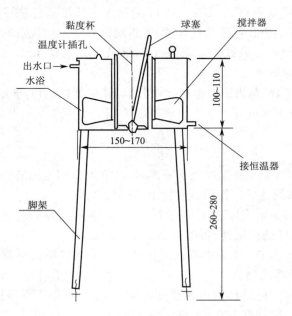

图 7-17　沥青黏度计（单位：mm）

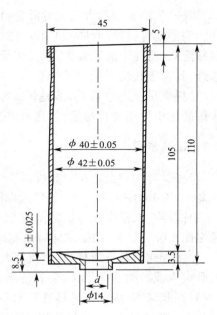

图 7-18　盛样管（单位：mm）

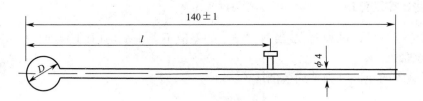

图 7-19　球塞（单位：mm）

③球塞：用以堵塞流孔，形状尺寸如图 7-19 所示，杆上有一标记。球塞直径（12.7±0.05）mm 的标记高为（92±0.25）mm，用以指示 10 mm 盛样管内试样的高度，球塞直径（6.35±0.05）mm 的标记高为（90.3±0.25）mm，用以指示其他盛样管内试样的高度。

④水槽盖：盖的中央有套筒，可套在水槽的圆井上，下附有搅拌叶，盖上有一把手，转动把手时可借搅拌叶调匀水槽内水温。盖上还有一插孔，可放置温度计。

⑤温度计：分度为 0.1 ℃。

⑥接受瓶：开口，圆柱形玻璃容器，100 mL，在 25 mL、50 mL、75 mL、100 mL 处有刻度；也可采用 100 mL 量筒。

⑦流孔检查棒：磷青铜制，长 100 mm，检查 4 mm 和 10 mm 流孔及检查 3 mm 和 5 mm 流

孔各一支,检查段位于两端,长度不少于 10 mm,直径按流孔下限尺寸制造。

(2)秒表:分度 0.1 s。

(3)循环恒温水槽。

(4)肥皂水或矿物油。

(5)其他:加热炉、大蒸发皿等。

7.3.4　试验准备工作

(1)按《公路工程沥青及沥青混合料试验规程》JTG E20—2011 的沥青试样准备方法准备试样。根据沥青材料的种类和稠度,选择需要流孔孔径的盛样管,置水槽圆井中。用规定的球塞堵好流孔,流孔下放蒸发皿,以备接受不慎流出的试样。除 10 mm 流孔采用直径 12.7 mm 球塞外,其余流孔均采用直径为 6.35 mm 的球塞。

(2)根据试验温度需要,调整恒温水槽的水温为试验温度±0.1 ℃,并将其进出口与黏度计水槽的进出口用胶管接妥,使热水流进行正常循环。

7.3.5　试验步骤

(1)将试样加热至比试验温度高 2～3 ℃(如试验温度低于室温时,试样须冷却至比试验温度低 2～3 ℃)时注入盛样管,其数量以液面到达球塞杆垂直时杆上的标记为准。

(2)试样在水槽中保持试验温度至少 30 min,用温度计轻轻搅拌试样,测量试样的温度为试验温度±0.1 ℃时,调整试样液面至球塞杆的标记处,再继续保温 1～3 min。

(3)将流孔下蒸发皿移去,放置接受瓶或量筒,使其中心正对流孔。接受瓶或量筒可预先注入肥皂水或矿物油 25 mL,以利洗涤及读数准确。

(4)提起球塞,借标记悬挂在试样管边上,待试样流入接受瓶或量筒达 25 mL(量筒刻度50 mL)时,按动秒表,待试样流出 75 mL(量筒刻度 100 mL)时,按停秒表。

(5)记取试样流出 50 mL 所经过的时间,以秒计,即为试样的黏度。

7.3.6　数据计算及处理

同一试样至少平行试验两次,当两次测定的差值不大于平均值的 4% 时,取其平均值的整数作为试验结果。

重复性试验的允许差为平均值的 4%。

 知识拓展

下面简单介绍沥青防水卷材。

沥青防水卷材是在基胎(原纸或纤维织物等)上浸涂沥青后,在表面撒布粉状或片状隔离材料制成的一种防水卷材。

沥青防水卷材的使用性能一般,存在有低温柔韧性差、延伸率低、拉伸强度低、耐久性差等缺陷,但由于成本低,目前仍广泛用于一般建筑的屋面或地下防水防潮工程。

1. 主要品种的性能及应用

沥青类防水卷材有石油沥青纸胎油毡,石油沥青玻璃纤维(或玻璃布)胎油毡,铝箔面油毡,改性沥青聚乙烯胎防水卷材,沥青复合胎防水卷材等品种。其中纸胎油毡是限制使用和即将淘汰的品种。

(1)石油沥青纸胎防水卷材

石油沥青纸胎油毡(简称油毡)是以石油沥青浸渍原纸,再涂盖其两面,表面涂或撒隔离材料所制成的卷材。

《石油沥青纸胎油毡》(GB 326—2007)规定,油毡按卷重和物理性能分为Ⅰ型、Ⅱ型、Ⅲ型;油毡幅宽为10 00 mm,其他规格可由供需双方商定;标记时按产品名称、类型和标准号顺序标记,比如:Ⅲ型石油沥青纸胎油毡标记为:油毡Ⅲ型 GB 326—2007;Ⅰ型、Ⅱ型油毡适用于辅助防水、保护隔离层、临时性建筑防水、防潮及包装等,Ⅲ型油毡适用于屋面工程的多层防水。

表 7-5   石油沥青纸胎油毡的物理性能

项　　目		指标		
		Ⅰ型	Ⅱ型	Ⅲ型
单位面积浸涂材料总量/(g/m²)		600	750	1 000
不透水性	压力/MPa	0.02	0.02	0.10
	保持时间/min	20	30	30
吸水率/%		3.0	2.0	1.0
耐热度		(85±2)℃,2 h涂盖层无滑动、流淌和集中性气泡		
拉力(纵向)/(N/50 mm)		240	270	340
柔度		(18±2)℃,绕 φ20 mm 棒或弯板无裂纹		

注:本标准Ⅲ型产品物理性能要求为强制性的,其余为推荐性的。

每卷油毡的卷重Ⅰ型应不小于17.5 kg、Ⅱ型不小于22.5 kg、Ⅲ型不小于28.5 kg,每卷油毡的总面积为(20±0.3)m²。

成卷油毡应卷紧、卷齐,端面里进外出不得超过10 mm;成卷油毡在(10~45)℃任一产品温度下展开,在距卷芯1 000 mm 长度外不应有10 mm 以上的裂纹或粘结;纸胎必须浸透,不应有未被浸透的浅色斑点,不应有胎基外露和涂油不均。

(2)石油沥青玻璃纤维油毡(简称玻纤油毡)和玻璃布油毡

玻纤油毡是采用玻璃纤维薄毡为胎基,浸涂石油沥青,表面撒以矿物粉料或覆盖以聚乙烯薄膜等隔离材料,制成的一种防水卷材。其指标应符合《石油沥青玻璃纤维胎防水卷材》(GB/T 14686—2008)的规定,柔性好(在0~10 ℃弯曲无裂纹),耐化学微生物的腐蚀,寿命长。用于防水等级为Ⅲ级的屋面工程。

玻璃布油毡是采用玻璃布为胎基,浸涂石油沥青,表面撒以矿物粉料或覆盖以聚乙烯薄膜等隔离材料,制成的一种防水卷材。根据行标《石油沥青玻璃布胎油毡》(JC/T 84—1996)规定规格宽为1 000 mm,分为一等品和合格品两个等级。每卷油毡的总面积为(20±0.3)m²。具有拉力大及耐霉菌性好,适用于要求强度高及耐霉菌性好的防水工程,柔韧性也比纸胎油毡好,易于在复杂部位粘贴和密封。主要用于铺设地下防水、防潮层、金属管道的防腐保护层。

这两种产品是大力推广的石油沥青油毡种类。

（3）沥青复合胎柔性防水卷材

沥青复合胎柔性防水卷材是指以沥青（用橡胶、树脂等高聚物改性）为基料，以两种材料复合为胎体，细砂、矿物粒（片）料、聚酯膜、聚乙烯膜等为覆面材料，以浸涂、滚压工艺而制成的防水卷材。按胎体分为沥青聚酯毡、玻纤网格布复合胎柔性防水卷材沥青玻纤毡、玻纤网格布复合胎柔性防水卷材沥青涤棉无纺布、玻纤网格布复合胎柔性防水卷材沥青玻纤毡、聚乙烯膜复合胎柔性防水卷材。规格尺寸有长 10 m、7.5 m；宽 1 000 mm、1 100 mm；厚度 3 mm、4 mm。按物理性能分为一等品（B）和合格品（C）。其性能指标应符合 JC/T 690—2008 中的规定。

（4）铝箔面油毡

铝箔面油毡是用玻璃纤维毡为胎基，浸涂氧化沥青，表面用压纹铝箔贴面，底面撒以细颗粒矿物料或覆盖以聚乙烯（PE）膜制成的防水卷材。具有美观效果及能反射热量和紫外线的功能，能降低屋面及室内温度，阻隔蒸汽的渗透，用于多层防水的面层和隔气层。

2. 石油沥青防水卷材的验收、储存、运输和保管

（1）不同规格、标号、品种、等级的产品不得混放。

（2）卷材应保管在规定温度（粉毡和玻璃毡≤45 ℃，片毡≤50 ℃）下。

（3）纸胎油毡和玻璃纤维油毡要求立放，高度不得超过两层，所有搭接边的一端必须朝上；玻璃布胎油毡可以同一方向平放堆置成三角形，码放不超过 10 层，并应远离火源，置于通风、干燥的室内，防止日晒、雨淋和受潮。

（4）用轮船和铁路运输时，卷材必须立放，高度不得超过两层，短途运输可平放，不宜超过 4 层，不得倾斜、横压，必要时应加盖苫布；人工搬运要轻拿轻放，避免出现不必要的损伤。

（5）产品质量保证期为一年。

（6）检验内容：外观不允许有孔洞、硌伤，胎体不允许出现露胎或涂盖不匀；裂纹、折纹、皱折、裂口、缺边不许超标，每卷允许有一个接头，较短的一段不应小于 2.5 m，接头处应加长 150 mm。物理性能有纵向拉力、耐热度、柔度、不透水性指标应符合技术要求。

典型工作任务 4　石油沥青软化点试验

7.4.1　石油沥青的技术标准和选用

1. 石油沥青的牌号和标准

石油沥青产品有：道路沥青类、建筑沥青类、普通沥青及专用沥青等。专用沥青是用于特殊工业的沥青，如油漆沥青、绝缘沥青、电缆沥青等。水利及土木工程中应用的主要是其他三类沥青产品。

（1）道路石油沥青

为适应高等级公路建设的需要，道路用石油沥青技术要求按行业标准《公路沥青路面施工技术规范》，将道路用黏稠石油沥青分为"重交通量道路石油沥青技术要求"及"中、轻交通量道路石油沥青技术要求"两个等级。

重交通量道路沥青按针入度划分为 AH-130、AH-110、AH-90、AH-70、AH-50 五个牌号，同时对各牌号沥青的延度、软化点、闪点、含蜡量、薄膜加热试验等技术指标也提出相应的要求。牌号越高，则黏性越小（即针入度越大），塑性越好（即延度越大），温度敏感性越大（即软化点越低）。重交通量道路石油沥青技术要求如表 7-6 所示。

表 7-6　重交通量道路石油沥青技术要求

试验项目		AH-130	AH-110	AH-90	AH-70	AH-50
针入度(25 ℃,100 g,5 s)0.1 mm		120～140	100～120	80～100	60～80	40～60
延度(5 cm/min,15 ℃)/cm		＞100	＞100	＞100	＞100	＞80
软化点(环球法)/℃		40～50	41～51	42～52	44～54	45～55
闪点(COC)/℃		＞230				
含蜡量(蒸馏法)/%		＜3				
密度(15 ℃)/(g·cm⁻³)		实测记录				
溶解度(三氯乙烯)/%		＞99.0				
薄膜加热试验(163 ℃,5 h)	质量损失/%	＜1.3	＜1.2	＜1.0	＜0.8	＜0.6
	针入度比/%	＞45	＞48	＞50	＞55	＞58
	延度/cm(25 ℃)	＞75	＞75	＞75	＞50	＞40
	延度/cm(15 ℃)	实测记录				

注：1. 在有条件时，应测定沥青在 60 ℃时的动力黏度(Pa·s)、135 ℃时的运动黏度(mm²/s)，并在检验报告中注明。
　　2. 对高速公路、一级公路的沥青路面，如有需要，用户可对薄膜加热试验后的 15 ℃延度、黏度等指标向供方提出要求。

中、轻交通量道路石油沥青按针入度划分为 A-200、A-180、A-140、A-100 甲、A-100 乙、A-60 甲、A-60 乙七个牌号，同时对各牌号沥青的延度、软化点、蒸发损失试验等技术指标提出相应的要求。中、轻交通量道路石油沥青技术要求如表 7-7 所示。

道路用液体石油沥青的技术要求，按液体沥青的凝固速度而分为快凝、中凝、慢凝三个等级，而快凝的液体沥青划分为三个牌号。中凝和慢凝的液体沥青按黏度各划分为六个牌号。除黏度外，对蒸馏的馏分及残留物性质、闪点和水分等亦提出相应的要求。道路用液体石油沥青技术要求如表 7-8 所示。

（2）建筑石油沥青

建筑石油沥青针入度较小（黏性较大），软化点较高（耐热性较好），但延伸度较小（塑性较小）。建筑石油沥青技术要求如表 7-7 所示。

主要用作制造油纸，油毡，防水涂料和沥青嵌缝油膏。

（3）普通石油沥青

普通石油沥青中含蜡较多（有害成分），一般含量大于 5%，有的高达 20% 以上，故又称多蜡石油沥青。

普通石油沥青含有较多的蜡，温度敏感性较大，达到液态时的温度与其软化点相差很小；与软化点大体相同的建筑石油沥青相比，针入度较大即黏性较小，塑性较差。普通石油沥青技术要求如表 7-7 所示。

表 7-7　中、轻交通道路石油沥青、建筑石油沥青及普通石油沥青技术要求

质量指标	中、轻交通道路石油沥青							建筑石油沥青		普通石油沥青		
	200	180	140	100甲	100乙	60甲	60乙	30	10	75	65	55
针入度 (25℃,100 g) /0.1 mm	201～300	161～200	121～160	91～120	81～120	51～80	41～80	25～40	10～25	≥75	≥65	≥55
延度(25℃) /cm	-	≥100	≥100	≥90	≥60	≥70	≥40	≥3	≥1.5	≥2	≥1.5	≥1
软化点(环球法)/℃	30～45	35～45	38～48	42～52	42～52	45～55	45～55	≥70	≥95	≥60	≥80	≥100
闪点(开口)/℃	≥180	≥200	≥230	≥230	≥230	≥230	≥230	≥230	≥230	≥230	≥230	≥230
溶解度(三氯甲烷,四氯化碳或苯)/%	≥99.0	≥99.0	≥99.0	≥99.0	≥99.0	≥99.0	≥99.0	≥99.5	≥99.5	≥98	≥98	≥98
蒸发损失 (160℃, 5 h)/%	≤1	≤1	≤1	≤1	≤1	≤1	≤1	≤1	≤1	-	-	-
蒸发后针入度比/%	≥50	≥60	≥60	≥65	≥65	≥70	≥70	≥65	≥65			

2. 石油沥青的选用

石油沥青的选用,应根据工程特点、使用部位和环境条件的要求,对照石油沥青的技术性质指在满足使用要求的前提下,尽量选用较大牌号的品种,以保证正常使用条件下具有较长的使用年限。

道路石油沥青黏性差,塑性好,容易浸透和乳化,但弹性、耐热性和温度稳定性较差,可用来拌制沥青混凝土或砂浆,用于修筑路面和各种防渗、防护工程,还可用来配制填缝材料、黏结剂和防水材料。建筑石油沥青具有良好的防水性、黏结性、耐热性及温度稳定性,但黏度大,延伸变形性能较差,主要用于屋面和各种防水工程,并用来制造防水卷材,配制沥青胶和沥青涂料。普通石油沥青性能较差,一般较少单独使用,可以作为建筑石油沥青的掺配材料。

选用中,根据工程条件及环境特点,确定沥青的主要技术要求。一般情况下,屋面沥青防水层,要求具有较好的黏结性、温度敏感性和大气稳定性,因此,要求沥青的软化点应高于当地历年来达到的最高气温 20℃以上,以保证夏季高温不流淌;同时要求具有耐低温能力,以保证冬季低温不脆裂。用于地下防潮、防水工程的沥青,要求具有黏性大,塑性和韧性好,但对其软化点要求不高,以保证沥青层与基层黏结牢固,并能适应结构的变形,抵抗尖锐物的刺入,保持防水层完整,不被破坏。

在施工现场,应掌握沥青质量、牌号的鉴别方法,如表 7-9 所示,以便正确使用。

表 7-8　道路用液体石油沥青的标准

项目		快凝		中凝						慢凝					
		AL(R)-1	AL(R)-2	AL(M)-1	AL(M)-2	AL(M)-3	AL(M)-4	AL(M)-5	AL(M)-6	AL(S)-1	AL(S)-2	AL(S)-3	AL(S)-4	AL(S)-5	AL(S)-6
黏度/s	$C_{25.5}$	<20	-	<20	-	-	-	-	-	<20	-	-	-	-	-
	$C_{60.5}$	-	5~15	-	5~15	16~25	26~40	41~100	101~200	-	5~15	16~25	26~40	41~100	101~200
蒸馏/%	225℃前	>20	>15	<10	<7	<3	<2	0	0	-	-	-	-	-	-
	315℃前	>35	>30	<35	<25	<17	<14	<8	<5	-	-	-	-	-	-
	360℃前	>45	>35	<50	<35	<30	<25	<20	<15	<40	<35	<25	<20	<15	<5
蒸馏后残留物性质	针入度(25℃,100 g)/0.1 mm	60~200	60~200	100~300	100~300	100~300	100~300	100~300	100~300	-	-	-	-	-	-
	延度(25℃)/cm	≥60	≥60	≥60	≥60	≥60	≥60	≥60	≥60	-	-	-	-	-	-
	浮标度/s(50℃)	-	-	-	-	-	-	-	-	<20	>20	>30	>40	>45	>45
闪点(COC)/℃		≥30	≥30	≥65	≥65	≥65	≥65	≥65	≥65	≥70	≥70	≥100	≥100	≥120	≥120
含水量/%		≤0.2	≤0.2	≤0.2	≤0.2	≤0.2	≤0.2	≤0.2	≤0.2	≤0.2	≤0.2	≤0.2	≤0.2	≤0.2	≤0.2

表 7-9　石油沥青的外观及牌号鉴别

项　目		鉴 别 方 法
沥 青 形 态	固态	敲碎,检查其断口,色黑而发亮的质好;暗淡的质差
	半固态	即膏状体,取少许,拉成细丝,丝愈长,愈好
	液态	黏性强,有光泽,没有沉淀和杂质的较好;也可用以小木条插入液体中,轻轻搅动几下,提起,丝愈长,愈好
沥 青 牌 号	140~100	质软
	60	用铁锤敲,不碎,只出现凹坑而变形
	30	用铁锤敲,成为较大的碎块
	10	用铁锤敲,成为较小的碎块,表面色黑有光

7.4.2　软化点试验仪具与材料

本方法适用于测定道路石油沥青、煤沥青的软化点,也适用于测定液体石油沥青经蒸馏或乳化沥青破乳蒸发后残留物的软化点。

（1）软化点试验仪,如图 7-8 所示,由下列部件组成:

① 钢球:直径 9.53 mm,质量(3.5±0.05)g。

② 试样环:黄铜或不锈钢等制成,形状尺寸如图 7-20 所示。

③ 钢球定位环:黄铜或不锈钢制成,形状尺寸如图 7-21 所示。

④ 金属支架:由两个主杆和三层平行的金属板组成。上层为一圆盘,直径略大于烧杯直径,中间有一圆孔,用以插放温度计。中层板形状尺寸如图 7-22 所示,板上有两个孔,各放置金属环,中间有一小孔可支持温度计的测温端部。一侧立杆距环上面 51 mm 处刻有水高标记。环下面距下层底板为 25.4 mm,而下底板距烧杯底不少于 12.7 mm,也不得大于 19 mm。三层金属板和两个主杆由两螺母固定在一起。

⑤ 耐热玻璃烧杯:容量 800~1 000 mL,直径不小于 86 mm,高不小于 120 mm。

⑥ 温度计:0~80 ℃,分度为 0.5 ℃。

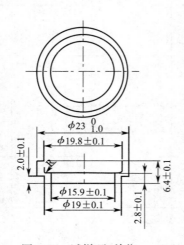

图 7-20　试样环(单位:mm)

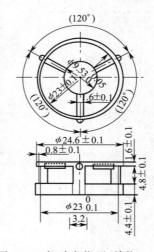

图 7-21　钢球定位环(单位:mm)

（2）环夹:由薄钢条制成,用以夹持金属环,以便刮平表面,形状、尺寸如图 7-23 所示。

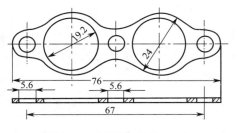

图 7-22　中层板(单位:mm)

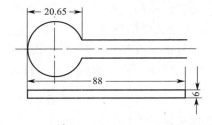

图 7-23　环夹(单位:mm)

(3)装有温度调节器的电炉或其他加热炉具(液化石油气、天然气等)。应采用带有振荡搅拌器的加热电炉,振荡子置于烧杯底部。

(4)试样底板:金属板(表面粗糙度应达 $R_a=0.8\ \mu m$)或玻璃板。

(5)恒温水槽:控温的准确度为 0.5 ℃。

(6)平直刮刀。

(7)甘油滑石粉隔离剂(甘油与滑石粉的比例为质量比 2:1)。

(8)新煮沸过的蒸馏水。

(9)其他:石棉网。

7.4.3　软化点试验准备

(1)将试样环置于涂有甘油滑石粉隔离剂的试样底板上。将准备好的沥青试样徐徐注入试样环内至略高出环面为止。

如估计试样软化点高于 120 ℃,则试样环和试样底板(不用玻璃板)均应预热至 80~100 ℃。

(2)试样在室温冷却 30 min 后,用环夹夹着试样杯,并用热刮刀刮除环面上的试样,务使与环面齐平。

7.4.4　软化点试验步骤

1.试样软化点在 80 ℃以下

(1)将装有试样的试样环连同试样底板置于(5±0.5)℃水的恒温水槽中至少 15 min;同时将金属支架、钢球、钢球定位环等亦置于相同水槽中。

(2)烧杯内注入新煮沸并冷却至 5 ℃的蒸馏水,水面略低于立杆上的深度标记。

(3)从恒温水槽中取出盛有试样的试样环放置在支架中层板的圆孔中,套上定位环;然后将整个环架放入烧杯中,调整水面至深度标记,并保持水温为(5±0.5)℃。环架上任何部分不得附有气泡。将 0~80 ℃的温度计由上层板中心孔垂直插入,使端部测温头底部与试样环下面齐平。

(4)将盛有水和环架的烧杯移至放有石棉网的加热炉具上,然后将钢球放在定位环中间的试样中央,立即开动振荡搅拌器,使水微微振荡,并开始加热,使杯中水温在 3 min 内调节至维持每分钟上升(5±0.5)℃。在加热过程中,应记录每分钟上升的温度值,如温度上升速度超出此范围时,则试验应重作。

(5)试样受热软化逐渐下坠,至与下层底板表面接触时,立即读取温度,准确至 0.5 ℃。

2.试样软化点在 80 ℃以上

（1）将装有试样的试样环连同试样底板置于装有（32±1）℃甘油的恒温槽中至少 15 min；同时将金属支架、钢球、钢球定位环等亦置于甘油中。

（2）在烧杯内注入预先加热至 32 ℃的甘油，其液面略低于立杆上的深度标记。

（3）从恒温槽中取出装有试样的试样环，按上述"试样软化点在 80 ℃以下者"的方法进行测定，准确至 1 ℃。

7.4.5　软化点试验数据计算及处理

同一试样平行试验两次，当两次测定值的差值符合重复性试验精密度要求时，取其平均值作为软化点试验结果，准确至 0.5 ℃。

（1）当试样软化点小于 80 ℃时，重复性试验的允许差为 1 ℃，复现性试验的允许差为 4 ℃。

（2）当试样软化点等于或大于 80 ℃时，重复性试验的允许差为 2 ℃，复现性试验的允许差为 8 ℃。

 知识拓展

下面简单介绍沥青类防水涂料。

沥青类防水涂料的主要成膜物质是沥青，包括溶剂型和水乳型两种，主要品种有冷底子油、沥青胶、水性沥青基防水涂料。

1. 冷底子油

冷底子油是将建筑石油沥青（30 号、10 号或 60 号）加入汽油、柴油或将煤沥青（软化点为 50～70 ℃）加入苯，熔合而成的沥青溶液。一般不单独作为防水材料使用，作为打底材料与沥青胶配合使用，增加沥青胶与基层的黏接力。常用配合比为①石油沥青：汽油＝30：70。②石油沥青：煤油或柴油＝40：60，一般现用现配，用密闭容器储存，以防溶剂挥发。

2. 沥青胶（玛蹄脂）

沥青胶是为了提高沥青的耐热性，降低沥青层的低温脆性，在沥青材料中加入填料进行改性而制成的液体。粉状填料有石灰石粉、白云石粉、滑石粉、膨润土等，纤维状填料有木质纤维、石棉屑等。该产品主要有耐热性、柔韧性、黏接力三种技术指标，如表 7-10 所示。

表 7-10　石油沥青胶的技术指标

项　目	标　　号					
	S-60	S-65	S-70	S-75	S-80	S-85
耐热度	用 2 mm 厚沥青胶黏合两张沥青油纸，在不低于下列温度（℃）下，于 45 ℃的坡度上，停放 5 h，沥青胶结料不应流出，油纸不应滑动					
	60	65	70	75	80	85
黏结力	将两张用沥青胶黏贴在一起的油纸揭开时，若被撕开的面积超过黏贴面积的一半时，则认为不合格；否则认为合格					
柔韧性	涂在沥青油纸上的厚沥青胶层，在（18±2）℃时围绕下列直径（mm）的圆棒以 5 s 时间且匀速弯曲成半周，沥青胶结料不应有开裂					
	10	15	15	20	25	30

　　沥青胶的标号应根据屋面的历年最高温度及屋面坡度进行选择,如表 7-11 所示。沥青与填充料应混合均匀,不得有粉团、草根、树叶、砂土等杂质。施工方法有冷用和热用两种。热用比冷用的防水效果好;冷用施工方便,不会烫伤,但耗费溶剂。用于沥青或改性沥青类卷材的黏接、沥青防水涂层和沥青砂浆层的底层。

表 7-11　石油沥青胶的标号选择

屋面坡度/°	历年极端室外温度/℃	沥青胶标号	屋面坡度/°	历年极端室外温度/℃	沥青胶标号
1~3	低于 38	S-60	3~15	41~45	S-75
	38~41	S-65	15~25	低于 38	S-75
	41~45	S-70		38~41	S-80
3~15	低于 38	S-65		41~45	S-85
	38~41	S-70			

3. 水性沥青基防水涂料

　　水性沥青基防水涂料是指乳化沥青及在其中加入各种改性材料的水乳型防水材料。属于低档防水涂料,主要用于Ⅲ、Ⅳ级防水等级的屋面防水及厕浴间、厨房防水。

　　我国的主要品种有 AE-1、AE-2 型两大类。AE-1 型是以石油沥青为基料,用石棉纤维或其他矿物填充料改性的水性沥青厚质防水涂料,如水性沥青石棉防水涂料、水性沥青膨润土防水涂料,价格低廉,可以在潮湿基层上施工;AE-2 型是用化学乳化剂配成的乳化沥青,掺入氯丁胶乳或再生橡胶等橡胶改性的水性沥青基薄质防水涂料,其性能指标应符合《水性沥青基防水涂料》JT/T 535—2004 的规定,如表 7-12 所示。按其质量分为一等品和合格品。

　　这类材料的质量检验项目有固含量、延伸性、柔韧性、黏接性、不透水性和耐热性等指标,经检验合格后才能用于工程中。

表 7-12　水性沥青防水涂料的技术指标

项　　目		AE-1 类		AE-2 类	
		一等品	合格品	一等品	合格品
外　　观		黑色或黑灰色均质膏体或黏稠液体。搅匀,分散在水溶液中无沥青丝	黑色或黑灰色均质膏体或黏稠液体。搅匀,分散在水溶液中无明显沥青丝	呈褐色或蓝褐色均质液体。搅匀,搅拌棒不黏任何颗粒	呈褐色或蓝褐色均质液体。搅匀,搅拌棒不黏任何颗粒
固体含量/%		≥50		≥43	
延伸性/mm	无处理	≥5.5	≥4.0	≥6.0	≥4.5
	处理后	≥4.0	≥3.0	≥4.5	≥3.5
柔韧性/℃		5±1	10±1	-15±1	-10±1
		无裂纹无断裂			
耐热性		(80±2)℃(无流淌、起泡和滑动)			
黏结力/MPa		0.2			
不透水性		不透水			
抗冻性		20 次无开裂			

项目小结

通过本项目学习应掌握沥青的基本知识,同时掌握石油沥青的特性,以便进一步帮助我们针对沥青混合料的内容进行学习;掌握防水卷材和防水涂料的基本性质,方便于日常工程实践中的使用;掌握沥青最基本的四个技术性质检测方法。

复习思考题

1. 沥青针入度、延度、软化点试验反应沥青哪些性能?

2. 谈谈改善沥青性能的措施。

3. 简述乳化沥青的组成及其优缺点。

4. 石油沥青牌号用何表示? 牌号与其主要性能间的一般规律如何?

5. 沥青胶与沥青相比较改善了哪些性质? 为什么?

6. 石油沥青的主要技术性质是什么? 各用什么指标表示? 影响这些性质的主要因素是什么?

7. 石油沥青的老化与组分有何关系? 在老化过程中,沥青的性质发生了哪些变化? 沥青老化对工程有何影响?

8. 乳化沥青和冷底子油的不同点是什么?

9. 为什么要对沥青进行改性? 改性沥青的种类及特点有哪些?

10. 石油沥青的黏性、塑性、温度感应性及大气稳定性的含义是什么? 如何评定?

11. 影响沥青耐久性的因素有哪些?

12. 某防水工程要求配制沥青胶。需要软化点不低于 85 ℃ 的石油沥青 20 t。现有 10 号石油沥青 14 t,30 号石油沥青 4 t 和 60 号石油沥青 12 t,它们的软化点经测定分别为 96 ℃、72 ℃和 47 ℃。试初步确定这三种牌号的沥青各需多少吨?

13. 某工程要使用软化点为 75 ℃ 的石油沥青,今有软化点分别为 95 ℃ 和 25 ℃ 的两种石油沥青,问应如何掺配?

14. 某工地需要使用软化点为 85 ℃ 的石油沥青 5 t,现有 10 号石油沥青 3.5 t,30 号石油沥青 1 t 和 60-乙号石油沥青 3 t,已知 10 号、30 号和 60-乙号石油沥青的软化点分别为 95 ℃、70 ℃和 50 ℃。试通过计算确定出三种牌号沥青各需用多少?

项目8　建筑石材及其他材料检测

项目描述

　　天然石材是最古老的建筑材料之一,在地球表面蕴藏丰富,分布广泛,便于就地取材,在性能上,具有抗压强度高、耐久、耐磨等特点。因而,在工程上直接应用的石材很多,如块状的毛石、片石、条石、片状的石板等。块状的石材可直接用来砌筑墙体、基础、勒脚、台阶、栏杆、渠道、护坡等,石板可用作内、外墙的贴面、地面,页片状的石材可用作屋面材料等。

　　墙体是房屋建筑的主要构成部分之一,墙体材料包括砖、各种砌块及墙板三大类。目前砖混结构的房屋在我国占很大比例,烧结黏土砖仍是墙体的主要材料。

　　本项目主要介绍建筑石材的基本性质及其检测方法,并简单介绍砌体材料的基本性质及其检测方法。通过该项目的学习,能够对石材的密度、毛体积密度、吸水率、抗冻性、单轴抗压强度、单轴压缩变形等进行检测;能够掌握常用的砌体材料的标准和取样原则,了解其检测方法。

拟实现的教学目标

　　1. 能力目标

　　(1)能正确使用试验仪器和设备对石材的基本技术指标进行检测;能阅读建筑石材的质量检测报告。

　　(2)能正确区分主要砌体材料,掌握它们的基本技术指标,了解其检测的方法;能阅读各种砌体材料的质量检测报告。

　　2. 知识目标

　　(1)掌握建筑石材、主要砌体材料的基本特性等。

　　(2)掌握石材的物理和力学性质、基本技术指标的检测方法;了解主要的砌体材料和沥青防水材料的物理特点和基本技术指标的检测方法。

　　3. 素质目标

　　(1)具有良好的职业道德,勤奋学习,勇于进取。

　　(2)具有科学严谨的工作作风。

　　(3)具有较强的身体素质和良好的心理素质。

典型工作任务1　岩石密度试验

　　岩石的物理性质是岩石矿物组成与结构状态的反映,它与岩石的技术性质有密切的联系。岩石可由各种矿物形成不同排列的各种结构,但是从质量和体积的物理观点出发,岩石的内部组成结构主要由矿物实体和孔隙(包括与外界连通的开口孔隙和不与外界连通的闭口孔隙)组成。岩石在天然形成过程中,其内部都存在一定的孔隙,有些孔隙是与大气相通的,有些是封闭在岩石内部的。通常我们把与大气相通的孔缝称为开口孔隙 V_e,把封闭在石料内部的孔缝称为闭口孔隙 V_c,各部分所占的质量和体积,如图 8-1 所示。

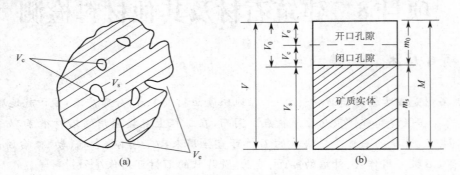

图 8-1 石料结构示意图
(a)外观示意图;(b)质量与体积关系示意图

在工程中常测的物理指标有:密度、毛体积密度、吸水率、饱水率、抗冻性。

8.1.1 基本知识

1. 岩石密度的概念

在成岩过程中,由于地质环境使岩石所受动力地质作用的程度不同,致使岩石含有不同的矿物成分以及不同风化程度的矿物。这些不同的矿物所组成的岩石,将影响其密度值的大小。含密度较大的矿物,岩石的密度也就相应比较大。例如,基性岩和超基性岩,比较突出的是辉绿岩,其密度要比一般岩石的密度大。而酸性岩石,例如花岗岩,其密度较小。

密度是指在(105 ± 5)℃下烘干至恒量时,石料矿质单位体积(不包括开口与闭口孔隙体积)的质量。

岩石的密度(颗粒密度)是选择建筑材料、研究岩石风化、评价地基基础工程岩体稳定性及确定围岩压力等必需的计算指标。

由图 8-1 体积与质量关系可推导出密度公式为

$$\rho_t = \frac{m_s}{V_s} \tag{8-1}$$

式中 ρ_t——石料的密度(g/cm³);

m_s——石料矿质实体的质量(g);

V_s——石料矿质实体的体积(cm³)。

2. 岩石密度的检测原理

通过测定岩石的密度、毛体积密度等物理指标来推算岩石的孔隙率,即岩石的孔隙体积(闭口与开口孔隙体积)占岩石总体积的百分率。除了可以用孔隙率来量化孔隙数量之外,还可以分析岩石的结构状态,因为矿物成分相同的岩石,若其内部裂隙的发育程度不同,其技术性能的差异也是很大的。通常毛细孔隙结构的岩石其物理性能都差于粗大孔隙结构的岩石。

检测密度的目的是为计算石料的孔隙率提供必要的依据,因为孔隙率是按照下式计算的:

$$n = \left(1 - \frac{\rho_d}{\rho_t}\right) \times 100 \tag{8-2}$$

式中　n——石料的孔隙率(%)；

　　　ρ_d——石料的毛体积密度(g/cm^3)；

　　　ρ_t——石料的密度(g/cm^3)。

8.1.2　试验准备工作

检测密度主要是测定石料的真实体积 V_s，为此应先将石料磨碎成石粉，目的是充分排除石料内部的孔隙，然后用排水体积法置换出石粉的真实体积 V_s。

本法用洁净水做试液时适用于不含水溶性矿物成分的岩石的密度测定，对含水溶性矿物成分的岩石应使用中性液体(如煤油)做试液。

1. 仪器设备

(1)密度瓶:短颈量瓶,容量 100 mL。

(2)天平:感量 0.001 g。

(3)轧石机、球磨机、瓷研钵、玛瑙研钵、磁铁块和孔径 0.35 mm(0.3 mm)的筛子。

(4)砂浴、恒温水槽(灵敏度±1 ℃)及真空抽气设备。

(5)烘箱:能使温度控制在 105～110 ℃。

(6)干燥器:内装氯化钙或硅胶等干燥剂。

(7)锥形玻璃漏斗和瓷皿、滴管、中骨匙和温度计等。

2. 试样制备

取代表性岩石试样在小型轧石机上杆碎(或手工用钢锤捣碎),再置于球磨机中进一步磨碎,然后用研钵研细,使之全部粉碎成能通过 0.315 mm 筛孔的岩粉。

8.1.3　试验过程

(1)将制备好的岩粉放在瓷皿中,置于温度为 105～110 ℃的烘箱中烘至恒重,烘干时间一般为 6 ～12 h,然后再置于干燥器中冷却至室温[(20±2)℃]备用。

(2)用四分法取两份岩粉,每份试样从中称取 15 g(m_1)(精确至 0.001 g,本试验称量精度皆同),用漏斗灌入洗净烘干的密度瓶中,并注入试液至瓶的一半处,摇动密度瓶使岩粉分散。

(3)当使用洁净水做试验时,可采用沸煮法或真空法排除气体。当使用煤油作试液时,应采用真空抽气法排除气体。采用煮沸法排除气体时煮沸时间自悬液沸腾时算起不少于 1 h;采用真空抽气法排除气体时,真空压力表读数宜为 100 kPa,抽气时间维持 1～2 h,直至无气泡逸出为止。

(4)将经过排除气体的密度瓶取出擦干,冷却至室温,再向密度瓶中注入排除气体且同温条件的试液,使接近满瓶,然后置于恒温水槽[(20±3)℃,下相同]内。待瓶内温度稳定,上部悬液澄清后,塞好瓶塞,使多余试液溢出。从恒温水槽中取出密度瓶,擦干瓶外水分,立即称其质量(m_3)。

(5)倒出悬液,洗净比重瓶,注入经排除气体并与试验同温度的试液至密度瓶,再置于恒温水槽内,待瓶内试液的温度稳定后,塞好瓶塞,将逸出瓶外试液擦干,立即称其质量(m_2)。

8.1.4　试验结果计算及处理

(1)按下式计算岩石密度值(精确至 0.01 g/cm³):

$$\rho_t = \frac{m_1}{m_1 + m_2 - m_3} \times \rho_{wt} \tag{8-3}$$

式中　ρ_t ——岩石的密度(g/cm³);

m_1 ——烘干岩粉的质量(g);

m_2 ——密度瓶和试液的合质量(g);

m_3 ——密度瓶、试液和岩粉的总质量(g);

ρ_{wt} ——与试验同温度试液的密度(g/cm³),煤油的密度按下式计算:

$$\rho_{wt} = \frac{m_5 - m_4}{m_6 - m_4} \times \rho_w \tag{8-4}$$

其中　m_4 ——密度瓶的质量(g),

m_5 ——瓶和煤油的合质量(g),

m_6 ——密度瓶、试液和岩粉的总质量(g),

ρ_w ——经排除气体的洁净水的密度(g/cm³)。

(2)以两次试验结果的算术平均值作为测定值,如两次试验结果之差大于 0.02 g/cm³ 时,应重新取样进行试验。

(3)试验记录。岩石试验记录应包括岩石名称、试验编号、试样编号、试验温度、试验液体、烘干岩粉试样质量、瓶和试液合质量以及瓶、试液和岩粉试样总质量、密度瓶质量。

 知识拓展

1. 岩石的组成和分类

天然岩石是矿物的集合体,组成岩石的矿物统称为造岩矿物。大多数岩石是由多种造岩矿物组成的。

工程中常用岩石的主要造岩矿物有以下几种:

(1)长石:是长石族矿物的总称,包括正长石、斜长石等,为钾、钠、钙等的铝硅酸盐晶体。密度为 2.5～2.7 g/cm³,莫氏硬度为 6。坚硬、强度高,化学稳定性高。

(2)角闪石、辉石、橄榄石:为铁、镁、钙等硅酸盐的晶体。密度 3～3.6 g/cm³,莫氏硬度为 5～7。强度高、韧性好、耐久性好。

(3)石英:是二氧化硅(SiO_2)晶体的总称。无色透明至乳白色,密度为 2.65 g/cm³,莫氏硬度为 7,非常坚硬,强度高,化学稳定性及耐久性高。但受热时(537 ℃以上),因晶体转变会产生裂缝,甚至松散。

(4)黄铁矿:为二硫化铁晶体(FeS_2)。金黄色,密度为 5 g/cm³,莫氏硬度为 6～7。耐久性差,遇水和氧生成游离硫酸,且体积膨胀,并产生锈迹。黄铁矿为岩石中的有害矿物。

(5)方解石:为碳酸钙晶体($CaCO_3$)。白色,密度 2.7 g/cm³,莫氏硬度为 3。强度较高,耐久性次于上述几种矿物,遇酸后分解。

(6)白云石:为碳酸钙和碳酸镁的复盐晶体($CaCO_3 \cdot MgCO_3$)。白色,密度为 2.9 g/cm³,莫氏硬度为 4。强度、耐酸腐蚀性及耐久性略高于方解石,遇酸时分解。

(7)云母：是云母族矿物的总称，为片状的含水复杂硅铝酸晶体。密度为 2.7～3.1 g/cm³，莫氏硬度为 2～3。具有极完全解理，易裂成薄片，玻璃光泽，耐久性差。

造岩矿物的性质及其含量决定着岩石的性质。岩石没有确定的化学组成和物理力学性质，同种岩石，产地不同，其各种矿物的含量、颗粒结构均有差异，因而颜色、强度、耐久性等也有差异。

2. 岩石的组成和分类

岩石的种类很多，按成因不同，可分为岩浆岩、沉积岩和变质岩三大类，它们具有显著不同的结构、构造和性质。

1)岩浆岩

是熔融岩浆在地下或喷出地表后冷凝结晶而成的岩石，又称为火成岩。其物质成分主要是硅酸盐矿物。根据成岩的位置不同，岩浆岩可分为深成岩、浅成岩、喷出岩和火山岩。

(1)深成岩：岩浆在地下深处冷凝成岩者称为深成岩。工程上常用的深成岩有花岗岩、闪长岩、辉长岩等。

(2)浅成岩：岩浆在地下浅处冷凝成岩者称为浅成岩。工程中常用的浅成岩有花岗斑岩、辉绿岩等。

(3)喷出岩：岩浆从地壳缝隙中喷出，沿地表流动厚积，冷凝成岩者称为喷出岩。工程中常用的喷出岩有玄武岩、安山岩等。

(4)火山岩：岩浆冲出地表喷向空中而落回地面形成的火山灰、火山渣、浮石等，或再被岩浆或其他物质胶结而成为火山凝灰岩，称为火山岩。

2)沉积岩

露出地表的各种先期形成的岩石，经风化、剥蚀作用成为岩石碎屑，再经流水、风力、冰川等的自然搬运、沉积，又经长期的压密、胶结、重结晶等作用，在地表及其附近形成的岩石，称为沉积岩，又称水成岩。

根据沉积条件的不同，沉积岩可分为碎屑沉积岩、黏土沉积岩、化学沉积岩和生物化学沉积岩等几类。

(1)碎屑沉积岩：风化的岩石碎屑，经风、水的搬运而沉积，长期受覆盖层的压密和胶结物的结作用而形成的岩石称为碎屑沉积岩。

(2)黏土沉积岩：由粒径小于 0.005 mm 的极细矿物沉积，并在压力作用下经压密固结而成的岩石称为黏土沉积岩，主要作为生产砖瓦、陶瓷、水泥的原料使用。

(3)化学沉积岩：原有岩石中的某些成分溶解于水，其溶液、胶体经迁移、沉淀、结晶形成的岩石称为化学沉积岩，如白云岩、石膏、菱镁石和部分石灰岩等。

(4)生物沉积岩：由生物遗骸沉积或有机化合物转变而成的岩石称为化学沉积岩，如石灰岩、白垩、贝壳岩、珊瑚、硅藻土等。

3)变质岩

地壳中原有的岩石，由于地壳运动被覆盖在地下深处，在高温、高压和化学性质活泼的液体渗入作用下，造成原岩的物理和化学变化，改变了原来岩石的结构、构造甚至矿物成分，形成一种新的岩石，称为变质岩。

(1)正变质岩：由岩浆岩变质而成。性能一般比原岩浆岩差。常用的有由花岗岩变质成的片麻岩。

(2)副变质岩：由沉积岩变质而成。性能一般比原沉积岩好。常用的有大理岩、石英岩等。

典型工作任务 2 岩石毛体积密度试验

岩石的物理常数(颗粒密度、毛体积密度和孔隙率)不仅反映岩石的内部组成结构状态,而且能间接地反映岩石的力学性质(例如相同矿物组成的岩石,孔隙率愈低,其强度愈高)。尤其是岩石的孔结构,会影响其所制成的集料在水泥混凝土中对水泥浆的吸收、吸附等化学交互作用的程度。相对而言,块体密度较大的岩石比较致密,且岩石中所含的孔隙较少;反之,则表示岩石中所含的孔隙较多,岩石相对比较疏松。

8.2.1 基本知识

1. 岩石的毛体积密度

岩石毛体积密度是指在规定条件下,烘干岩石包括闭口和开口孔隙在内的单位固体材料的质量。毛体积密度用 ρ_h 表示,体积与质量的关系可表示为

$$\rho_h = \frac{m_s}{V_s + V_c + V_e} \tag{8-4}$$

式中 ρ_h——岩石的毛体积密度(g/cm³);

m_s——岩石矿质实体的质量(g);

V_s——岩石矿质实体的体积(cm³)。

V_c、V_e——岩石的闭口与开口孔隙的体积(cm³)。

岩石的毛体积密度(块体密度)是一个间接反映岩石致密程度、孔隙发育程度的参数,也是评价工程岩体稳定性及确定围岩压力等必须的计算指标。根据岩石含水状态,毛体积密度可分为干密度、饱和密度和天然密度。

2. 岩石毛体积密度检测原理

检测岩石毛体积密度的目的同样是为了计算石料的孔隙率。因为对于相同矿物组成的岩石,若其毛体积密度愈大,则石料的孔隙率就愈小,其技术性能相应也会好一些(在孔隙结构相同的条件下)。另外,在计算石料的质量及石料的用量中也要经常用到密度和毛体积密度的值。

测定毛体积密度,关键是测定其总体积 V,即 $V = V_s + V_c + V_e$。

8.2.2 试验准备工作

岩石毛体积密度试验可分为量积法、水中称量法和蜡封法。

量积法适用于能制备成规测试件的各类岩石;水中称量法适用于遇水崩解、溶解和干缩湿胀外的其他各类岩石;蜡封法适用于不能用量积法或直接在水中称量进行试验的岩石。

1. 仪器设备

(1)切石机、钻石机、磨平机等岩石试件加工设备。

(2)天平:感量 0.01 g,称量大于 500 g。

(3)烘箱:能使温度控制在 105~110 ℃。

(4)石蜡及熔蜡设备。

(5)水中称量设备。

(6)游标卡尺。

2. 试件制备

(1)量积法试件制备。试件尺寸应符合下列规定:采用圆柱体作为标准试件,直径为(50±2)mm、高径比为 2:1。

(2)水中称量法试件制备。试件尺寸应符合下列规定:试件可采用规则或不规则形状,试件尺寸应大于组成岩石最大颗粒粒径的 10 倍,每个试件质量不宜小于 150 g。

(3)蜡封法试件制备。试件尺寸应符合下列规定:将岩样制成边长约 40~60 mm 的立方体试件,并将尖锐棱角用砂轮打磨光滑;或采用直径为 48~52 mm 圆柱体试件。测定天然密度的试件,应在岩样拆封后,在设法保持天然湿度的条件下,迅速制样、称量和密封。

(4)试件数量,同一含水状态,每组不得少于 3 个。

8.2.3　试验过程

1. 量积法试验

(1)量测试件的直径或边长:用游标卡尺量测试件两端和中间三个断面上互相垂直的两个方向的直径和边长,按截面积计算平均值。

(2)量测试件的高度:用游标卡尺量测试件断面周边对称的四个点(圆柱体试件为互相垂直的直径与圆周交点处;立方体试件为边长的中点)和中心点的五个高度,计算平均值。

(3)测定天然密度:应在岩样开封后,在保持天然湿度的条件下,立即加工试件和称量。测定后的试件,可作为天然状态的单轴抗压强度试验用的试件。

(4)测定饱和密度:试件的饱和过程和称量,应符合试件强制饱和的下述两种方法之一的规定,测定后的试件,可作为饱和状态的单轴抗压强度试验用的试件。

用煮沸法饱和试件:将称量后的试件放入水槽,注水至试件高度的一半,静置 2 h。再加水使试件浸没,煮沸 6 h 以上,并保持水的深度不变。煮沸停止后静置水槽,待其冷却,取出试件,用湿纱布擦去表面水分,立即称其质量。

用真空抽气法饱和试件:将称量后的试件置于真空干燥器中,注入洁净水,水面高出试件20 mm,开动抽气机,抽气时真空压力需达 100 kPa,保持此真空状态直至无气泡发生时为止(不少于 4 h)。经真空抽气的试件应放置在原容器中,在常压下静置 4 h,取出试件,用湿纱布擦去表面水分,立即称其质量。

(5)测定干密度:将试件放入烘箱内,控制在 105~110 ℃温度下烘 12~24 h,取出放入干燥器内冷却至室温,称干试件质量。测定后的试件,可作为干燥状态的单轴抗压强度试验用的试件。

(6)本试验称量精确至 0.01 g;量测精确至 0.01 mm。

2. 水中称量法试验

(1)测天然密度时,应取有代表性的岩石制备试件并称量;测干密度时,将试件放入烘箱,在 105~110 ℃下烘至恒量,烘干时间一般为 12~24 h,取出试件置于干燥器内冷却至室温后,称干密度试件质量。

(2)将干试件浸入水中进行饱和,饱和方法可依岩石性质选用煮沸法或真空抽气法。试件的饱和和称量,应符合量积法中的测定饱和密度相关条款的规定。

(3)取出饱和试件,用湿纱布擦去试件表面水分,立即称其质量。

(4)将试样放在水中称量装置的丝网上,称取试样在水中的质量(丝网在水中质量可事先用砝码平衡)。在称量过程中,称量装置的液面应始终保持同一高度,并记下水温。

（5）本试验称量精确至 0.01 g。

3. 蜡封法试验步骤

（1）测天然密度时，应取有代表性的岩石制备试件并称量；测干密度时，将试件放入烘箱，在 105～110 ℃下烘至恒量，烘干时间一般为 12～24 h，取出置于干燥器内冷却至室温。

（2）从干燥器中取出试件，放在天平上称其质量，精确至 0.01 g（本试验称量皆同此）。

（3）把石蜡装在干净铁盘中加热熔化，至稍高于熔点（一般石蜡熔点在 55～58 ℃），岩石试件可通过滚涂或刷涂的方法使其表面涂上一层厚度 1 mm 左右的石蜡层，冷却后准确称出涂有蜡封试件的质量。

（4）将涂有石蜡的试件系在天平上，称出其在水中的质量。

（5）擦干试件表面水分，在空气中重新称取蜡封试件的质量，检查此时蜡封试件的质量是否大于浸水前的质量。如超过 0.05 g 时，说明试件蜡封不好，洁净水已浸入试件，应另取试件重新测定。

8.2.4　试验结果计算及处理

（1）量积法岩石毛体积密度按下列公式计算：

$$\rho_0 = \frac{m_0}{V} \tag{8-5}$$

$$\rho_s = \frac{m_s}{V} \tag{8-6}$$

$$\rho_d = \frac{m_d}{V} \tag{8-7}$$

式中　ρ_0——天然密度（g/cm^3）；

　　　ρ_s——饱和密度（g/cm^3）；

　　　ρ_d——干密度（g/cm^3）；

　　　m_0——试件烘干前的质量（g）；

　　　m_s——试件强制饱和后的质量（g）；

　　　m_d——试件烘干后的质量（g）；

　　　V——岩石的体积（cm^3）。

（2）水中称量法岩石毛体积密度按下列公式计算：

$$\rho_0 = \frac{m_0}{m_s - m_w} \times \rho_w \tag{8-8}$$

$$\rho_s = \frac{m_s}{m_s - m_w} \times \rho_w \tag{8-9}$$

$$\rho_d = \frac{m_d}{m_s - m_w} \times \rho_w \tag{8-10}$$

式中　m_w——试件强制饱和后在洁净水中的质量（g）；

　　　ρ_w——洁净水的密度（g/cm^3）。

（3）蜡封法岩石毛体积密度按下列公式计算：

$$\rho_0 = \frac{m_0}{\dfrac{m_1 - m_2}{\rho_w} - \dfrac{m_1 - m_d}{\rho_n}} \tag{8-11}$$

$$\rho_d = \frac{m_d}{\dfrac{m_1 - m_2}{\rho_w} - \dfrac{m_1 - m_d}{\rho_n}}$$ （8-12）

式中　m_1——蜡封试件质量（g）；

m_2——蜡封试件在洁净水中的质量（g）。

（4）毛体积密度试验结果精确至 0.01 g/cm³，3 个试件平行试验。组织均匀的岩石，毛体积密度应为 3 个试件测得结果之平均值；组织不均匀的岩石，毛体积密度应列出每个试件的试验结果。

（5）孔隙率计算。求得岩石的毛体积密度及密度后，用下述公式计算总孔隙率 n，试验结果精确至 0.1%：

$$n = \left(1 - \frac{\rho_d}{\rho_t}\right) \times 100$$ （8-13）

式中　n——岩石总孔隙率（%）；

ρ_t——岩石的密度（g/cm³）。

（6）试验记录。毛体积密度试验记录应包括岩石名称、试验编号、试件编号、试件描述、试验方法、试件在各种含水状态下的质量、试件水中称重、试件尺寸、洁净水的密度和石蜡的密度等。

知识拓展

工程上主要对石材的体积密度、吸水率和耐水性等物理性质有要求。

1. 表观密度（ρ_0）

石材的表观密度与其矿物组成、结构的致密程度和孔隙率有关。按表观密度大小分为重石和轻石两类，$\rho_0 > 1\ 800$ kg/m³ 的为重石，$\rho_0 < 1\ 800$ kg/m³ 的为轻石。重石可用于建筑物的基础、贴面、地面、房屋外墙、桥梁及水工构筑物等；轻石主要用做墙体材料。

花岗岩、大理石的 ρ_0 约为 2 500～3 100 kg/m³；火山凝灰岩、浮石的 ρ_0 约为 500～1 700 kg/m³。

2. 吸水性及耐水性

（1）石材的吸水性主要与其岩石的矿物组成、孔隙率及孔隙特征有关。岩石的吸水率越小，则岩石的强缓度与耐久性越高。石材吸水后使强度下降、导热性增大、抗冻性较差。

一般深成岩和变质岩吸水率很小，一般不超过 1%。二氧化硅的亲水性较高，因而二氧化硅含量高则吸水率较率较高，即酸性岩石的吸水率相对较高；沉积岩会因形成条件不同、胶结情况和密实度不同，孔隙率和孔隙特征变化很大，其吸水率的波动也很大，花岗岩吸水率小于0.5%，致密的石灰岩吸水率小于 1%，多孔贝壳石灰岩吸水率为 15%。

为保证岩石的性能，工程上有时需限制岩石的吸水率，如饰面用大理岩和花岗岩的吸水率须小于 0.75% 和 1%。

（2）大多数岩石的耐水性较高，但当岩石中含有较多的黏土时，其耐水性较低，如黏土质砂岩等。

石材的耐水性，根据软化系数（k）的大小分为高、中和低三等。$k > 0.90$ 为高耐水性的石材，用于处于水中的重要结构物；$k = 0.70～0.80$ 为中耐水性石材，用于水中的一般结构；$k = 0.60～0.70$ 为低耐水性石材，用于不遇水的结构。

3. 耐热性及导热性

(1)石材的耐热性取决于其化学成分及矿物组成。含有石膏的石材,在 100 ℃以上时开始破坏;含碳酸镁的石材,在 65 ℃以上发生破坏;含碳酸钙的石材,在 827 ℃以上破坏。由石英和其他矿物组成的结晶石材,如花岗岩,温度达 700 ℃以上时,发生膨胀而破坏。

(2)石材的导热性与其表观密度和结构状态有关。重质石材 $\lambda = 2.91 \sim 3.49$ W/(m·K)。相同成分的石材玻璃态比结晶态的导热系数小。

4. 抗冻性

石材的抗冻性与其矿物组成、晶粒大小及分布均匀性、天然胶结物的胶结性质等有关。

要求试件在规定的冻融循环次数内,无贯穿裂纹,质量损失不大于 5%,强度降低不大于 25%为合格。一般大、中桥梁,水利工程的结构物表面石材,要求抗冻融次数大于 50 次,其他室外工程表面石材的抗冻融次数大于 25 次。

典型工作任务 3　岩石吸水性试验

一般来说,在相同孔隙率的条件下,吸水率大的岩石其内部的孔隙通常是毛细的开口孔隙,而吸水率小的岩石,其内部多数是比较粗大的开口孔隙,因为粗大孔隙不易保留水分,因此,吸水率是描述岩石内部孔隙结构特征的一个物理指标,而孔隙率是描述岩石内部孔隙数量的一个物理指标。因而它们描述的是岩石孔隙的不同方面。

8.3.1　基本知识

1. 岩石吸水率的概念

吸水率是在规定条件下,岩石试件最大吸水质量与烘干岩石试件质量之比,以百分率表示,按下式计算:

$$w_a = \frac{m_1 - m}{m} \times 100 \qquad (8\text{-}14)$$

式中　w_a——岩石吸水率(%);

　　　m_1——岩石试件吸水至恒量时的质量(g);

　　　m——岩石试件烘干至恒量时的质量(g)。

岩石的吸水性用吸水率和饱和吸水率表示。岩石的吸水率和饱和吸水率能有效地反映岩石微裂的发育程度,可用来判断岩石的抗冻性和抗风化等性能。

2. 岩石吸水率的测定

吸水率的测定是在常温[(20±2)℃]、常压下进行的。

测定吸水率不仅能使我们了解岩石在规定条件下的吸水能力,而且还可以根据吸水率的大小来推测岩石内部孔隙的结构特征。

8.3.2　试验准备工作

岩石吸水率采用自由吸水法测定,饱和吸水率采用煮沸法或真空抽气法测定。本试验适用于遇水不崩解、不溶解或不干缩湿胀的岩石。

1. 仪器设备

(1)切石机、钻石机、磨石机等岩石试件加工设备。

（2）天平：感量 0.01 g，称量大于 500 g。

（3）烘箱：能使温度控制在 105～110 ℃。

（4）抽气设备：抽气机、水银压力计、真空干燥器、净气瓶。

（5）煮沸水槽。

2. 试件制备

（1）规则试样：试件尺寸应符合下列规定：采用圆柱体作为试件，直径为（50±2）mm、高径比为 2∶1。

（2）不规则试件宜采用边长或直径为 40～50 mm 的浑圆形岩块。

（3）每组试件至少 3 个；岩石组织不均匀者，每组试件不少于 5 个。

8.3.3　试验过程

（1）将试件放入 105～110 ℃的烘箱中烘至恒量，烘干时间一般为 12～24 h，取出置于干燥器内冷却至室温（20±2）℃，称其质量，精确至 0.01 g。

（2）将称好的试件置于盛水容器内，先注水至试件高度的 1/4 处，以后每隔 2 h 分别注水至试件高度的 1/2 和 3/4 处，6 h 后将水加至高出试件顶面 20 mm 以上，以利试件内的气体逸出。试件全部被水淹没后再自由吸水 48 h。

（3）取出浸水试件，用湿纱布擦去试件表面水分，立即称其质量。

（4）试件强制饱和，任选如下一种方法：

用煮沸法饱和试件——将称量后的试件放入水槽，注水至试件高度的一半，静置 2 h。再加水使试件浸没，煮沸 6 h 以上，并保持水的深度不变。煮沸停止后静置水槽，待其冷却，取出试件，用湿纱布擦去表面水分，立即称其质量。

用真空抽气法饱和试件——将称量后的试件置于真空干燥器中，注入洁净水，水面高出试件 20 mm，开动抽气机，抽气时真空压力需达 100 kPa，保持此真空状态直至无气泡发生时为止（不少于 4 h）。经真空抽气的试件应放置在原容器中，在常压下静置 4 h，取出试件，用湿纱布擦去表面水分，立即称其质量。

8.3.4　试验结果计算及处理

（1）用下式分别计算吸水率、饱和吸水率，试验结果精确至 0.01%：

$$w_a = \frac{m_1 - m}{m} \times 100 \tag{8-15}$$

$$w_{sa} = \frac{m_2 - m}{m} \times 100 \tag{8-16}$$

式中　w_a——岩石吸水率（%）；

　　　w_{sa}——岩石饱和吸水率（%）；

　　　m——烘干至恒量时的试件质量（g）；

　　　m_1——吸水至恒量时的试件质量（g）；

　　　m_2——试件经强制饱和后的质量（g）。

（2）用下式计算饱水系数，试验结果精确至 0.01：

$$K_w = \frac{w_a}{w_{sa}} \tag{8-17}$$

式中　K_w——饱水系数,其他符号含意同前。

（3）组织均匀的试件,取 3 个试件试验结果的平均值作为测定值;组织不均匀的,则取 5 个试件试验结果的平均值作为测定值。并同时列出每个试件的试验结果。

（4）试验记录。吸水率试验记录应包括岩石名称、试验编号、试件编号、试件描述、试验方法、干试件质量、试件浸水后质量、试件强制饱和后的质量。

典型工作任务 4　岩石的抗冻性试验

在自然环境中,岩石往往是夏秋季节被水浸湿,而在冬春季节又受到冰雪冻融的交替作用。当石料开口孔隙被水充满后,随着温度的下降,冰的体积开始膨胀,从而对石料的孔壁产生张力,直至春季冰雪融化,张力逐渐消失;次年夏秋季节石料又再次浸水,冬季又继续冰胀,以至多次冻融循环后,石料逐渐产生裂缝、掉边、缺角或表面松散等破坏现象。

8.4.1　基本知识

抗冻性是岩石在饱水状态下,抵抗反复冻结和融化的性能。

石料的抗冻性与石料内部的孔隙构造、吸水率等有密切联系,一般来说毛细构造的孔隙、吸水率大的石料,其抗冻性亦差。

抗冻性就是检测石料抵抗反复冻融循环的性能。寒冷地区,均应进行岩石的抗冻性试验。特别是一月份平均气温低于 -10 ℃ 的地区,一定要检测石料的抗冻性。

岩石的抗冻性是用来评估岩石在饱和状态下经受规定次数的冻融循环后抵抗破坏的能力,岩石的抗冻性对于不同的工程环境气候有不同的要求。冻融次数规定:在严寒地区(最冷月平均气温低于 -15 ℃)为 25 次;在寒冷地区(最冷月平均气温为 -15～-5 ℃)为 15 次。

8.4.2　试验准备工作

1. 仪器设备

（1）切石机、钻石机及磨石机等岩石试件加工设备。

（2）冰箱:温度能控制在 -15～-20 ℃。

（3）天平:感量 0.01 g,称量大于 500 g。

（4）放大镜。

（5）烘箱:能使温度控制在 105～110 ℃。

2. 试件制备

（1）试件尺寸应符合下列规定:采用圆柱体作为试件,直径为 (50±2)mm、高径比为 2：1。

（2）每组试件不应少于 3 个,此外再制备同样试件 3 个,用于做冻融系数试验。

8.4.3　试验过程

（1）将试件编号,用放大镜仔细检查,并作外观描述。然后量出每个试件的尺寸,计算受压面积。将试件放入烘箱,在 105～110 ℃ 下烘至恒量,烘干时间一般为 12～24 h,待在干燥器内冷却至室温后取出,立即称其质量 m_s,精确到 0.01 g(以下皆同此)。

（2）按吸水率试验方法,让试件自由吸水饱和,然后取出擦去表面水分,放在铁盘中,试件与试件之间应留有一定的间距。

（3）待冰箱温度下降到－15 ℃以下时，将铁盘连同试件一起放入冰箱，并立即开始记时。冻结 4 h 后取出试件，放入（20±5）℃的水中融解 4 h，如此反复冻融至规定次数为止。

（4）每隔一定冻融循环次数（如 10 次、15 次、25 次等）详细检查各试件有无剥落、裂缝、分层及掉角等现象，并记录检查情况。

（5）称量冻融试验后的试件饱水质量 m'_f，再将其烘干至恒量，称其质量 m_f，并按单轴抗压强度试验方法测定冻融后的试件饱水抗压强度，另取 3 个未经冻融试验的试件测定其饱水抗压强度。

8.4.4　试验结果计算及处理

1. 计算

（1）按下式计算岩石冻融后的质量损失率，试验结果精确至 0.1%。

$$L = \frac{m_s - m_f}{m_s} \times 100 \tag{8-18}$$

式中　L——冻融后的质量损失率（%）；

　　　m_s——试验前烘干试件的质量（g）；

　　　m_f——试验后烘干试件的质量（g）。

（2）冻融后的质量损失率取 3 个试件试验结果的算术平均值。

（3）按下式计算岩石冻融后的吸水率，试验结果精确至 0.1%。

$$\omega'_{sa} = \frac{m'_f - m_f}{m_f} \times 100 \tag{8-19}$$

式中　ω'_{sa}——岩石冻融后的吸水率（%）；

　　　m'_f——冻融试验后的试件饱水质量（g）。

其他符号同前。

（4）按下式计算岩石的冻融系数，试验结果精确至 0.01。

$$K_f = \frac{R_f}{R_s} \tag{8-20}$$

式中　K_f——冻融系数；

　　　R_f——经若干次冻融试验后的试件饱水抗压强度（MPa）；

　　　R_s——未经冻融试验后的试件饱水抗压强度（MPa）。

2. 试验记录

抗冻性试验记录应包括岩石名称、试验编号、试件编号、试件描述、冻融循环次数、冻融试验前后的烘干质量、冻融试验后的试件饱水抗压强度、未经冻融试验的试件饱水抗压强度。

 知识拓展

石材的耐久性主要包括有抗冻性、抗风化性、耐火性、耐酸性等。

（1）抗冻性。在寒冷地区，尤其是严寒地区用于潮湿环境或水位升降范围内的石材，必须考虑其抗冻性。石材的抗冻性与其矿物组成、吸水性及冻结温度有关。

（2）抗风化性。水、冰、化学因素等造成岩石开裂或剥落，称为岩石的风化。

（3）耐火性。石材的耐火性与其化学组成和矿物组成有关。

(4)耐酸性。由石英、长石、辉石等组成的石材具有良好的耐酸性,如石英、花岗岩、辉绿岩、玄武岩。含有碳酸盐的石材不耐酸,如白云岩、石灰岩、大理岩等。

典型工作任务 5 岩石单轴抗压强度试验

岩石的抗压强度是岩石力学性质中最重要的一项指标,它是划分石料等级的主要依据,并与其他力学性质具有相关性。

8.5.1 基本知识

石料的单轴抗压强度是指石料的标准试件经吸水饱和后,在规定试验条件下,单轴受压达到极限破坏时,单位承压面积的强度。

$$R = \frac{P}{A} \tag{8-21}$$

式中　R——岩石的抗压强度(MPa);

　　　P——试件破坏时的荷载(N);

　　　A——试件的截面积(mm^2)。

石料的抗压强度取决于岩石的矿物组成、结构与组织。一般来说,岩石的矿物若愈细小,矿物间的联系愈好(孔隙愈少),组织结构愈致密,则岩石的抗压强度值就愈高。

除此之外,在试验过程中,试验条件也会影响岩石的抗压强度,通常有:

(1)试件的大小:岩石在天然形成过程中其结构内部都存在着一定的倾向、走向、微裂缝、节理、断层等结构上的不连续性。对于同一块岩石,当其试件的尺寸选用得偏大时,则其内部的不连续性也会随之多一些,因而测得的强度会偏低;相反,当试件选用的尺寸偏小时,其内部的不连续性也会随之少些,因而测得的强度会偏高。因此,为了避免上述现象,在测定石料的力学强度时,都要采用标准试件。

(2)试验的状态:石料的抗压强度值与试件所处的状态有关,对于同一种岩石,在干燥状态时其强度最高;饱水状态时强度居中;冻融循环试验后其强度是最低的。因此,为了使试验的结果具有可比性,试件的试验状态必须统一,因此,在确定石料的强度标号时,试件的试验状态是以吸水饱和状态为准的。

(3)加荷速度:加荷速度的快慢也与强度的测定结果有关,通常加荷速度快者,其抗压强度值就愈高;相反,则其抗压强度值就愈低,因此,试验时要按照规定的加荷速度加载。

8.5.2 试验准备工作

单轴抗压强度试验是测定规则形状岩石试件单轴抗压强度的方法,本方法采用饱和状态下的岩石立方体(或圆柱体)试件的抗压强度来评定岩石强度(包括碎石或卵石的原始岩石抗压强度),主要用于岩石的强度分级和岩性描述。

1. 主要仪器设备

(1)压力试验机或万能试验机。

(2)钻石机、切石机、磨石机等岩石试件加工设备。

(3)烘箱、干燥器、游标卡尺、角尺及水池等。

2. 试件制备

(1)建筑地基的岩石试验,采用圆柱体作为标准试件,直径为(50±2)mm、高径比为 2∶1。每组试件共 6 个。

(2)桥梁工程用的石料试验,采用立方体试件,边长为(70±2)mm。每组试件共 6 个。

(3)路面工程用的石料试验,采用圆柱体或立方体试件,其直径或边长和高均为(50±2)mm。每组试件共 6 个。

(4)有显著层理的岩石,分别沿平行和垂直层理方向各取试件 6 个。试件上、下端面应平行和磨平。试件端面的平面度公差应小于 0.05 mm,端面对于试件轴线垂直度偏差不应超过 0.25°。

对于非标准圆柱体试件,试验后抗压强度试验值按下式进行换算:

$$R_e = \frac{8R}{7 + 2\dfrac{D}{H}} \tag{8-22}$$

式中 R_e——岩石的标准抗压强度(MPa);

R——岩石的抗压强度(MPa);

D——试件的直径(mm);

H——试件的高度(mm)。

8.5.3 试验过程

(1)用游标卡尺量取试件尺寸(精确至 0.1 mm),对立方体试件,在顶面和底面上各量取其边长,以各个面上相互平行的两个边长的算术平均值计算其承压面积;对于圆柱体试件,在顶面和底面分别测量两个相互正交的直径,并以其各自的算术平均值分别计算底面和顶面的面积,取其顶面和底面面积的算术平均值作为计算抗压强度所用的截面积。

(2)试件的含水状态可根据需要选择烘干状态、天然状态、饱和状态、冻融循环后状态。试件烘干和饱和状态应符合岩石吸水率试验方法中相关条款的规定,试件冻融循环后状态应符合下述的规定:

按岩石吸水率试验方法,让试件自由吸水饱和,然后取出擦去表面水分,放在铁盘中,试件与试件之间应留有一定的间距。待冰箱温度下降到−15 ℃时,将铁盘连同试件一起放入冰箱,并立即开始记时。冻结 4 h 后取出试件,放入(20±5)℃的水中融解 4 h,如此反复冻融至规定次数为止。每隔一定冻融循环次数(如 10 次、15 次、25 次及 50 次)详细检查各试件有无剥落、裂缝、分层及掉角等现象,并记录检查情况。将冻融试验后的试件再烘干至恒量,称其质量。

(3)按岩石强度性质,选定合适的压力机。将试件置于压力机的承压板中央,对正上、下承压板,不得偏心。

(4)以 0.5~1.0 MPa/s 的速率进行加荷直至破坏,记录破坏荷载及加载过程中出现的现象。抗压试件试验的最大荷载记录以"N"为单位,精度 1%。

8.5.4 试验结果计算及处理

1. 计算

(1)岩石的抗压强度和软化系数分别按下式计算:

$$R = \frac{P}{A} \tag{8-23}$$

式中 R——岩石的抗压强度(MPa);

P——试件破坏时的荷载(N)；

A——试件的截面积(mm^2)。

$$K_p = \frac{R_w}{R_d} \tag{8-24}$$

式中　K_p——软化系数；

　　　　R_w——岩石饱和状态下的抗压强度(MPa)；

　　　　R_d——岩石干燥状态下的抗压强度(MPa)。

(2)单轴抗压强度试验结果应同时列出每个试件的试验值及同组岩石单轴抗压强度的平均值；有显著层理的岩石，分别报告垂直与平行层理方向的试件强度的平均值。计算精确至0.1 MPa。

软化系数计算值精确至0.01，3个试件平行测定，取算术平均值；3个值中最大与最小之差不应超过平均值的20%，否则，应另取第4个试件，并在4个试件中取最接近的3个值的平均值作为试验结果，同时在报告中将4个值全部给出。

2. 试验记录

单轴抗压强度试验记录应包括岩石名称、试验编号、试件编号、试件描述、试件尺寸、破坏荷载、破坏形态。

 知识拓展

1. 抗压强度与强度等级

石材抗压强度大小，取决于造岩矿物的组成、结构与构造，胶结物质的种类及其均匀性。

岩石的结构越致密、晶粒越细小，石材的强度越高。具有层状构造的岩石，其垂直层理方向的强度较平行层理方向高。结晶质石材强度高于玻璃质石材强度。细粒构造强度高于粗粒构造。层片状、气孔状构造强度低；构造致密的强度高。坚硬实岩石的抗压强度一般都大于100 MPa，有的高达250 MPa。例如花岗岩中石英含量高，则强度高；云母含量高，则强度低。如砂岩由硅质物质胶结的，则强度高；由石灰质物质胶结的强度次之；由泥质物质胶结的强度最低。

石材的强度等级是按吸水饱和状态下的试件(尺寸为70 mm×70 mm×70 mm 的立方体)抗压极限强度平均值，将石材划分为 MU100、MU80、MU60、MU50、MU540、MU30、MU20、MU15 和 MU10 九个等级。

2. 冲击韧性

石材是非均质和各向异性的材料，为典型的脆性材料。石材的冲击韧性决定于其矿物组成与结构。如石英岩、硅质砂岩脆性高，而辉长岩、辉绿岩则韧性较好。通常晶体结构的岩石较非晶体结构的岩石韧性好。

3. 硬度

石材的硬度取决于岩石组成矿物的硬度和构造。凡由致密、坚硬矿物组成的石材，其硬度就高。一般岩石的抗压强度高，其硬度也大。岩石的硬度越大，其耐磨性越好。

岩石的硬度以莫氏硬度或肖氏硬度表示。

4. 耐磨性

石材的耐磨性与岩石中造岩矿物的硬度及岩石的结构和构造有关。一般岩石强度高、构造致密,则耐磨性也好。

耐磨性包括耐磨损性和耐磨耗性两个方面。耐磨损性是以磨损度表示石材受摩擦作用时,其单位摩擦面积所产生的质量损失的大小;耐磨耗性是以磨耗度表示石材同时受摩擦与冲击作用时,其单位质量损失的大小。

5. 弯曲强度

石材的弯曲强度一般为抗压强度的 $1/10 \sim 1/20$,属于脆性材料。

典型工作任务 6　岩石单轴压缩变形试验

弹性模量是轴向应力与轴向应变之比;泊松比是在弹性模量相对应条件下的径向应变与轴向应变之比。

在实际工程中,岩石的平均弹性模量和岩石的割线模量(也称变形模量,是应力应变曲线原点与单轴抗压强度值的 50% 时点连线的斜率)以及与其各自相对应的泊松比应用最多。在某些特殊的条件下,也可按不同的应力水平确定其弹性模量和泊松比。

8.6.1　基本知识

岩石单轴压缩变形试验用于测定岩石试件在单轴压缩应力条件下的轴向及径向应变值,据此算出岩石的弹性模量和泊松比。

岩石单轴压缩变形试验求得的弹性模量和泊松比是岩石变形特性的最基本参数。在进行各种计算时,两个参数必不可少。尤其是在采用各种数值计算方式评价岩体的稳定性和分析岩体内的应力分布时,显得更为重要。

岩石的弹性模量和泊松比与岩石的单轴抗压强度一样,也受到许多试验条件、试验环境和不同岩性的影响。但是,弹性模量和泊松比并不像岩石的抗压强度对这些因素那么敏感,且并不具有很明显的规律性。

8.6.2　试验准备工作

本试验可分为电阻应变仪法和千分表法,适用于能制成规则试件的各类岩石。坚硬和较坚硬的岩石应采用电阻应变仪法,较软岩石应采用千分表法。

1. 仪器设备

(1)钻石机、锯石机、磨石机等岩石试件加工设备。

(2)惠斯顿电桥、万用表、兆欧表、千分表。

(3)电阻应变仪。

(4)电阻应变片(丝栅长度大于 15 mm)及粘贴电阻应变片用的各种工具及黏结剂等。

(5)压力试验机或万能试验机。

(6)其他设备:金属屏蔽线、恒温烘箱及其他试件加工设备。

2. 试件制备

(1)从岩石试样中制取直径为 (50 ± 2) mm、高径比为 $2:1$ 的圆柱体试件。

(2)试件含水状态可根据需要选择天然含水状态、烘干状态和饱和状态。试件烘干和饱和状态应符合岩石吸水率试验方法中相关条款的规定。

(3)同一含水状态下每组试件数量不应少于 6 个。

(4)试件上、下端面应平行和磨平。试件端面的平面度公差应小于 0.05 mm,端面对于试件轴线垂直度偏差不应超过 0.25°。

(5)其中 3 个试件测定单轴抗压强度,试验步骤同岩石单轴抗压强度试验。

8.6.3　试验过程

1. 电阻应变仪法

(1)选择应变片:应变片栅长应大于岩石矿物最大颗粒粒径的 10 倍,小于试件半径。同一组试件的工作片与温度补偿片的规格和灵敏度系数应相同,电阻值允许偏差为±0.1 Ω。

(2)贴应变片:试件以相对面为一组,分别贴纵向和横向应变片(如只求弹性模量而不求泊松比,则仅需贴纵向的一对即可),数量均不应少于两片,且贴片位置应尽量避开裂隙或斑晶。贴片前先将试件的贴片部位用 0 号砂纸斜向擦毛,用丙酮擦洗,均匀地涂上一层防潮胶液,厚度不应大于 0.1 mm,面积约为 20 mm×30 mm,再使应变片牢固地贴在试件上。

(3)焊接导线:将各应变片的线头分别焊接导线,并用白胶布贴在导线上,标明编号。焊接时注意:焊接宜用液体松香和金属屏蔽线,以免产生磁场互相干扰;电阻应变仪应与压力机靠近些,减少导线长度;导线焊好后要固定,以免拉脱。系统绝缘电阻值应大于 20 Ω。

(4)按所用的电阻应变仪的使用说明书进行操作,接电源并检查电压,调整灵敏系数;将试件测量导线接好,放在压力试验机球座上;接温度补偿电阻应变片,贴温度补偿电阻应变片的试件应是试验试件的同组试件,并放在试验试件的附近;粘贴温度补偿应变片的操作程序要求尽量与工作应变片相同。

(5)将试件反复预压 2~3 次,加荷压力约为岩石极限强度的 15%。

(6)按规定的加载方式和载荷分级,加荷速度应为 0.5~1.0 MPa/s,逐级测读荷载与应变值,直至试件破坏。读书不应少于 10 组测值。

(7)记录加载过程及破坏时出现的现象,对破坏后的试件进行描述。

2. 千分表法

(1)采用千分表法测量岩石试件变形时,对于软硬岩,可将测量表架直接安装在试件上测量试件的纵、横向变形。对于变形较大、强度较低的软岩和极软岩,可将测表安装在磁性表架上,磁性表架安装在试验机的上、下承压板上,纵向测表表头与上承压板边缘接触,横向测表表头直接与试件接触,测读初始读数。两对相互垂直的纵向测表和横向测表应分别安装在试件直径的对称位置上。

(2)将试件反复预压 2~3 次,加荷压力约为岩石极限强度的 15%。

(3)按规定的加载方式和载荷分级,加荷速度应为 0.5~1.0 MPa/s,逐级测读荷载与应变值,直至试件破坏。读书不应少于 10 组测值。

(4)记录加载过程及破坏时出现的现象,对破坏后的试件进行描述。

8.6.4　试验结果计算及处理

1. 计算

(1)按下式计算各级应力:

$$\sigma = \frac{P}{A} \tag{8-25}$$

式中　σ——应力(MPa);

P——与所测各组应变值相应的荷载(N);

A——试件的截面积(mm^2)。

(2)绘制应力与纵向应变及横向应变关系曲线。在应力与纵向应变关系曲线上找出加载最大值的 0.8 倍和 0.2 倍的点,并作割线,以该割线的斜率表示该试件的弹性模量,按下式计算,试验结果精确至 100 MPa。

$$E = \frac{\sigma_{0.8} - \sigma_{0.2}}{\varepsilon_{L0.8} - \varepsilon_{L0.2}} \tag{8-26}$$

式中　E——弹性模量(MPa);

$\sigma_{0.8}$、$\sigma_{0.2}$——加载最大值的 0.8 倍和 0.2 倍时的试件应力(MPa);

$\varepsilon_{L0.8}$、$\varepsilon_{L0.2}$——应力为 $\sigma_{0.8}$、$\sigma_{0.2}$ 时的纵向应变值。

(3)以同一应力下的纵向、横向应变,按下式计算泊松比 μ,试验结果精确至 0.01。

$$\mu = \frac{\varepsilon_{H0.8} - \varepsilon_{H0.2}}{\varepsilon_{L0.8} - \varepsilon_{L0.2}} \tag{8-27}$$

式中　μ——弹性泊松比;

$\sigma_{0.8}$、$\sigma_{0.2}$——加载最大值的 0.8 倍和 0.2 倍时的试件应力(MPa);

$\varepsilon_{H0.8}$、$\varepsilon_{H0.2}$——应力为 $\sigma_{0.8}$、$\sigma_{0.2}$ 时的横向应变值。

(4)分别按下式计算割线模量和相应的泊松比 μ:

$$E_{50} = \frac{\sigma_{50}}{\varepsilon_{L50}} \tag{8-28}$$

$$\mu_{50} = \frac{\varepsilon_{H50}}{\varepsilon_{L50}} \tag{8-29}$$

式中　E_{50}——岩石的变形模量,即割线模量(MPa);

μ_{50}——岩石泊松比;

σ_{50}——加载最大值的 0.5 倍时的试件应力(MPa);

ε_{H50}——应力为 σ_{50} 时的横向应变值;

ε_{H50}——应力为 σ_{50} 时的纵向应变值。

2. 处理

(1)每组试验 3 个试件平行试验,试验结果应为 3 个试件测得结果之平均值,并同时列出每个试件的试验结果。

(2)试验记录

单轴压缩变形试验记录应包括岩石名称、试验编号、试件编号、试件描述、试件尺寸、各级荷载下的应力及纵向和横向应变值、弹性模量和泊松比。

典型工作任务 7　墙体材料检测

墙体是房屋建筑的主要构成部分之一,墙体分为承重墙和非承重墙。非承重墙要承受自身的重量和横向撞击的作用,承重墙还要承受上部结构的荷载。因此,作为墙体的材料,要满足相应的强度要求,并应具有保温、隔热、吸声等多种功能。

墙体材料包括各种普通烧结砖等砌墙砖、各种砌块及墙板三大类。生产墙体材料的主要原料有天然黏土、地方性工业产品和工业废渣等。

8.7.1 基本知识

1. 砌墙砖

砌墙砖是指以黏土、工业废料或其他地方资源为主要原料,以不同工艺制造的,用于砌筑承重和非承重墙体的砖。

依据制造工艺的不同将砌墙砖分为烧结砖和非烧结砖两类。烧结砖是经焙烧而成的砖,包括烧结普通砖、烧结多孔砖及烧结空心砖和空心砌块等;非烧结砖是经高压(或常压)蒸汽养护而成的砖,包括蒸压灰砂砖、粉煤灰砖、炉渣砖等。

依据外形的不同将砌墙砖也可分为普通砖、多孔砖和空心砖。凡孔洞率(砖面上孔洞总面积占砖面积的百分率)不大于 15% 或没有孔洞的砖,称为普通砖;孔洞率等于或大于 15%,孔的尺寸小而数量多的砖,称为空心砖。孔洞率等于或大于 15%,孔的尺寸大而数量少的砖,称为空心砖。

1)烧结普通砖

烧结普通砖是指以黏土、页岩、煤矸石、粉煤灰等为主要原料,经焙烧而成的凡孔洞率(砖面上孔洞总面积占砖面积的百分率)不大于 15% 或没有孔洞的砖。其标准规格为 240 mm×115 mm×53 mm。

烧结普通砖按抗压强度分为 MU30、MU25、MU20、MU15、MU10 五个强度等级,强度和抗风化性能合格的砖,按尺寸偏差、外观质量、泛霜和石灰爆裂分为优等品(A)、一等品(B)、合格品(C)三个质量等级。

2)烧结多孔砖

烧结多孔砖是指以黏土、页岩、煤矸石、粉煤灰等为主要原料,经焙烧而成的、孔洞率大于或等于 15%、孔的尺寸小而数量多的砖。主要用于承重墙体。

(1)规格

砖的外形为直角六面体,其长度、宽度、高度应符合下列要求:290 mm、240 mm、190 mm、180 mm;175 mm、140 mm、115 mm、90 mm。其他规格尺寸由供需双方协商确定。

(2)孔洞尺寸

砖的孔洞尺寸应符合表 8-1 规定。

(3)质量等级

分级:根据抗压强度分为 MU30、MU25、MU20、MU15、MU10 五个强度等级。

表 8-1　砖的孔洞尺寸(mm)(GB 13544—2011)

圆孔直径	非圆孔内切圆直径	手抓孔
≤22	≤15	(30~40)×(75~85)

分等:强度和风化性能合格的砖,根据尺寸偏差、外观质量、孔型及孔洞排列、泛霜、石灰爆裂分为优等品(A)、一等品(B)和合格品(C)三个等级。

3)烧结空心砖和空心砌块

烧结空心砖是指以黏土、页岩、煤矸石、粉煤灰等为主要原料,经焙烧而成的、孔洞率大于或等于 15%、孔的尺寸大而数量少的砖。主要用于非承重墙体。

(1)规格

砖和砌块的外形为直角六面体,其长度、宽度、高度应符合下列要求:390 mm、290 mm、240 mm、190mm;180(175)mm、140 mm、115 mm、90mm。其他规格尺寸由供需双方协商确定。

(2)质量等级

分级:根据抗压强度分为 MU10.0、MU7.5、MU5.0、MU3.5、MU2.5 五个强度等级;根据体积密度可分为 800 级、900 级、1 000 级、1 100 级四个级别。

分等:强度和风化性能合格的砖和砌块,根据尺寸偏差、外观质量、孔型及孔洞排列及其结构、泛霜、石灰爆裂吸水率分为优等品(A)、一等品(B)和合格品(C)三个质量等级。

(3)常用非烧结砖

非烧结砖是以黏土、工业废料或其他地方资源为主要原料,经高压(或常压)蒸汽养护而成的砖,包括蒸压灰砂砖、粉煤灰砖、炉渣砖等。

粉煤灰砖以粉煤灰、石灰或水泥为主要原料,掺加适量石膏、外加剂、颜料和集料等,经坯料制备、成型、高压或常压而制成的实心砖。

粉煤灰砖的规格为 240 mm×115 mm×53 mm。根据抗压强度和抗折强度分为 MU20、MU15、MU10、MU7.5 四个强度级别。根据其外观质量、抗冻性和干燥收缩等指标分为优等品(A)、一等品(B)和合格品(C)三个质量等级。

2. 砌块

砌块是一种新型墙体材料之一,是普通烧结黏土砖的替代品。它生产工艺简单,可以充分利用地方材料和工业废料,其块体较黏土砖大,可提高砌筑效率,是一种符合高效、节能要求的新型墙体材料。常用砌块有普通混凝土小型空心砌块、蒸压加气混凝土砌块和粉煤灰硅酸盐砌块。

(1)普通混凝土小型空心砌块

以水泥、集料和炉渣等为原料,加水搅拌,经振动压实或冲击成型,再经养护制成的小型空心墙体材料称为普通混凝土小型空心砌块(以下简称砌块)。

普通混凝土小型空心砌块其空心率不小于 25%,主要规格为 390 mm×190 mm×100 mm,最小外壁厚不小于 30 mm,最小肋厚不小于 25 mm,根据抗压强度分为 MU20.0、MU15.0、MU10.0、MU7.5、MU5.0、MU3.5 六个强度级别。按其尺寸偏差,外观质量分为优等品(A)、一等品(B)和合格品(C)三个质量等级。

(2)蒸压加气混凝土砌块

以含硅材料(如砂、粉煤灰、尾矿场等)和钙质材料(如水泥、石灰等)加水并加入适量的发气剂和其他外加剂,经混合搅拌、浇注发泡、坯体静停与切割后,再经蒸压养护而成的墙体材料称为蒸压加气混凝土砌块。

蒸压加气混凝土砌块按抗压强度和体积密度分级。按强度等级分为 A1.0、A2.0、A2.5、A3.5、A5.0、A7.5、A10 七个级别;按体积密度级别分 B03、B04、B05、B06、B07、B08 六个级别。按尺寸偏差与外观质量、干密度、抗压强度和抗冻性分为优等品(A)、合格品(B)两个等级。

8.7.2　检测项目和方法

1. 烧结普通砖

1)常规试验项目

常规试验项目为尺寸测量、外观质量、强度等级等。

(1)尺寸测量

检验样品数为 20 块,其中每一尺寸测量不足 0.5 mm 按 0.5 mm 计,一方向尺寸以两个测量值的算术平均值表示。

样本平均偏差是 20 块试样同一方向测量尺寸的算术平均值减去其公称尺寸的差值;样本

极差是：20 块试样中同一方向最大测量值与最小测量值之差值。

（2）外观质量

随机抽取 50 块试样进行外观质量检验。颜色的检验则抽试样 20 块，装饰面朝上，随机分两排并列，在自然光下距试样 2 m 处目测。

（3）强度

抽取外观检测合格的烧结普通砖 10 块进行强度检验。试验后分别计算出其抗压强度的平均值 $\bar{f}$、标准值 f_k、变异系数 δ 和标准差 s。

$$f_k = \bar{f} - 1.8s \tag{8-30}$$

$$\delta = \frac{s}{\bar{f}} \tag{8-31}$$

$$s = \sqrt{\frac{1}{9} \sum_{i=1}^{10} (f_i - \bar{f})^2} \tag{8-32}$$

式中　f_k——砖的抗压强度标准值，精确至 0.1 MPa；

　　　$\bar{f}$——10 块砖样抗压强度的算术平均值，精确至 0.1 MPa；

　　　δ——砖的抗压强度变异系数，精确至 0.01；

　　　s——10 块砖样抗压强度的标准差，精确至 0.1 MPa；

　　　f_i——单块砖样抗压强度的测定值，精确至 0.01 MPa。

2）检验批量

烧结普通砖每 3.5～15 万块为一批，不足 3.5 万块时亦按一批计。

3）烧结普通砖的判定规则

（1）尺寸偏差。尺寸偏差符合上述烧结普通砖的尺寸允许偏差表的相应等级规定，判尺寸偏差为该等级，否则判定不合格。

（2）外观质量。外观质量采用二次抽样方案，根据烧结普通砖的外观质量表规定的质量指标，检查出其中不合格品数 d_1，按下列规则判定：

①$d_1 \leqslant 7$ 时，外观质量合格。

②$d_1 \geqslant 11$ 时，外观质量不合格。

③$11 \geqslant d_1 > 7$ 时，需再次从该产品批中抽样 50 块检验，检查出不合格品数 d_2，按下列规则判定：

$(d_1 + d_2) \leqslant 18$ 时，外观质量合格；

$(d_1 + d_2) \geqslant 19$ 时，外观质量不合格。

（3）强度：强度试验结果符合烧结普通砖的强度等级表的规定，判强度合格，且定相应等级，否则判不合格。

2. 烧结多孔砖

在进行强度试验时，按下述方法取样：每 10 万块为一批，不足 10 万块亦为一批。在抽样时，从外观质量合格的砖样中随机抽取 2 组 20 块砖样（每组 10 块），其中 1 组进行抗压和抗折强度试验，另一组备用。

3. 砌块

1）普通混凝土小型空心砌块

在进行检验时，其取样规则为：砌块按外观质量和强度等级分批验收。以同一种原材料配制成的相同外观质量等级、强度等级和同一工艺生产的 10 000 块砌块为一批,每月生产的块数不足 10 000 块时亦按一批。

2)蒸压加气混凝土砌块

在进行检验时,其取样规则为:同品种、同规格、同等级的砌块,以 10 000 块为一批,不足 10 000 块亦为一批。随机抽取 50 块砌块进行尺寸偏差与外观检验。从外观与尺寸偏差检验合格的砌块中,随机抽取 6 块砌块制作试件,进行干密度(3 组 9 块)和强度级别(3 组 9 块)检验。

 知识拓展

1. 烧结普通砖的主要技术指标

(1)烧结普通砖的尺寸允许偏差见表 8-2。

表 8-2 烧结普通砖的尺寸允许偏差(mm)(GB 5101—2003)

公称尺寸	优等品		一等品		合格品	
	样本平均偏差	样本极差	样本平均偏差	样本极差	样本平均偏差	样本极差
240	±2	≤6	±2.5	≤7	±3.0	≤8
115	±1.5	≤5	±2.0	≤6	±2.5	≤7
53	±1.5	≤4	±1.6	≤5	±2.0	≤6

注:表中的样本平均偏差是指抽检的 20 块砖样尺寸的算术平均值与公称尺寸之差值;样本极差是指抽检的 20 块砖样中所测的最大值与最小值之差值。

(2)烧结普通砖的外观质量见表 8-3。

表 8-3 烧结普通砖的外观质量(GB 5101—2003)

	项 目	优 等 品	一 等 品	合 格 品
	两条面高度差(mm)	≤2	≤3	≤4
	弯曲(mm)	≤2	≤3	≤4
	杂质凸出高度(mm)	≤2	≤3	≤4
	缺棱掉角的三个破坏尺寸(mm)不得同时大于	5	20	30
裂纹长度 (mm)	大面上宽度方向及其延伸到条面的长度	≤30	≤60	≤80
	大面上长度方向及其延伸至顶面的长度或条顶面上水平裂纹的长度	≤50	≤80	≤100
	完整面 不得少于	一条面和二顶面	一条面和一顶面	—
	颜色	基本一致	—	—

注:(1)为装饰而施加的色差、凹凸纹、拉毛、压花等不算作缺陷。

(2)凡有下列缺陷之一者,不得称为完整面:

①缺损在条面或顶面上造成的破坏尺寸同时大于 10 mm×10 mm;

②条面或顶面上裂纹宽度大于 1 mm,其长度超过 30 mm;

③压陷、黏底、焦花在条面或顶面上的凹陷或凸出超过 2 mm,区域尺寸同时大于 10 mm×10 mm。

此外,烧结普通砖中不允许有欠火砖、酥砖和螺旋纹砖。

(3)烧结普通砖的强度等级见表 8-4。

表 8-4　烧结普通砖的强度等级（GB 5101—2003）

强度等级	抗压强度平均 $\bar{f}$/MPa	变异系数 $\delta \leqslant 0.21$	变异系数 $\delta > 0.21$
		标准值 f_k/MPa	单块最小抗压强度值 f_{min}/MPa
MU30	≥30.0	≥22.0	≥25.0
MU25	≥25.0	≥18.0	≥22.0
MU20	≥20.0	≥14.0	≥16.0
MU15	≥15.0	≥10.0	≥12.0
MU10	≥10.0	≥6.5	≥7.5

（4）烧结普通砖的抗风化性能指标见表 8-5。

抗风化性能是指砖对于温度、干燥、冻融等气候因素引起风化破坏的抵抗能力。

表 8-5　烧结普通砖的抗风化性能指标（GB 5101—2003）

砖种类	严重风化区				非严重风化区			
	5 h 沸煮吸水率/%		饱和系数		5 h 沸煮吸水率/%		饱和系数	
	平均值	单块最大值	平均值	单块最大值	平均值	单块最大值	平均值	单块最大值
黏土砖	≤18	≤20	≤0.85	≤0.87	≤19	≤20	≤0.88	≤0.90
粉煤灰砖	≤21	≤23			≤23	≤25		
页岩砖	≤16	≤18	≤0.74	≤0.77	≤18	≤20	≤0.78	≤0.80
煤矸石砖								

注：粉煤灰掺入量（体积比）小于 30% 时，按黏土砖规定判定。

按照风化作用的程度不同，将全国分为严重风化区和非严重风化区，见表 8-6。

表 8-6　严重风化区和非严重风化区的划分（GB 5101—2003）

严重风化区	非严重风化区
黑龙江、吉林、辽宁、内蒙古、新疆、宁夏、甘肃、青海、陕西、山西、河北、北京、天津	山东、河南、安徽、江苏、湖北、江西、浙江、四川、贵州、湖南、福建、台湾、广东、广西、海南、云南、西藏、上海、重庆

2. 烧结多孔砖技术要求

烧结多孔砖的尺寸偏差、强度等级和外观质量见表 8-7、表 8-8 和表 8-9。

表 8-7　烧结多孔砖的尺寸允许偏差（mm）（GB 13544—2011）

尺寸	样本平均偏差	样本极差≤
＞400	±3.0	10.0
300～400	±2.5	9.0
200～300	±2.5	8.0
100～200	±2.0	7.0
＜100	±1.5	6.0

表 8-8　烧结多孔砖的强度等级（GB 13544—2011）

强度等级	抗压强度平均 $\bar{f}$(MPa)≥	标准值 f_k(MPa)≥
MU30	30.0	22.0

强度等级	抗压强度平均 $\bar{f}$(MPa)≥	标准值 f_k(MPa)≥
MU25	25.0	18.0
MU20	20.0	14.0
MU15	15.0	10.0
MU10	10.0	6.5

表 8-9　烧结多孔砖外观质量(mm)(GB 13544—2011)

项　　目		指　　标
1. 完整面	不得少于	一条面和一顶面
2. 缺棱掉脚的三个破坏尺寸	不得同时大于	30
3. 裂纹长度		
a)大面(有孔面)上深入孔壁 15 mm 以上宽度方向及其延伸到条面的长度	不大于	80
b)大面(有孔面)上深入孔壁 15 mm 以上长度方向及其延伸到顶面的长度	不大于	100
c)条顶面上的水平裂纹	不大于	100
4. 杂质在砖面上造成的凸出高度	不大于	5

注:凡有下列缺陷之一者,不得称为完整面:
　　a)缺损在条面或顶面上造成的破坏尺寸同时大于 20 m×30 mm。
　　b)条面或顶面上裂纹宽度大于 1 mm,其长度超过 70 mm。
　　c)压陷、粘底、焦花在条面或顶面上的凹陷或凸出超过 2 mm,区域最大投影尺寸同时大于 20 mm×30 mm。

3. 烧结空心砖和空心砌块的主要技术要求

(1)烧结空心砖和空心砌块的尺寸允许偏差见表 8-10。

表 8-10　烧结空心砖和空心砌块的尺寸允许偏差(mm)(GB/T 13545—2014)

尺寸	样本平均偏差	样本极差≤
>300	±3.0	7.0
>200~300	±2.5	6.0
100~200	±2.0	5.0
<100	±1.7	4.0

(2)烧结空心砖和空心砌块的外观质量见表 8-11。

表 8-11　烧结空心砖和空心砌块外观质量(mm)(GB/T 13545—2014)

项　　目		指　　标
1. 弯曲	不大于	4
2. 缺棱掉角的三个破坏尺寸	不得同时大于	30
3. 垂直度差	不大于	4
4. 未贯穿裂纹长度		
①大面上宽度方向及其延伸到条面的长度	不大于	100
②大面上长度方向或条面上水平方向的长度	不大于	200

续上表

项　　目		指　　标
5. 贯穿裂纹长度		
①大面上宽度方向及其延伸到条面的长度	不大于	40
②壁、肋沿长度方向、宽度方向及其水平方向的长度	不大于	40
6. 肋、壁内残缺长度	不大于	40
7. 完整面	不少于	一条面和一顶面

注：凡有下列缺陷之一者，不得称为完整面：

　　a)缺损在大面、条面上造成的破坏尺寸同时大于 20m×30mm。

　　b)大面、条面上裂纹宽度大于 lmm，其长度超过 70mm

　　c)压陷、粘底、焦花在大面、条面上的凹陷或凸出超过 2mm，区域尺寸同时大于 20mm×30mm。

（3）烧结空心砖和空心砌块的强度等级和密度等级见表 8-12 和表 8-13。

表 8-12　　烧结空心砖和空心砌块的强度等级（GB/T 13545—2014）

强度等级	抗压强度（MPa）		
	抗压强度平均值 $\bar{f}\geqslant$	变异系数 $\delta\leqslant0.21$	变异系数 $\delta>0.21$
		强度标准值 $f_k\geqslant$	单块最小抗压强度值 $f_{min}\geqslant$
MU10.0	10.0	7.0	8.0
MU7.5	7.5	5.0	5.8
MU5.0	5.0	3.5	4.0
MU3.5	3.5	2.5	2.8

表 8-13　　烧结空心砖和空心砌块的密度等级（kg/m^3）（GB/T 13545—2014）

密度等级	5 块密度平均值	密度等级	5 块密度平均值
800	≤800	1 000	901～1 000
900	801～900	1 100	1 001～1 100

 项目小结

　　在学习本项目时应重点掌握岩石的检测方法，了解砌体材料的检测方法；能阅读常用岩石及各种砌体材料的质量检测报告；能熟练应用所学知识在工程实践中，能根据不同的工程环境合理选用石料，区分主要的砌体材料。

 复习思考题

1. 简述工程中常用岩石的主要造岩矿物。

2. 简述的密度与毛体积密度的概念。

3. 简述的吸水率与含水率的概念。

4. 岩石的抗冻性与什么因素有关？

5. 什么情况下必须做岩石的抗冻性试验?

6. 衡量石料抗冻性的指标有哪些?

7. 怎样制取岩石单轴抗压强度试验的试样?

8. 简述岩石密度试验、岩石毛体积密度试验的试验方法。

9. 简述岩石吸水性试验、岩石抗冻性试验的试验方法。

10. 简述岩石单轴抗压强度的试验方法。

11. 简述烧结普通砖常规试验项目。

参考文献

[1] 张粉芹．土木工程材料．北京：中国铁道出版社，2011．

[2] 周士琼．土木工程材料．北京：中国铁道出版社，2004．

[3] 王秀花．建筑材料．北京：机械工业出版社，2007．

[4] 杨彦克．建筑材料．成都：西南交通大学出版社，2006．

[5] 马保国．建筑功能材料．武汉：武汉理工大学出版社，2008．

[6] 冯浩．混凝土外加剂工程应用手册．北京：中国建筑工业出版社，1999．

[7] 中华人民共和国交通部．JTG E41—2005 公路工程岩石试验规程．北京：人民交通出版社，2005．

[8] 中华人民共和国铁道部．TB 10115—2014 铁路工程岩石试验规程．北京：中国铁道出版社，2014．

[9] 中华人民共和国铁道部．TB 10424—2010 铁路混凝土工程施工质量验收标准．北京：中国铁道出版社，2010．

[10] 安文汉．铁路工程试验与检测．太原：山西科学技术出版社，2006．

[11] 中华人民共和国建设部．JGJ 52—2006 普通混凝土用砂、石质量及检验方法标准．北京：中国建筑工业出版社，2006．

[12] 中华人民共和国国家质检局．GB/T 8074—2008 水泥比表面积测定方法（勃氏法）．北京：中国标准出版社，2008．

[13] 中华人民共和国国家质检局．GB/T 1345—2005 水泥细度检验方法（筛析法）．北京：中国标准出版社，2005．

[14] 中华人民共和国国家质检局．GB 175—2007 通用硅酸盐水泥．北京：中国标准出版社，2007．

[15] 中华人民共和国国家质检局．GB/T 2015—2005 白色硅酸盐水泥．北京：中国标准出版社，2005．

[16] 中华人民共和国国家建筑材料工业局．JC/T 870—2012 彩色硅酸盐水泥．北京：中国标准出版社，2012．

[17] 中华人民共和国国家质检局．GB 13693—2005 道路硅酸盐水泥．北京：中国标准出版社，2005．

[18] 中华人民共和国国家质检局．GB 201—2000 铝酸盐水泥．北京：中国标准出版社，2000．

[19] 中华人民共和国国家质检局．GB/T 17671—1999 水泥胶砂强度检验方法（ISO 法）．北京：中国标准出版社，1999．

[20] 中华人民共和国国家质检局．GB/T 6003.1—2012 金属丝编织网试验筛．北京：中国标准出版社，2012．

[21] 中华人民共和国交通部．JTG E42—2005 公路工程集料试验规程．北京：人民交通出版社，2005．

[22] 中华人民共和国交通部．JTG/T E30—2014 公路水泥混凝土路面施工技术细则．北京：人民交通出版社，2014．

[23] 中华人民共和国建设部．JGJ/T 98—2011 砌筑砂浆配合比设计规程．北京：中国建筑工业出版社，2011．

[24] 中华人民共和国建设部．JGJ/T 70—2009 建筑砂浆基本性能试验方法标准．北京：中国建筑工业出版社，2009．